数字时代图书馆学情报学青年论丛（第三辑）

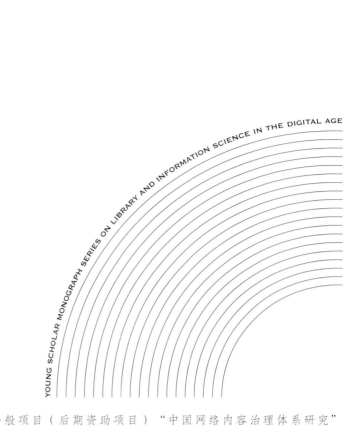

YOUNG SCHOLAR MONOGRAPH SERIES ON LIBRARY AND INFORMATION SCIENCE IN THE DIGITAL AGE

湖北省社科基金一般项目（后期资助项目）"中国网络内容治理体系研究"（HBSK2022YB484）研究成果

湖北第二师范学院引进人才科研启动基金（项目编号：ESRC20220062）研究成果

湖北第二师范学院学术著作出版项目资助

中国网络内容治理体系研究

China's Internet Content Governance System

程梦瑶 著

WUHAN UNIVERSITY PRESS

武汉大学出版社

图书在版编目(CIP)数据

中国网络内容治理体系研究／程梦瑶著. -- 武汉 ：武汉
大学出版社，2024.11. -- 数字时代图书馆学情报学青年论丛.
ISBN 978-7-307-24701-7

Ⅰ. TP393.4

中国国家版本馆 CIP 数据核字第 20240YL807 号

责任编辑:黄河清　　　责任校对:鄢春梅　　　版式设计:马　佳

出版发行：**武汉大学出版社**　（430072　武昌　珞珈山）

（电子邮箱: cbs22@ whu.edu.cn　网址: www.wdp.com.cn）

印刷:武汉中远印务有限公司

开本:720×1000　1/16　印张:22　字数:327 千字　插页:2

版次:2024 年 11 月第 1 版　2024 年 11 月第 1 次印刷

ISBN 978-7-307-24701-7　定价:98.00 元

目　　录

1　绪　　论

　　1994 年，我国首次接入互联网，经过 30 年的发展，我国互联网产业从萌芽、起步到腾飞，不断做大做强。截至 2024 年 6 月，我国网民规模近 11 亿。① 同时，随着互联网技术向纵深拓展，互联网信息服务的内涵与外延不断扩大，不再局限于搜索、邮件等服务，博客、微博、微信、移动 App 等新业态相继涌现，互联网与内容产业的融合推动了网络内容的产生，并成为数字文化产业的重要组成部分。据《2023—2024 年中国数字出版产业年度报告》显示，2023 年我国数字出版产业总收入达 16179.68 亿元，互联网期刊收入 34.89 亿元，网络动漫收入 364.03 亿元，移动出版收入 567.02 亿元，网络游戏收入 3029.64 亿元，互联网广告收入 7190.6 亿元，② 网络内容发展势头正猛。然而，技术更迭在变革传统内容生产、传播、消费的同时，草根化的生产趋势和裂变式的传播特征也加速了有害信息、违法信息和不良信息的扩散，为网络秩序的维护带来新的挑战。同时，人工智能技术引发网络内容生产、传播的深刻变革，失真信息特别是深度伪造信息层出不穷，信息茧房、数据

　　①　中国互联网络信息中心．第 54 次中国互联网络发展状况统计报告［R/OL］．［2024-09-22］．https：//www.cnnic.net.cn/NMediaFile/2024/0911/MAIN1726017626560DHICKVFSM6.pdf.
　　②　中国新闻出版广电报．我国数字出版产业整体规模已达 16179.68 亿元［EB/OL］．［2024-09-22］．https：//mp.weixin.qq.com/s/--DQPU8vi29ywt9bMiwIKw.

垄断、西方国家的意识形态渗透等也为我国网络内容治理带来新的挑战。

一直以来，党和国家都十分重视网络内容建设和网络治理工作，多次在政策文件中强调推动网络内容建设、加强正能量传播和构建网络综合治理体系的重要性，为我国网络治理的优化擘画蓝图。2024 年 7 月，党的二十届三中全会审议通过的《中共中央关于进一步全面深化改革 推进中国式现代化的决定》对"健全网络综合治理体系"作出系统部署，明确了深化网络管理体制改革，健全网络生态治理长效机制的重要性。[①] 目前，我国网络内容治理主要采取"政府管平台、平台管用户"基本思路，[②] 即政府在顶层设计层面明确平台责任，督促其通过平台规则与运行机制规范用户生产、传播和消费行为；同时，引导行业协会通过行业规范、倡议为平台提供行动指南。然而在治理过程中，政府、平台、行业协会、网民等治理主体的共治意愿并不强烈，同时，受属地管理、分行业治理、治理能力、利益诉求等因素影响，治理资源仍分散于不同治理主体手中，且并未实现互联共通。资源的割裂和信息共享的受限增加了信息资源的统筹难度，不利于治理主体间的协同联动，导致治理过程不畅，治理合力并未得到充分释放。网络内容治理涉及多方主体、要素及资源，影响因素繁多、维度多元，是一个系统性、复杂性、结构性工程，如何有效盘活治理主体，将其整合进一定的结构安排，实现治理主体的联动和资源优化配置显得尤为必要。

1.1 研究背景与意义

随着互联网技术、大数据技术、云计算技术和人工智能技术向

---

① 中共中央关于进一步全面深化改革 推进中国式现代化的决定[EB/OL].[2024-08-21]. https://www.gov.cn/zhengce/202407/content_6963770.htm?sid_for_share=80113_2.

② 周毅，刘裕. 网络服务平台内容生态安全自我规制理论模型建构研究[J]. 情报杂志，2022(10)：112-120.

纵深拓展，全球化进程不断推进，网络内容治理成为全球所面临的共同挑战。技术的推进广泛而深刻地引发了人们生产和生活方式的变革，催生了一系列新的生产关系。开展我国网络内容治理体系研究、探究我国网络内容治理体系的完善和优化路径十分必要与紧迫。

1.1.1 研究背景

随着互联网的深入发展，互联网技术逐渐渗透到政治、经济、文化等各个方面，电子政务、网络内容等新业态相继出现，极大丰富了人们的生产生活。网络新闻、网络视听、网络直播、网络游戏等网络内容成为人们获取知识与信息的重要途径。因此，加强网络内容治理、完善网络内容治理体系势在必行。

（1）网络内容发展面临困境

互联网技术的发展突破了时间、空间和形式的限制，以Facebook、Instagram、Pinterest、MySpace、微信、抖音等为代表的社交媒体相继涌现，新型媒介传播环境渐趋成熟。互联网的开放性终结了传统媒体或精英对内容生产的垄断，降低了内容生产的门槛，使得普通用户突破内容生产壁垒，由受众转换为内容的生产者和传播者，推动了网络内容的猛增。然而，网络内容生产不同于传统内容生产，一方面，其省去了传统编辑加工环节，少了专业人士的把关；另一方面，内容的海量生产使得政府部门开展事前、事中治理困难加大。网络内容生产者和发布者素质良莠不齐，导致网络内容质量参差错落。一时间，网络空间充斥着腐文化、丧文化和低俗文化。在自媒体领域，以"严肃八卦""毒蛇电影""娱乐圈揭秘"等为代表的娱乐微信公众号，以炒作明星隐私为乐，大量发布低俗推文。在网络文学领域，不少网络写手唯点击率至上，为博取眼球，在作品中大篇幅宣扬淫秽色情、暴力信息，不但未对青少年予以积极引导，还对其健康成长造成不良影响。在网络直播领域，深受观众喜爱的秀场直播和游戏直播占据网络直播领域的半壁江山，为吸引观众的注意力，实现流量变现，某些网红甚至直播"造人"

3

"自杀"等不良信息。在网络游戏领域，血腥暴力的内容设计，形象暴露的人物设计、色情、赌博、贪腐的情节设定对青少年造成极大误导。除此之外，互联网便利了公民对信息的自由取用与传播，公民的私人信息也日趋呈现出网络化和公开化的特点，网民的用户名、密码、地址、购买偏好等信息极易泄露，增加了网民使用互联网的风险和成本。与此同时，互联网的开放性也为网络谣言、不良内容、盗版内容的散布提供了温床。大量有害信息、虚假信息、盗版信息涌入网络空间，稀释了网络内容的质量，迎合性低俗、庸俗内容有余，而引领性正能量内容却供给不足，① 导致网络内容供给结构性失衡。

（2）党和国家政策要求加强网络内容建设，净化网络空间环境

随着数字技术、人工智能技术的推进，网络技术已逐渐渗透到内容的生产、传播和消费等环节。有声书、VR 图书、短视频等新业态层出不穷，互联网成为网络内容的集散地，不断满足人们对美好生活的需要。网络空间作为价值观传播和意识形态斗争的前沿阵地，空间生态是否清朗直接关乎着我国网络安全程度。鉴于此，加强网络内容建设，净化网络空间环境成为党和国家政策的着力点。2004 年《中共中央关于加强党的执政能力建设的决定》明确提出"法律规范、行政监管、行业自律、技术保障相结合"②的网络空间管理思路，开启我国网络治理新阶段。2010 年 6 月，国务院新闻办公室在《中国互联网状况》白皮书中阐明了"积极利用、科学发展、依法管理、确保安全"的基本互联网政策。③ 2012 年，党的十八大报告明确指出，要"加强和改进网络内容建设，唱响网上主旋律"④。在此基础上，党的十九大报告进一步提出"建立网络综合治理体系，

① 张涛甫. 当前网络内容泡沫化隐忧[J]. 人民论坛，2016(19)：16-17.
② 中共中央关于加强党的执政能力建设的决定[EB/OL]. [2018-10-11]. https：//www. gov. cn/test/2008-08/20/content_1075279. htm.
③ 中华人民共和国国务院新闻办公室. 中国互联网状况[EB/OL]. [2018-10-11]. https：//www. gov. cn/zhengce/2010-06/08/content_2615774. htm.
④ 胡锦涛在中国共产党第十八次全国代表大会上的报告[EB/OL]. [2018-10-11]. https：//www. gov. cn/ldhd/2012-11/17/content_2268826. htm.

营造清朗的网络空间"①的目标，在顶层设计上明确我国网络内容治理的发展方向。之后，习近平总书记于 2018 年 4 月在全国网络安全和信息化工作会议上强调，"要提高网络综合治理能力，形成党委领导、政府管理、企业履责、社会监督、网民自律等多主体参与，经济、法律、技术等多种手段相结合的综合治网格局"②。2019 年，习近平总书记在中央全面深化改革委员会第九次会议中指出，要"逐步建立起涵盖领导管理、正能量传播、内容管控、社会协同、网络法治、技术治网等各方面的网络综合治理体系，全方位提升网络综合治理能力"③。2019 年 12 月，国家互联网信息办公室颁布《网络信息内容生态治理规定》，明确提出"以建立健全网络综合治理体系、营造清朗的网络空间、建设良好的网络生态为目标"④。2022 年，党的二十大报告明确指出，要"健全网络综合治理体系，推动形成良好网络生态"⑤。2023 年 7 月，习近平总书记对网络安全和信息化工作作出重要指示，强调"坚持党管互联网，坚持网信为民，坚持走中国特色治网之道"⑥。在党和政府的努力下，我国基本建立了以《网络安全法》为主，以《网络信息内容生态治理规定》《网络表演经营活动管理办法》《互联网信息服务管理办

① 习近平：决胜全面建成小康社会 夺取新时代中国特色社会主义伟大胜利——在中国共产党第十九次全国代表大会上的报告［EB/OL］.［2018-10-11］. https://www.gov.cn/zhuanti/2017-10/27/content_5234876.htm.
② 大力提高网络综合治理能力［EB/OL］.［2018-10-11］. https://www.cac.gov.cn/2018-04/22/c_1122722885.htm.
③ 习近平主持召开中央全面深化改革委员会第九次会议［EB/OL］.［2019-10-11］. https://www.gov.cn/xinwen/2019/07/24/content_5414669.htm.
④ 网络信息内容生态治理规定［EB/OL］.［2020-01-05］. https://www.cac.gov.cn/2019-12/20/c_1578375159509309.htm.
⑤ 习近平：高举中国特色社会主义伟大旗帜 为全面建设社会主义现代化国家而团结奋斗——在中国共产党第二十次全国代表大会上的报告［EB/OL］.［2022-10-31］. https://www.gov.cn/xinwen/2022-10/25/content_5721685.htm.
⑥ 习近平对网络安全和信息化工作作出重要指示强调深入贯彻党中央关于网络强国的重要思想 大力推动网信事业高质量发展［EB/OL］.［2024-08-20］. https://www.gov.cn/yaowen/liebiao/202307/content_6892161.htm.

法》《网信部门行政执法程序规定》等为辅助的法律法规体系。值得注意的是，2014 年，中央网络安全和信息化领导小组成立，形成了舆情管控、网络安全和信息化"三位一体"的网络治理新常态。2018 年，中央网络安全和信息化领导小组改为中央网络安全和信息化委员会。网络空间治理机构不断健全，为网络安全的维护奠定了良好的组织保障。因此，我国网络内容治理体系研究是我们党和国家的战略需求，这也正是本研究的出发点。

（3）加强网络内容治理成为全球共识

据互联网全球统计（Internet World Stats）公布数据显示，截至2022 年 6 月 30 日，全球网民规模达 54 亿多人，占全球人口的69%，① 这意味着全球超半数人口接入互联网。同时，截至 2022年 1 月 31 日，全球 Facebook 注册人数达 31 亿多人。② 互联网和社交媒体的普及，为信息和知识的传播提供了渠道，加速了内容的流通。一方面，互联网成为内容集散中心，在丰富人们精神文化生活的同时，也加速了虚假信息、有害信息、盗版信息的扩散；另一方面，互联网无国界性的特征推动了国家间的意识形态竞争，网络内容作为网络空间生态的重要一环，成为意识形态渗透的主要方式。因此，网络内容治理备受各国关注，加强网络内容治理成为全球共识。

一直以来，美国互联网发展走在世界前列。为解决网络内容发展困境，美国先后颁布《通信规范法》（*Communications Decency Act*）、《儿童在线保护法》（*Child Online Protection Act*）等以防止未成年人受淫秽色情等不良内容的侵害。尽管这些法律因限制传播内容违背言论自由原则而被认定为违宪，但依然能显示出美国在网络内容治理方面所作出的努力。除此之外，《1976 年版权法》（*Copyright Act of* 1976）、《儿童在线隐私保护法》（*Children's Online Privacy*

---

① World Internet Users and Population Statistics 2022 Year Estimates. [EB/OL]. [2022-08-30]. https://www.internetworldstats.com/stats.htm.

② Facebook Users in the World. [EB/OL]. [2022-08-31]. https://www.internetworldstats.com/facebook.htm.

Protection Act of 1998)、《数字千年版权法》(Digital Millennium Copyright Act)、《网络安全信息共享法》(Cybersecurity Information Sharing Act)等相继出台,共同为美国网络内容生产、传播和消费活动提供法律保障。

澳大利亚也十分重视对网络内容的监管。1999 年,澳大利亚颁布《广播服务法修正法(在线服务)》[Broadcasting Services Amendment(Online Services)Act],初步确立澳大利亚网络内容监管框架,揭开网络内容立法序幕。之后,澳大利亚紧跟互联网技术发展,颁布《通信立法修正法(内容服务)》[Communications Legislation Amendment(Content Services)Act]、《版权法修正法(数字议程)》[Copyright Amendment(Digital Agenda)Act]、《版权法修正法(在线侵权)》[Copyright Amendment(Online Infringement)Act]等增添在线服务、网络内容服务和在线侵权服务等领域的规制;同时,通过《加强网络安全法》(Enhancing Online Safety Act)、《隐私法》(Privacy Act)、《信息自由法》(Freedom of Information Act)等在网络安全、个人隐私保护、信息自由保护方面予以监管。此外,澳大利亚还颁布了《出版物、电影和电子游戏分级法案》[Classification(Publications,Films and Computer Games)(Enforcement)Act]对电影、出版物、电子游戏、广告、在线信息服务等内容进行分级,并对利用网络传播不良信息、儿童色情作品、有害未成年健康成长的信息及不良广告信息的行为予以明令禁止。

作为世界上网络普及率较高的国家之一,新加坡颁布了《网络安全法》(Cybersecurity Act)、《内部安全法》(Internal Security Act)、《广播法》(Broadcasting Act)、《通信法》(Telecommunications Act)、《滥用电脑和网络安全法》(Computer Misuse and Cybersecurity Act)等一系列法律为规范网络空间秩序提供法律保障,以净化网络空间环境,维护网络空间生态平衡。除此之外,制定《互联网操作规则》(Internet Code of Practice)对危害公共利益、道德、秩序、安全和民族和谐的违法内容予以明令禁止,从源头上对网络内容的传播予以控制。2019 年,新加坡颁布《防止网络虚假信息和网络操作法》(Protection from Online Falsehoods and Manipulation Act)旨在防止虚假信息在新加坡的广泛传播，控制和防范虚假行为及在线账号和程序的滥用。

此外，英国、加拿大、法国、德国、俄罗斯、日本、韩国等均将网络治理、网络内容治理上升至战略高度，网络内容治理成为全球共识。

1.1.2 研究意义

随着互联网技术、大数据技术、人工智能技术的深入发展，网络内容的内涵和外延不断扩大，学界和业界对其认识也随之处在不断摸索的状态。网络内容作为互联网技术与内容相结合的新型业态，是数字文化产业的重要组成部分，具有教育和引导功能。然而，就网络内容目前的发展状况而言，一方面，网络内容不同于传统线下内容，其开放性、互动性特点增加了治理难度；另一方面，在当今网络信息爆炸的时代，优质与劣质内容并存，既挑战了网民的判断力与自控力，也对政府的监管与治理提出了更高要求。总结我国网络内容治理体系发展规律，找出其问题，探究我国网络内容治理体系的完善路径兼具理论与现实价值。

（1）理论意义

本研究基于党和国家加强网络内容治理、健全网络综合治理体系、建立良好网络信息内容生态的现实背景，在利益相关者理论、协同治理理论、整体性治理理论的指导下，结合网络内容开放性、交互性、多样性、非独占性和外部性的特征，综合分析教育学、体育学、城市学和环境学等多学科领域对治理体系的研究，对我国网络内容治理体系的概念、特征及构成要素予以理性审视，为网络内容治理体系的研究提供了多元化的视角。在此基础上，从治理目标、治理主体、治理客体、规则保障体系、技术支撑体系的角度对我国网络内容治理体系展开分析，解答"为什么治理""谁治理""治理什么""怎么治理"等问题，使网络内容治理体系研究更加全面和立体，实现了"国家治理体系"和"网络综合治理体系"在网络内容领域的具体化。同时，在理论层面对网络内容协同治理信息共享平台的原则、功能和框架设计展开分析，为网络内容协同治理信息共享平台在实践层面的落地提供了一定的理论基础。此外，拓展并丰富了网络内容治理规则体系研究范畴。现有关于治理规则的研究多集中于政策法规的研究，对行业规范和平台规范的研究仍不多见。本书将三者同时纳入治理规则体系研究，并通过内容分析方法对342项政策法规、68条行业规范、180条平台规范共590份文件展开具体分析，使得治理规则体系的研究更为具体。

（2）现实意义

探讨我国网络内容治理体系的概念、构成要素及特征，分析其现状和面临困境并总结其完善路径，具有一定现实意义。其一，为现阶段网络内容治理体系的完善提供具体指导。本书结合利益相关者理论、协同治理理论和整体性治理理论，明确我国网络内容治理体系的完善应坚持整体性、协同性、高效性原则，并明确我国网络内容治理体系的完善应遵循"主体整合—机制创新—平台搭建—流程再造—规则优化—技术升级"的路径，从推动治理主体多元协同、完善网络内容协同治理机制、打造网络内容协同治理信息共享平台、构建全过程全要素整合的治理流程、优化治理规则保障体系、升级技术支撑体系等角度切入，为我国网络内容治理体系的优化提供解决办法。值得注意的是，此策略具有一般性，因此，可为以网络视听、短视频、网络直播等为代表的细分领域治理体系优化提供一定借鉴。其二，明确了治理主体的角色定位，有利于治理主体效能的充分发挥。本书对"政府—企业—行业协会—网民"并行的治理主体展开分析，基于其在网络内容治理中所面临的困境，对政府、企业、行业协会和网民具体角色予以定位，如政府应履行引导者、服务者和规制者的角色，行业协会应履行中介者、协调者、监督者的角色，网络内容企业应履行竞争者和守门人的角色，网民应履行参与者和监督者的角色。与此同时，对各治理主体在网络内容协同治理信息共享平台和全过程全要素治理流程中的职责予以详

9

细分析，为治理主体作用的发挥提供了可行性方案。

📚 1.2　文献综述

结合本书研究目标，对相关研究成果予以梳理，发现其重点主要体现在三个方面：网络治理体系相关研究、网络内容相关研究和网络内容治理相关研究。

1.2.1　网络治理体系相关研究

值得注意的是，网络治理内涵广泛，除包含"互联网治理"的含义外，还有"网络化治理"的意思。由于本书的研究对象主要集中于互联网中所传播的网络内容，由此，本书中所涉及的"网络治理"一词等同于"互联网治理"一词。同时，网络治理体系是一个基于中国语境下的概念，在国际上仍未形成相对应的概念，故网络治理体系相关研究主要从国内研究入手。目前，网络治理体系的相关研究主要从两个视角展开：一是立足国际，对全球网络治理体系予以探讨；二是立足国内，对我国网络治理体系的构建展开研究。

1.2.1.1　立足国际，对全球网络治理体系予以探讨

早在 2006 年，唐子才和梁雄健梳理了全球互联网演进历程，认为国际互联网治理体系的治理内容包括基础设施和互联网重要资源，互联网使用，互联网发展以及与互联网有关的知识产权、电子贸易等问题，并在此基础上建立了合作、联盟的互联网国际治理模型，① 揭开了我国互联网治理体系研究的序幕。2014 年 7 月 16 日，

---

① 唐子才，梁雄健. 互联网国际治理体系分析及理论模型设计与应用[J]. 现代电信科技，2006(9)：47-52.

习近平总书记在巴西国会发表《弘扬传统友好 共谱合作新篇》的演讲时指出，要建立"多边、民主、透明的国际互联网治理体系"，① "互联网治理体系"的概念首次在国家乃至国际层面提出，引发了学界和业界的广泛关注。相关研究主要集中在以下三个层面。

（1）建立国际网络治理体系的必要性研究

此类研究多以新闻报道形式展现，通过对习近平总书记有关建立国际互联网治理体系重要讲话的解读或诠释，反思全球互联网产业的发展环境，明确建立国际互联网治理体系、确保各国网络主权的平等与安全是推动全球互联网产业前进的题中之义。② 如《浙江日报》于 2015 年 12 月 21 日刊登《全球互联网治理体系变革的中国方案》一文，强调维护国家网络安全，推动全球互联网治理体系的变革是我国从网络大国走向网络强国的必经之路。③ 同时，谢新洲指出建立全球互联网治理体系是对互联网观的创新性发展，并从互联网基础设施和网络普及率、使用方式、治理方式等角度比对全球互联网治理异同，认为构建国际互联网治理体系符合网络命运共同体健康发展需要。④

（2）国际网络治理体系建构研究

一方面，部分学者着重探讨构建全球互联网治理体系的原则与方向。张家栋在《如何构建更高级形态的全球网络治理体系》一文中明确了全球网络治理的主体为主权国家，治理的关键问题是网络主权及其范围，同时，在治理基础和治理目标方面明确了全球互联网治理体系的治理目标，即维护安全、公正的网络秩序，为各国、

---

① 习近平巴西谈互联网治理［EB/OL］.［2018-09-10］. https：//www.cac. gov.cn/2014-07/18/c_1111676355.htm.

② 革新国际互联网治理体系［N］. 21 世纪经济报道，2014-07-18（002）.

③ 本报评论员. 全球互联网治理体系变革的中国方案［N］. 浙江日报，2015-12-21（001）.

④ 谢新洲. 打造普惠共享的国际网络空间——深入学习贯彻习近平同志关于构建全球互联网治理体系的重要论述［EB/OL］.［2018-11-20］. https：//news. 12371. cn/2016/03/17/ARTI1458170440984618. shtml.

各网络行为体平等使用互联网提供保障。① 同样，田丽在《推动建立新型互联网治理体系》一文中指出多边参与、民主协商、透明公正是新型全球互联网治理体系的基本特征，并明确应坚持权利与义务并行，安全与发展协调、和平与正义共担的原则。② 熊光清则强调全球互联网治理体系的建设应坚持多边参与、多方参与原则，③并进一步指出全球互联网治理应坚持并推进实施网络主权原则，倡导以国家为中心的网络空间治理模式，构建网络空间命运共同体。④ 匡文波等则从"网络空间命运共同体"理念切入，认为全球互联网治理体系的变革应坚持公正合理，普惠共享的目标。⑤

另一方面，部分学者则从宏观角度为全球互联网治理体系的构建擘画蓝图。张影强在《全球网络空间治理体系与中国方案》一书中从治理目标、治理原则、治理内容和行为主体权利与义务等角度构建了全球网络空间治理体系的具体框架。⑥ 郝叶力从共生价值观、共同安全观、共商治理观和共赢发展观四个角度，为全球互联网治理体系的治理理念、治理依据、治理主体和治理方式的设计提供建议。⑦ 许晓东等则主张在治理主体上坚持网络主权与开放合作，在治理规则上加强对话协商与平台建设，在治理对象上促进技术均衡与有序发展，在治理目标上实现共同分享和共同繁荣，共同

---

① 张家栋. 如何构建更高级形态的全球网络治理体系[J]. 人民论坛·学术前沿，2016（4）：24-32.

② 田丽. 推动建立新型互联网治理体系[N]. 人民日报，2016-01-06（007）.

③ 熊光清. 如何推进全球互联网治理体系变革[J]. 人民论坛，2018（13）：39-41.

④ 熊光清，王瑞. 全球互联网治理中的网络主权：历史演进、国际争议和中国立场[J]. 学习与探索，2024（4）：24-33，176.

⑤ 匡文波，方圆. 网络空间命运共同体理念下的全球互联网治理体系变革[J]. 武汉大学学报（哲学社会科学版），2023（5）：38-46.

⑥ 张影强. 全球网络空间治理体系与中国方案[M]. 北京：中国经济出版社，2017.

⑦ 郝叶力. 共生 共和 共治 共赢——全球互联网治理体系变革的四块基石[J]. 新闻与写作，2017（1）：1.

构建网络空间命运共同体。①

（3）我国参与国际网络治理体系的路径研究

何其生和李欣从中外差异角度入手，对中外对"多边、民主、透明"的国际互联网治理原则理解的异同予以分析，明确中国在参与全球互联网治理体系的建设中应在坚持网络主权的前提下，加强与其他国家的交流与协调。② 陈少威等则从互联网的物理层、逻辑层和应用层的治理对象、治理主体和主要治理议题切入，对互联网全球治理体系的演进历程予以阶段划分，认为在重构全球互联网治理体系的过程中，我国应在治理主体上坚持多元、多边，在治理理念上强调共商、共建、共享，在治理主张上要维护网络主权。③ 同时，牛华和朱晓俊则认为我国在顺应全球互联网治理体系变革的过程中，应深刻把握全球互联网治理内涵，加强网络基础设施建设，完善制度设计，加强国家、地区间的合作交流。④ 除此之外，有学者意识到互联网全球治理中网络主权与网络权利之间的冲突，从治理目标、治理手段和治理机制等角度分析全球互联网治理体系的变革方向，指出中国应在顶层设计上制定互联网发展战略，充分发挥互联网开放性，制定相关政策提升互联网技术实力，加强网络管理能力，推动国际互联网合作治理。⑤ 可见，提升互联网基础建设能力、制定科学合理的制度和政策，加强国际交流，维护网络主权等网络治理路径获得了学者的一致认可。

---

①　许晓东，芮跃峰，杜志章. 基于问题导向的国际网络空间治理体系建构［J］. 华中科技大学学报（社会科学版），2020（4）：135-140.

②　何其生，李欣. 国际互联网治理体系：中外差异与应对策略［J］. 重庆邮电大学学报（社会科学版），2016（4）：30-36.

③　陈少威，俞晗之，贾开. 互联网全球治理体系的演进及重构研究［J］. 中国行政管理，2018（6）：68-74.

④　牛华，朱晓俊. 全球互联网治理体系变革下的中国作为［J］. 实践（思想理论版），2016（9）：27-29.

⑤　刘贞晔，杨天宇. 中国与互联网全球治理体系的变革［J］. 人民论坛·学术前沿，2016（4）：6-14.

1.2.1.2 立足国内，对我国网络治理体系的构建予以探讨

立足国内的网络治理体系研究将治理体系置于"我国互联网发展"的现实环境中，主要集中于对我国网络治理体系的构建研究。林仲轩以我国互联网发展的几次浪潮为划分依据，对不同阶段互联网治理模式予以回顾与审视，总结出我国互联网治理体系的历史逻辑是一个"治理网络化，网络治理化"的模式转变过程，并进一步指出中国特色互联网治理体系的建设离不开国家、政府、市场、企业的各司其职。① 2017年，习近平总书记在党的十九大会议上明确"建立网络综合治理体系"的要求。② 之后，学界关于网络治理体系的研究多集中于"网络综合治理体系"领域。李泰安从内容、管理机构、社会三个维度切入，指出网络综合治理体系由内容管理体系、行政管理体系和社会自治三个要素构成，并强调了大数据技术在网络综合治理体系中的运用。③ 在此基础上，刘波和王力立明确了网络综合治理体系整体性、关联性、公共性和综合性的特征，指出治理体系的完善离不开政府、市场和社会的三方合作与协同。④ 之后，张旺在《智能化与生态化：网络综合治理体系发展方向与建构路径》一文中从管理机构、政策制度、技术、信用和绩效五个角度切入，明确网络综合治理体系主要由组织运行体系、政策制度体系、技术保障体系、伦理信用体系和生态评价体系构成。⑤ 谢金林同样肯定了技术、管理机构和制度的重要地位，并

---

① 林仲轩. 中国特色互联网治理体系：主张、路径、实践与启示[J]. 广州大学学报(社会科学版)，2018(6)：32-37.
② 习近平：决胜全面建成小康社会 夺取新时代中国特色社会主义伟大胜利——在中国共产党第十九次全国代表大会上的报告[EB/OL]. [2018-10-11]. https://www.gov.cn/zhuanti/2017-10/27/content_5234876.htm.
③ 李泰安. 新时代网络综合治理体系建设探析[J]. 中国出版，2018(7)：26-28.
④ 刘波，王力立. 关于构建新时代网络综合治理体系的几点思考[J]. 国家治理，2018(38)：3-7.
⑤ 张旺. 智能化与生态化：网络综合治理体系发展方向与建构路径[J]. 情报理论与实践，2019(1)：53-77，64.

强调道德规范和教育保障的重要性，将网络治理体系分为技术保障体系、组织管理体系、制度规范体系、道德规范体系和教育保障体系。① 王立峰和韩建力则指出网络综合治理体系的构建须从两方面着手：一是实现治理理念从"应急"的平抑思维向"效率""协商"的治理思维转变；二是在实践层面构建多元主体、立体式防控的治理体系。② 同时，谢新洲在《加强网络内容建设 营造风清气正的网络空间》一文中从管理端、生产端、用户端、效果端四个角度切入，认为网络内容治理体系的建设离不开网络内容治理制度体系、网络内容建设规则体系、网络内容自律体系和网络内容治理评价体系。③ 之后，谢新洲对网络综合治理体系的制度逻辑展开研究，认为网络治理应在互联网领导管理、正能量传播、网络内容治理、社会协同治理、网络法治和技术治网等六个方面实现秩序与平衡的统一，④ 并明确治理体系建设应坚持系统治理、多方协作、源流兼顾、标本兼治等理念。⑤ 王建新则进一步强调网络内容治理体系的形态特征表现为党委领导、政府管理、企业履责、社会监督、网民自律等多主体参与，经济、法律、道德、技术等多手段结合的内部协调、外部吸纳的综合治理。⑥ 郭全中从领导管理、正能量传播、内容管控、社会协同、网络法治、技术治网六个层面对网络综合治

① 谢金林 . 生态系统视角下的网络社会管理体制研究[J]. 大连理工大学学报(社会科学版)，2012(3)：97-102.

② 王立峰，韩建力 . 构建网络综合治理体系：应对网络舆情治理风险的有效路径[J]. 理论月刊，2018(8)：182-188.

③ 谢新洲 . 加强网络内容建设 营造风清气正的网络空间［EB/OL］.［2019-03-20］. https://news. gmw. cn/2019-02/26/content_32561971.htm.

④ 谢新洲 . 秩序与平衡：网络综合治理体系的制度逻辑研究[J]. 新闻与写作，2020(3)：82-88.

⑤ 谢新洲，朱垚颖 . 网络综合治理体系中的内容治理研究：地位、理念与趋势[J]. 新闻与写作，2021(8)：68-74.

⑥ 王建新 . 综合治理：网络内容治理体系的现代化[J]. 电子政务，2021(9)：13-22.

15

理实践路径予以梳理,① 指出网络综合治理体系的建设仍存在监管与发展不平衡、协同性不够、治理技术滞后等问题,并强调应明确网络发展与综合治理体系的共生演进机制,健全治理体系价值目标、基本原则与思路,贯彻党的二十大精神,明确各要素定位,以平台治理为核心抓手,提高领导干部的网络治理水平。② 邵国松则从国家安全的角度切入,认为网络治理体系属于国家安全体系的一部分,网络治理体系的构建应从构建网络主权理论体系、厘清网络表达法律边界、建设网络平台监管体系,构建关键信息基础设施保护体系等角度着手。③ 史献芝持同样观点,指出网络安全治理体系的构建离不开党的领导和法治的构建,并进一步强调了大数据思维、网络技术在治理体系中的作用。④ 李超民则认为网络文化安全综合治理体系的完善须从达成治理共识、规范合作行为、优化资源配置、建设制度保障机制等方面来实现。⑤ 同样地,刘玉拴明确网络文化安全治理体系的建构应从预防机制、治理机制和惩戒机制三个角度着眼。⑥

1.2.2 网络内容相关研究

网络内容相关研究主要集中于网络内容整体发展状况研究和网络内容市场化各环节研究两个方面。

---

① 郭全中,李黎.网络综合治理体系:概念沿革、生成逻辑与实践路径[J].传媒观察,2023(7):104-111.

② 郭全中.协同共生:健全网络综合治理体系研究[J].中州学刊,2023(9):164-169.

③ 邵国松.国家安全视野下的网络治理体系构建[J].南京社会科学,2018(4):100-107.

④ 史献芝.论新时代网络安全治理体系建设[J].行政论坛,2019(1):46-50.

⑤ 李超民.建设网络文化安全综合治理体系[J].晋阳学刊,2019(1):100-109.

⑥ 刘玉拴.网络文化安全治理体系研究[D].北京:中央党校(国家行政学院),2019.

（1）网络内容整体发展状况研究

随着互联网与内容融合脚步加快，以弹幕与"B站"、网络直播、网络视频、虚拟现实 VR 与增强现实 AR 等为代表的文创新形态应运而生；不同于传统文化业态，这些新业态具有技术密集、附加值高等特性，体现出较强的技术属性。① 然而，这种技术属性在为网络内容发展带来便利的同时，也带来挑战②：首先，数字技术的可复制性和可修改性赋予了网络内容"未完成"的特性，使得网络内容具备随时被修改的可能；其次，网络的分享性使得网络内容的版权保护面临挑战；最后，网络内容传播奉行"粉丝经济"思维和市场逻辑，若是一味迎合粉丝和市场需求，则易使网络内容陷入"三俗"境地，导致"劣币驱逐良币"。李宝善等持同样观点，指出一些互联网企业为迎合市场，增加点击率，不惜生产低品位的网络内容，甚至公然复制他人"范本"，侵犯知识产权。③ 同时，张晓明和王克明在《我国互联网内容生态圈的足与不足》中总结了我国互联网内容建设的成效和特征，指出我国网络内容建设力度加强，内容日益多元，且草根化、泛娱乐化、商业化特征凸显；同时也存在着"网络垃圾""网络毒品"污染网络环境、内容粗制滥造、文化积淀功能薄弱等不足。④ 同时，内容传播格局、空间和模式的转变导致虚假信息频出、碎片化传播泛滥和"信息茧房"现象加剧。⑤ 王建亚等从风险视角切入，将网络信息内容安全风险归为内容低俗化、网络暴力、虚假信息传播、信息操纵、网络恐怖主义、网络文化入

① 金元浦 . 开启原创之门：互联网内容产业的新形态[J] . 中华文化论坛，2016（10）：7-9.

② 曾军 . 互联网是文化的容器：互联网时代的内容产业发展之道[J] . 中华文化论坛，2016（10）：10-12.

③ 李宝善，贾立政，陈阳波，等 . 互联网内容建设的未来方向[J] . 人民论坛，2016（19）：10-11.

④ 张晓明，王克明 . 我国互联网内容生态圈的足与不足[J] . 人民论坛，2016（19）：12-15.

⑤ 高健 . 我国网络空间内容传播治理研究[J] . 人民论坛·学术前沿，2022（Z1）：125-127.

侵、网络意识形态、知识产权和侵权等九大风险。① 不确定性信息增加，失真信息泛滥，多元价值观、负面信息的激增引发了网络空间的失序、失衡和政治风险。② 随着大数据、人工智能技术的深入发展，网络内容安全从网络技术攻击为核心向网络内容武器化发展，安全风险不再局限于有害、不良信息，逐渐演化成舆论操控、认知战等意识形态安全，关乎国家安全。③

（2）网络内容市场化各环节研究

首先，网络内容生产研究。一是网络内容生产的发展方向。胡泳和张月朦在分析互联网内容走向时发现，技术对个人的赋权增加了其通过互联网自由表达与对外传播的机会，使得受众从被动走向主动，并指出"业余的专业化"是互联网内容发展的趋势。④ 此外，技术的迭代引发了网络内容生产的深刻变革。人工智能技术实现了网剧生产的智能化和自动化，推动网剧制作的全过程精细化管理；⑤ 人工智能技术推动着内容生产以数据为源，有利于出版服务朝着智能化和个性化方向发展。⑥ 随着 ChatGPT、文心一言、Sora 等生成式人工智能的出现，AIGC 赋能内容生产的潜力逐渐凸显。生成式人工智能人—机共创的底层逻辑在聚合海量知识的同时，也形成了自身特有的技术性、生产性和内容性逻辑。⑦ 尤丽娜等明确人工智能生成内容与虚拟现实媒介的融合所引领的人机交互模式激

① 王建亚，马榕培，周毅. 网络信息内容安全风险：特征、演变及场景要素解构[J]. 图书情报工作，2022(5)：13-23.
② 周建青，张世政. 信息供需视域下网络空间内容风险及其治理[J]. 福建师范大学学报(哲学社会科学版)，2023(3)：81-90，169.
③ 谢新洲，张静怡. 全球化背景下的网络内容安全风险升级与治理[J]. 编辑之友，2024(7)：60-66.
④ 胡泳，张月朦. 互联网内容走向何方？——从 UGC、PGC 到业余的专业化[J]. 新闻记者，2016(8)：21-25.
⑤ 甘慧娟. 人工智能时代网络剧内容生产的变革与反思[J]. 中国编辑，2019(12)：84-89，96.
⑥ 杨铮，刘麟霄. 人工智能环境下的出版流程重塑与内容生产革新[J]. 编辑之友，2019(11)：13-17.
⑦ 揭其涛，王奕诺. 玫瑰荆棘：生成式 AI 赋能数字出版内容生产的逻辑、机遇与隐忧[J]. 科技与出版，2024(4)：64-70.

发了内容创作者的思维，从跨场景互动、跨文本延伸、跨模态交融角度提出 AIGC 赋能虚拟现实媒介内容生产的关系逻辑，并对其生产机制予以探讨。① 值得注意的是，5G 技术同样推动了网络内容生产的转型升级。例如，赖青和刘璇指出 5G 大规模链接的特征丰富了内容的场景和载体，使得内容的呈现形态越来越多样化。② 匡文波则从新闻内容生产切入，指出 5G 的万物互联特征将使得视频新闻成为主流形态；同时，5G 将极大提升用户生产内容的便捷性。③ 二是网络内容生产方式研究。例如，陈妍和汪勤分别对短视频和移动网络电台内容生产模式展开研究，明确了短视频和移动网络电台的内容生产主要由 UGC、PGC 和 PUGC 等形式构成。④⑤ 同时，谢新洲等从数字技术角度切入，指出网络内容生产方式经历了门户网站整合内容、普通用户生成内容、专业用户生成内容和人工智能生成内容四个阶段，⑥ 并明确用户生成内容呈现组织化连接的特征，强调用户生产内容在未来发展中应注意优质内容生产、关注用户注意力。⑦ 值得注意的是，在 AIGC 阶段，网络内容生产呈内容智能化、规模海量化、主体空心化和形态多样化特点。⑧ 杨扬则

① 尤丽娜，周诗涵，周荣庭."AIGC+"：虚拟现实媒介内容生产机制研究[J].出版科学，2024(3)：32-41.

② 赖青，刘璇.5G 智媒时代内容生产与内容运营的新趋势[J].中国编辑，2020(Z1)：21-26.

③ 匡文波.5G：颠覆新闻内容生产形态的革命[J].新闻与写作，2019(9)：63-66.

④ 陈妍如.新新媒介环境下网络短视频的内容生产模式与思考[J].编辑之友，2018(6)：55-58.

⑤ 汪勤.国内移动网络电台内容生产模式研究——以荔枝 FM、蜻蜓 FM、喜马拉雅 FM 为例[J].视听，2018(7)：34-35.

⑥ 谢新洲，韩天棋.基于数字技术的网络内容生产方式变迁研究[J].新闻爱好者，2023(8)：14-20.

⑦ 谢新洲，黄杨.组织化连接：用户生产内容的机理研究[J].新闻与写作，2020(6)：74-83.

⑧ 梁怀新，宋诚.AIGC 时代的网络信息内容生态安全风险及其治理——兼以 ChatGPT 为对象的实验访谈案例分析[J].图书情报工作，2023(20)：58-69.

从叙事角度切入，强调超媒介叙事模式成为网络文学内容生产与开发的新模式。① 三是网络内容生产存在问题研究。刘学周剖析了网络文学内容生产中存在的问题，指出"注水"现象严重、内容同质化、内容猎奇等问题阻碍网络文学的健康发展，并提出相应措施对内容生产予以把控和引导。② 张强则认为新闻资讯类短视频在生产中存在着选题同质化、报道形式单一、深度不足、传播伦理和隐私保护欠缺、重低俗轻品质等问题。③ 傅立海认为"注意力经济"使文化内容的生产粗糙随意，矮化了产品价值的判断标准，增加了传播场域的意识形态风险。④ 姚建华等持相同态度，认为"流量至上"的逻辑使得出版平台过于追求市场效益而忽视社会效益，导致数字出版内容生产的商业性和公共性的失衡。⑤ "流量至上"的市场导向使得数字内容生产过于追求速度、密度和精度，导致其面临失速、失智和失衡困境。⑥

其次，网络内容传播研究。一是网络内容传播发展方向研究。相关研究集中体现在技术给网络内容传播带来的影响。例如，区块链技术所具有的不可篡改性和可追溯性便利了作品的确权，保证了内容传播的可溯源性，便利了内容的传播。⑦ 同样地，部分学者则

---

① 杨扬. 基于超媒介叙事模式的网络文学内容生产与开发策略研究[J]. 中国出版，2023(19)：40-45.
② 刘学周. 探究网络文学产业化发展中的内容生产[J]. 出版广角，2018(8)：57-59.
③ 张强. 新闻资讯类短视频内容生产的问题与前景探析[J]. 传媒，2019(14)：46-48.
④ 傅立海. 数字技术对文化产业内容生产的挑战及其应对策略[J]. 湖南大学学报(社会科学版)，2022(6)：92-97.
⑤ 姚建华，刘君怡，胡骞. 数字出版平台内容生产的流量逻辑：批判与反思[J]. 中国编辑，2023(7)：51-55.
⑥ 范以锦，郑昌茂. 信度·丰度·力度：数字内容生产的新维度建构[J]. 新闻与写作，2023(12)：88-100.
⑦ 周春慧. 区块链技术在内容产业的传播机制研究[J]. 科技与出版，2019(2)：72-77.

强调生成式人工智能重构了内容传播生态,① 普通大众在内容创新、参与对话中拥有更多平等机会使得传播结构进一步扁平化。② 二是从传播伦理学角度切入,对网络内容传播主体与信息,网络内容传播主体的关系予以调节。例如,李伦认为网络传播伦理的核心问题是网络表达自由与内容规制问题,③ 并从网络内容规制、网络内容规制范围、网络传播主体、网络内容规制模式四个方面的合理性视角切入,探讨了关于网络传播伦理的主要问题。李文冰和强月新则从社会关系、结构和角色三个方面出发,指出网络传播伦理失范是我国社会转型期间中下层民众普遍性焦虑、社会中层组织欠缺和知识分子集体失语在网络空间中的现实镜像,并认为传播伦理失范的治理可从传播与社会发展之间的互动关系着手。④ 随着智能技术的深入发展,基于智能算法对于信息与人匹配的算法型分发占主导,然而算法偏见和不透明性极易引发公众对算法内容审核公平性和公正性的质疑。⑤

最后,网络内容消费的研究。一是网络内容消费影响因素研究。例如,王赟芝从自媒体用户信息内容消费意愿切入,总结出自媒体信息内容消费行为主要由订阅式、会员式、打赏式和产品式等行为构成,提出自媒体信息内容消费意愿主要受个人创新意识、主观规范、感知易用性、感知有用性、感知价值、感知价格和感知信息质量的影响。⑥ 张春华等则基于对南京高校在校学生调查,发现

①　沈浩,任天知.智能重构传播生态:内容生成的范式演进与智能交互的未来构想[J].现代出版,2024(7):55-63.

②　昝小娜.ChatGPT内容生成逻辑及其对宏观传播效果的影响[J].现代传播,2024(2):148-153.

③　李伦.网络传播伦理:困境、悖论和问题[J].青年记者,2017(12):17-19.

④　李文冰,强月新.传播社会学视角下的网络传播伦理失范治理[J].湖北大学学报(哲学社会科学版),2015(2):13-18,148.

⑤　李鲤.平台“自我治理”:算法内容审核的技术逻辑及其伦理规约[J].当代传播,2022(3):80-84.

⑥　王赟芝.自媒体用户信息内容消费意愿影响因素研究[D].合肥:安徽大学,2017.

网络游戏消费行为主要受娱乐社交性、易用价值感知、产品创新和政策法规及营销方式等外部环境的影响。① 杨礼则认为优质内容的需求、消费观念的转变、传播方式的创新和移动技术的升级推动了网络视频内容消费的升级，并强调了市场对优质内容的强大需求。② 二是网络内容消费模式及特征研究。罗戎和周庆山对数字内容消费模式予以探究，发现其主要由基于信息搜索、基于社交网络、基于产权市场、基于数字内容分发、基于电子商务和基于 P2P 平台的六种消费模式构成。③

1.2.3 网络内容治理相关研究

当前，网络内容治理相关研究主要从宏观视角和微观视角出发。一方面，在宏观视角下，相关研究主要集中于我国网络内容治理的现状及对策研究和主要发达国家网络内容治理现状及问题研究；另一方面，在微观视角下，相关研究主要集中于网络内容治理目标、网络内容治理主体、网络内容政策法规、网络内容治理技术、网络内容平台治理等方面。

1.2.3.1 宏观视角

在宏观视角下，相关研究集中于我国网络内容治理的现状及对策研究和主要发达国家网络内容治理的现状及对策研究。

（1）我国网络内容治理的现状及对策研究

当前，我国有关互联网内容治理的法律体系不断完善，互联网信息安全监管法律框架已基本形成。此外，网络内容治理机构不断健全，公安、文化、广电、工信等部门和中央网络安全和信

---

① 张春华，温卢.网络游戏消费行为及其影响因素的实证研究——基于高校学生性别、学历的差异化分析[J].江苏社会科学，2018(6)：50-58.

② 杨礼.关于视频内容消费升级的思考[J].中国广播电视学刊，2017(6)：73-75.

③ 罗戎，周庆山.我国数字内容产品消费模式的实证研究[J].情报理论与实践，2015(10)：67-72.

息化委员会①等在网络内容治理中各司其职，为网络内容的建设和治理提供组织保障。然而，我国网络内容治理在取得成就的同时还存在着诸多问题。如尹建国在《我国网络信息的政府治理机制研究》中提到网络信息的治理仍然存在着行政强制手段、技术控制运用过多，网络信息治理机制分散，治理程序制度缺失，以及治理主体多元、权责不清等问题。② 冉连等持相同观点，指出网络信息内容生态治理存在多元主体共治合力羸弱，法律法规执行与约束效力不足，"公民权利"与"公共权力"边界有待理清③等问题。同时，网络新技术引发网络内容生产、分发环节的深刻变革，使得互联网内容治理面临新挑战。④ 算法所带来的平台数据垄断、内容伦理挑战等加剧了信息茧房、信息失真问题，并提升治理成本。⑤⑥ 针对这些问题，学者在解决路径上达成共识，即在完善相关法律法规，适当采用技术手段的同时，推动多元化主体的协同治理。例如，何明升认为网络内容治理体系的建立离不开政府、企业和行业协会的协同运作。⑦ 同样，黄楚新在《加强网络内容建设，提升网络传播质量》中明确网络内容建设离不开各网络传播主体的集体参与，需要政府、网络信息内容提供者、社会团体和组织的通力合作。⑧ 而

① 田丽. 互联网内容治理新趋势[J]. 新闻爱好者，2018(7)：9-11.

② 尹建国. 我国网络信息的政府治理机制研究[J]. 中国法学，2015(1)：134-151.

③ 冉连，张曦. 网络信息内容生态治理：内涵、挑战与路径创新[J]. 湖北社会科学，2020(11)：32-38.

④ 陈慧慧. 网络新技术新应用对互联网内容生态治理的影响及对策[J]. 信息安全与通信保密，2018(4)：20-27.

⑤ 葛明驷，李小军. 网络内容生态治理的理论向度、当下挑战与未来进路[J]. 中州学刊，2023(9)：170-176.

⑥ 金雪涛，周也馨. 从 ChatGPT 火爆看智能生成内容的风险及治理[J]. 编辑之友，2023(11)：29-35.

⑦ 何明升. 网络内容治理：基于负面清单的信息质量监管[J]. 新视野，2018(4)：108-114.

⑧ 黄楚新. 加强网络内容建设，提升网络传播质量[EB/OL]. [2019-10-15]. http://media.people.com.cn/n1/2017/1025/c40606-29608322.html.

曹海涛则提议通过建立法律机制、社会控制机制和网民自律机制实现网络内容的共同治理。① 谢新洲则认为，网络综合治理能力的提升离不开创新理念的指导，而网络综合治理价值取向的创新应做到促进网络治理适应互联网发展实际、促进组织目标与个体发展有机结合、促进常规治理与应急治理无缝衔接；② 之后，谢新洲在《网络内容治理发展态势与应对策略研究》进一步指出，应从建立网络内容治理体系、提高技术治理效率、加强治理主体合作、明确内容环节治理等角度完善网络内容治理。③ 周毅等则以整体性治理、智慧性治理理论为基础，构建了网络信息内容生态安全风险整体智治的理论框架，从机制保障、技术支撑、平台治理、内容生产和归档保存等方面提出完善路径。④

　　同时，就网络内容细分领域而言，网络内容形式多样，常见的有网络游戏、网络视听、在线音乐、网络文学等。就现有研究而言，关于网络内容各细分领域的治理研究主要集中于网络视听节目治理、网络直播治理、网络游戏治理和网络谣言治理等领域。就各细分领域治理对策而言，学者无一例外地指出了完善立法、健全政府管理体制、加强行业自律和推动协同治理的重要性。例如，江凌先后发表系列文章，从治理主体、治理结构角度切入，指出在上海市网络视听产业治理中，政府治理主体一家独大，而市场、社会治理主体缺乏治理自觉，导致治理主体处于"强政府—弱社会"的状态，并建议发挥政府主体元治理功能的同时，将网络视听企业、行

① 曹海涛 . 从监管到治理——中国互联网内容治理研究［D］. 武汉：武汉大学，2013.

② 谢新洲 . 以创新理念提高网络综合治理能力［EB/OL］.［2020-03-20］. http://www. cssn. cn/dzyx/dzyx_llsj/202003/t20200311_5099841_1. shtml？COL LCC＝2529243032&.

③ 谢新洲，朱垚颖 . 网络内容治理发展态势与应对策略研究［J］. 新闻与写作，2020（4）：76-82.

④ 周毅，张雪 . 网络信息内容生态安全风险整体智治的理论框架与实现策略研究［J］. 图书情报工作，2022（5）：44-52.

业协会、用户等市场和社会主体吸纳进来，实现治理主体和治理结构的优化。①②③ 同时，网络谣言治理相关研究多从治理主体、风险防控、法制建设等角度切入，认为网络谣言整体治理离不开联动的主体、立体的防控和健全的法制。④ 相关研究或是强调政府与社团合作的重要性；⑤ 或是要求加强法治建设，健全政府信用的监督约束机制和惩罚机制；⑥ 或是提倡搭建谣言数据库。⑦ 此外，学者结合不同网络内容表现形式的特点，将优化治理方式具体化。例如，考虑到网络主播在网络直播中的重要地位，曾一昕等指出，网络直播的治理除完善相关法律，建立观众举报制度和创建行业联盟外，还应加大正能量主播宣传，建立主播数据平台并加强主播素质培养。⑧ 刘亚娜和高英彤在探讨网络游戏产业治理时，从青少年保护视角着手，对立法、政府监管和行业自律给予更为具体的建议。⑨ 陈雅赛则结合新冠疫情网络谣言传播特点，强调了建立多元一体信息发布体系和完善中央政府与地方政府信息发布衔接机制的

① 江凌. 网络视听产业的多元主体治理功能及治理结构优化探析——以上海市网络视频产业为例[J]. 江南大学学报（人文社会科学版），2015(4)：86-95.

② 江凌. 网络视听产业治理主体结构优化路径探析[J]. 中州学刊，2015(4)：173-176.

③ 江凌，盛佳怡. 上海市网络视听产业治理结构优化分析[J]. 江汉学术，2015(1)：113-122.

④ 李昊青. 面向政治安全的网络谣言生态治理研究[J]. 现代情报，2018(10)：43-50.

⑤ 欧阳果华. 治理网络谣言：政府与网络社团的合作模式探析[J]. 中国行政管理，2018(4)：84-90.

⑥ 陈东冬. 网络谣言的治理困境与应对策略[J]. 云南行政学院学报，2012(3)：122-124.

⑦ 张志安，束开荣. 网络谣言的监管困境与治理逻辑[J]. 新闻与写作，2016(5)：54-57.

⑧ 曾一昕，何帆. 我国网络直播行业的特点分析与规范治理[J]. 图书馆学研究，2017(6)：57-60.

⑨ 刘亚娜，高英彤. 青少年保护视角下我国网络游戏产业治理模式研究[J]. 河南大学学报（社会科学版），2016(3)：95-101.

重要性。① 龚家琦等基于网络微短剧市场主体高度复杂、利益链条隐蔽、内容逻辑偏差等问题，建议从减负能和增动能两方面展开治理。②

（2）主要发达国家网络内容治理的现状及对策研究

随着互联网技术的深入发展，主要发达国家对网络内容治理的研究越来越重视，有关澳大利亚、英国、法国、德国、新加坡和美国等网络内容治理的文章相继出现。2000 年，Alston 即在 *The Government's Regulatory Framework for Internet Content* 一文中指出澳大利亚的网络内容治理主要通过立法和行业监管相结合的方式实现。③ 之后 Akdeniz 关注到非法内容和有害内容所带来的危害，对英国对互联网上所传播的非法和有害内容的治理予以总结。④ Breindl 和 Kuellmer 则在 *Internet Content Regulation in France and Germany*：*Regulatory Paths*，*Actor Constellations*，*and Policies* 一文中分别对法国和德国的网络内容治理方式予以分析，明确法国主要通过法律手段对网络内容予以规范，而德国则偏向于规范性自律手段，并分别对这两种治理方式展开分析。⑤ 参照国外研究成果，我国学者对主要发达国家的网络内容治理经验展开探究，肯定了管理体制、法律政策、政府监管、企业自治以及技术手段的重要作用。⑥ 李敏对以美国、欧盟、日本等为代表的国家和地区网络信息治理模

---

① 陈雅赛. 突发公共卫生事件网络谣言传播与治理研究——基于新冠疫情的网络谣言文本分析[J]. 电子政务，2020(6)：2-11.

② 龚家琦，周逢. 网络微短剧的产业生态和转型治理研究——基于"小程序"类网络微短剧的田野调查[J]. 中国电视，2023(8)：85-91.

③ Alston R. The government's regulatory framework for internet content[J]. UNSW Law Journal，2000，23(1)：192-197.

④ Akdeniz Y. Internet content regulation：UK government and the control of internet content[J]. Computer Law and Security Report，2001，17(5)：303-317.

⑤ Breindl Y，Kuellmer B. Internet content regulation in France and Germany：Regulatory paths，actor constellations，and policies[J]. Journal of Information Technology and Politics，2013，10(4)：369-388.

⑥ 杨君佐. 发达国家网络信息内容治理模式[J]. 法学家，2009(4)：130-137，160.

式予以介绍，指出世界各国的网络内容治理都由立法管理、社会自律、行政管理、技术监管等方法构成，建议我国通过建立完善的法律体系，加快网络管理体制改革，开展公民网络素养教育等方式来优化网络内容治理。① 黄志雄先后对德国和英国的互联网监管予以分析，同样强调了网络立法、监管机构设置、技术手段和行业自律的重要性。②③ 同时，黄先蓉等分别对澳大利亚和新加坡的网络内容治理展开研究，强调构建多元治理主体，综合运用多种手段，以及加强网络素养教育的重要性。④⑤ 此外，《美国网络信息安全治理机制及其对我国之启示》《网络时代下内容产业的均衡治理：基于日本的启示》等文章都强调了法律体系的完善和治理机构的协调在网络内容治理中的作用。戴丽娜对 2019 年全球网络空间内容治理动向展开分析，指出 2019 年全球网络空间内容治理的重点在于打击虚假信息、限制暴恐内容与仇恨言论，推进数字版权等领域。⑥

1.2.3.2 微观视角

在微观视角下，相关研究主要集中于网络内容治理目标、网络内容治理主体、网络内容政策法规、网络内容治理技术、网络内容平台治理等方面。

---

① 李敏. 网络信息治理的国外考察及启示[J]. 特区经济，2012(10)：281-283.

② 黄志雄，刘碧琦. 德国互联网监管：立法、机构设置及启示[J]. 德国研究，2015(3)：54-71，127.

③ 黄志雄，刘碧琦. 英国互联网监管：模式、经验与启示[J]. 广西社会科学，2016(3)：101-108.

④ 黄先蓉，程梦瑶. 澳大利亚网络内容监管及对我国的启示[J]. 出版科学，2019(3)：104-109.

⑤ 黄先蓉，储鹏. 新加坡网络内容治理及对我国的启示[J]. 数字图书馆论坛，2019(4)：2-8.

⑥ 戴丽娜. 2019 年全球网络空间内容治理动向分析[J]. 信息安全与通信保密，2020(1)：22-26.

（1）网络内容治理目标研究

当前，网络内容治理主要围绕"安全"与"发展"两个基本价值向度展开。[①] 一方面，着眼于"安全"，强调网络内容的治理应以保障网络空间安全为前提。Whitman 在《信息安全管理》（*Management of Information Security*）一书中肯定网络信息安全的重要性，认为"维护网络信息安全应保持信息的机密性、完整性和可用性不受侵犯和破坏"。[②] 穆勒也指出，安全已成为网络治理的主要驱动力。[③] 此外，随着互联网的深入发展，其无边界性和动态性的特点便利了各国之间的意识形态渗透，而网络意识形态是网络文化软实力的灵魂，[④] 网络文化产业公共治理目标与网络文化安全的初衷一脉相承。[⑤] 当前，西方国家在"网络自由""言论自由"主张的推动下，通过网络内容输出向我国进行意识形态渗透。鉴于此，国内学者在网络内容治理研究中，无一例外都强调了维护网络意识形态安全的重要性。如王成志在《加强网络内容建设 推进十九大精神进网络》中明确，网络内容的建设应坚持正确导向、确保网络意识形态安全，[⑥] 强调了"意识形态安全"的重要性。张卫和何秋娟持同样观点，认为维护网络意识形态安全是实现网络自由的前提。[⑦] 另一方

---

① 何明升. 网络内容治理：基于负面清单的信息质量监管[J]. 新视野，2018（4）：108-114.

② Whitman M E, Mattord H J. Management of information security[M]. Stamford：CENGAGE Learning，2013.

③ 弥尔顿·穆勒. 网络与国家[M]. 周程，鲁锐，夏雪，等，译. 上海：上海交通大学出版社，2015：161.

④ 徐强. 网络意识形态是网络文化软实力的灵魂[J]. 中国高等教育，2015（11）：58-60.

⑤ 解学芳. 网络文化产业公共治理全球化语境下的我国网络文化安全研究[J]. 毛泽东邓小平理论研究，2013（7）：50-55，92-93.

⑥ 王成志. 加强网络内容建设 推进十九大精神进网络[EB/OL]. [2019-11-02]. http://theory. people. com. cn/n1/2017/1117/c40531-29652035. html.

⑦ 张卫良，何秋娟. 应对西方"网络自由"必须维护我国的意识形态安全[J]. 红旗文稿，2016（9）：9-11.

面，网络内容产业作为文化产业的重要组成部分，在推动文化产业发展中起着不可忽视的作用，网络内容的治理应与内容建设同步，在治理中推动其发展。由此可见，在网络内容治理中，"发展"是其基本要务，如李一建议推进网络治理框架体系和运行机制的建设，促进网络社会的发展。①

（2）网络内容治理主体研究

首先，从宏观层面围绕主体定位、职责界定和关系探析展开研究。周毅在《试论网络信息内容治理主体构成及其行动转型》一文中指出"党委领导、政府管理、企业履责、社会监督、网民自律是网络内容治理主体的基本框架"，并从信息生命周期视角明确网络信息内容生产者、网络服务平台和网络信息内容使用者的具体定位。② 谢新洲和宋琢则对治理主体协同机制作用机理予以分析，从理念、制度、组织、技术等角度探讨了主体协同机制优化路径。③丁福金和何明升则基于层级式、多中心和混合式治理结构分析，参照我国网络内容治理需求确定了各治理主体的功能性分权，并建立了结构间转化的制度性机制。④

其次，从微观层面对政府、行业协会、网民等主体的权责边界予以探析。在政府层面，孙逸啸⑤和杨馥萌⑥等学者指出政府治理

① 李一. 网络社会治理的目标取向和行动原则[J]. 浙江社会科学，2014(12)：87-93，157-158.

② 周毅. 试论网络信息内容治理主体构成及其行动转型[J]. 电子政务，2020(12)：41-51.

③ 谢新洲，宋琢. 构建网络内容治理主体协同机制的作用与优化路径[J]. 新闻与写作，2021(1)：71-81.

④ 丁福金，何明升. 网络内容治理的主体结构理论研究[J]. 重庆社会科学，2024(4)：38-54.

⑤ 孙逸啸. 网络信息内容政府治理：转型轨迹、实践困境及优化路径[J]. 电子政务，2023(6)：100-112.

⑥ 杨馥萌. 网络信息内容生态治理中的政府责任研究[D]. 长春：东北师范大学，2022.

存在法律制度供给不足、执法重心失调、正向价值引导不力、多元主体协同失衡、职责边界不清等问题，并从主体、程序、规范、场景等角度提出具体优化路径。在行业协会层面，学者肯定了行业协会的桥梁作用，明确其主要通过事前支持与事后激励影响平台企业网络信息内容安全责任的履行，① 但仍存在社会影响力有限、地区发展差异大、服务功能仍待加强、制度建设不够等问题。② 在用户层面，Xie 等对网民举报网络有害内容行为意向心理机制展开研究，旨在更好地激发网民的治理效能。③ 许加彪等则从用户算法素养视角切入，认为应增强偏好标签洞察力、信息环境判断力、低俗信息脱敏力和个人隐私保护力，推动多方力量的协同治理。④

最后，主流媒体和第三方机构参与网络内容治理的价值与能力被挖掘。罗昕等⑤、巢乃鹏等⑥、李鲤等⑦普遍认为主流媒体能为网络信息内容治理提供价值引领、智库支持、搭建交流平台等功能。在此基础上，周毅认为可将具有审核评估资质的第三方机构引入网络内容治理，通过建立安全审核评估规范，明确义务与责任、强化过程化规制、建立内容安全审核评估体系等措施激发其

---

① 陈志斌，朱迪，潘好强．行业协会治理对平台企业网络信息内容安全责任履行的影响[J]．江苏社会科学，2023(2)：147-156.

② 高庆昆，朱垚颖，宋琛．网络内容治理中的行业协会：中介地位与协作治理[J]．黑龙江社会科学，2022(5)：52-59.

③ Xie X Z, Shi L, Zhu Y Y. Why netizens report harmful content online：A moderated mediation model [J]. International Journal of Communication，2023：5830-5851.

④ 许加彪，付可欣．智媒体时代网络内容生态治理——用户算法素养的视角[J]．中国编辑，2022(5)：23-27.

⑤ 罗昕，张瑾杰．主流媒体参与网络内容治理的行动路径——以南都大数据研究院为例[J]．中国编辑，2022(7)：41-45.

⑥ 巢乃鹏，王胤琦．主流媒体对网络内容生态治理的价值和能力[J]．中国编辑，2022(8)：24-28.

⑦ 李鲤，吴贵．主流媒体平台嵌入网络内容治理的价值效能与实践进路[J]．中国编辑，2022(10)：9-14.

治理效能。①

（3）网络内容政策法规研究

当前，有关网络内容政策法规的研究多从宏观和微观两个层面着手。

在宏观层面，国内学者主要从网络信息政策法规和互联网立法两个角度切入。一方面根据网络信息活动的特点和政策法规的内容与功能，将网络信息政策法规分为互联网信息基础设施政策、人才政策、资源政策、技术政策、安全政策、文化政策、服务政策、跨国传输政策和消费政策，或是分为信息网络系统建设和发展政策、信息网络资源政策、产业政策和市场政策等（详见表 1-1）。

表 1-1　有关网络信息政策分类的论述

学者	主　要　观　点
付立宏②	由规范网络信息活动平台、活动基础和活动实体三个层面的政策构成，具体包括网络信息基础设施政策、人才政策、资源政策、技术政策、安全政策、文化政策、服务政策、跨国传输政策和消费政策。
马费成等③	网络信息政策包括信息网络系统建设和发展政策、信息网络资源政策、网络信息产业政策和网络信息市场政策。
严祥林等④	由信息网络建设与经营政策法规、信息安全政策法规、个人信息安全与网络隐私保护、数字信息版权保护法规、网络信息服务业政策法规、电子商务政策法规构成。

---

① 周毅．第三方主体参与网络信息内容治理及其基本策略研究［J］．情报理论与实践，2023（7）：25-32.

② 付立宏．论国家网络信息政策［J］．中国图书馆学报，2001（2）：32-36，81.

③ 马费成，李纲，查先进．信息资源管理［M］．武汉：武汉大学出版社，2001：206.

④ 严祥林，朱庆华．网络信息政策法规导论［M］．南京：南京大学出版社，2005.

续表

学者	主　要　观　点
燕金武①	由网络信息接入政策、网络信息安全政策、网络个人隐私政策、网络知识产权保护政策、网络信息资源建设政策、网络信息内容管理政策、网络信息人才培养政策、网络信息服务政策、网络信息技术政策和网络信息文化政策构成。
马海群②	包括网络信息创造和生产政策、网络信息采集政策、网络信息分配政策、网络信息交换政策、网络信息公开政策、网络信息传播政策、网络信息消费政策、网络信息保护政策。

　　另一方面，从互联网立法着手，从顶层设计上对互联网立法精神、发展历程、现状及问题等予以探究。当前，互联网立法的基本精神在于保安全、稳秩序和谋发展，③ 初步形成了以《网络安全法》为主，以《网络信息内容生态治理规定》《互联网信息服务管理办法》等为辅助的法律法规体系，但仍存在立法层级低、立法滞后、协调性不足等问题。④ 在此基础上，李科以网络媒体政策为切入点，分析了我国网络媒体政策的发展历程及制定与实施机制，指出其存在多头管理、质量有待提升、前瞻性不足等问题。⑤ 谢新洲和李佳伦则对我国网络内容管理宏观政策演进历程予以梳理，归纳出我国网络内容管理制度涉及域名管理、信息和网络安全、互联网新闻信息服务、网络视频管理、网络游戏管理等领域。⑥ 随着网络内

---

　　① 燕金武. 网络信息政策研究［M］. 北京：北京图书馆出版社，2006：35-36.

　　② 马海群. 网络信息资源建设的政策调控与实施机制［J］. 情报理论与实践，2004(1)：25-29.

　　③ 王晓君. 我国互联网立法的基本精神和主要实践［J］. 毛泽东邓小平理论研究，2017(3)：22-28.

　　④ 郭少青，陈家喜. 中国互联网立法发展二十年：回顾、成就与反思［J］. 社会科学战线，2017(6)：215-223.

　　⑤ 李科. 中国网络媒体政策研究［D］. 上海：华东师范大学，2019.

　　⑥ 谢新洲，李佳伦. 中国互联网内容管理宏观政策与基本制度发展简史［J］. 信息资源管理学报，2019(3)：41-53.

容治理的深入，学者纷纷采取内容分析与量化研究相结合方式对网络内容治理①、互联网信息服务治理②、网络生态治理等领域的政策文本予以内容分析和效果评估，或是对政策文本具体内容或主题予以提炼，或是对政策颁布主体予以社会网络分析，③ 或是从政策工具视角切入对网络内容治理工具、环境及价值等展开研究。④⑤例如，周建青等先后发表《网络空间内容治理中政策工具的选择与运用逻辑》⑥《网络空间内容治理政策评价及其优化——基于 PMC 指数模型的分析》⑦《我国互联网治理中政策协同的演进研究》⑧通过内容分析和政策量化评分对网络内容治理政策工具、政策内容予以分析和评价，并从政策力度、政策措施、政策目标三个方面对互联网政策展开深入分析，肯定了互联网治理政策在数量、效力和力度上的上升趋势与整体协同度，也指出政策措施协同度参差不齐、政策目标协同局部性和短期性特点明显等问题。国外学者多从网络

① 黄先蓉，程梦瑶. 我国网络内容政策法规的文本分析[J]. 图书情报工作，2019(21)：5-15.

② 魏娜，范梓腾，孟庆国. 中国互联网信息服务治理机构网络关系演化与变迁——基于政策文献的量化考察[J]. 公共管理学报，2019(2)：91-104，172-173.

③ 张毅，杨奕，邓雯. 政策与部门视角下中国网络空间治理——基于 LDA 和 SNA 的大数据分析[J]. 北京理工大学学报(社会科学版)，2019(2)：127-136.

④ 柴宝勇，陈若凡，陈浩龙. 中国网络内容治理政策：变迁脉络与工具选择——基于政策文本的内容分析[J]. 中南大学学报(社会科学版)，2023(5)：148-161.

⑤ 赵雪芹，李天娥，董乐颖. 网络生态治理政策分析与对策研究——基于政策工具的视角[J]. 情报理论与实践，2021(4)：23-29，39.

⑥ 周建青，张世政. 网络空间内容治理中政策工具的选择与运用逻辑[J]. 学术研究，2021(9)：56-63.

⑦ 周建青，张世政. 网络空间内容治理政策评价及其优化——基于 PMC 指数模型的分析[J]. 东北大学学报(社会科学版)，2023(4)：70-80.

⑧ 周建青，高土其. 我国互联网治理中政策协同的演进研究[J]. 新闻与传播研究，2023(8)：5-28，126.

内容(internet content)角度切入，或从理论层面就言论自由与网络内容监管的平衡角度切入，探讨网络内容立法有无必要。①② 或是有针对性地对不同国家网络内容政策法规予以罗列和对比。③④⑤ 值得注意的是，此类分析无一例外地将网络内容政策法规管制重点放在淫秽色情、种族歧视、仇恨言论等有害和违法内容上。⑥

　　在微观层面，国内外研究或是从分行业分领域的角度对网络游戏⑦、网络视听⑧、网络直播⑨、网络新闻、网络广告⑩、网络文学⑪、

　　① Weckert J. What is bad about internet content regulation[J]. Ethics and Information Technology，2000(2)：106-107.

　　② Mcguire J F. When speech is heard around the world：Internet content regulation in the United States and Germany[J]. New York University Law Review，1999(74)：750-792.

　　③ Corker J，Nugent S，Porter J. Regulating internet content：A co-regulatory approach[J]. University of New South Wales Law Journal，2000，23(1)：198-204.

　　④ Coroneos P. Internet content policy and regulation in Australia [EB/OL]. [2019-11-27]. https://www. researchgate. net/profile/Peter-Coroneos/publication/265566406_INTERNET_CONTENT_POLICY_AND_REGULATION_IN_AUSTRALIA/links/578d943108ae5c86c9a65b6f/INTERNET-CONTENT-POLICY-AND-REGULATION-IN-AUSTRALIA. pdf.

　　⑤ Rodriguez J. A comparative study of internet content regulations in the United States and Singapore：the invincibility of cyberporn[J]. Asian-Pacific Law & Policy Journal，2000(9)：1-46.

　　⑥ Akdeniz Y. Internet content regulation：government and the control of internet content[J]. Computer Law & Security Report，2001，17(5)：303-317.

　　⑦ 陈党. 我国网络游戏内容监管政策的发展[J]. 岭南师范学院学报，2016(2)：38-45.

　　⑧ 卜彦芳，董紫薇. 框架、效果与优化路径：网络视听节目管理政策解读[J]. 中国广播电视学刊，2018(7)：9-13.

　　⑨ 朱思东. 网络直播政策规约下电视媒体的机遇与应对[J]. 南方电视学刊，2016(6)：112-114.

　　⑩ 雷琼芳. 加强我国网络广告监管的立法思考——以美国网络广告法律规制为借鉴[J]. 湖北社会科学，2010(10)：142-144.

　　⑪ 黄先蓉，贺敏. 政策工具视角下我国网络文学治理政策文本分析[J]. 出版发行研究，2021(5)：43-49.

等方面的政策法规现状展开研究；或是从重点问题入手，分别对网络版权①②、网络隐私③、网络安全④等方面立法予以梳理；或是对具体政策法规的详细解读，如对《互联网用户账号名称管理规定》《互联网新闻信息服务管理规定》进行具体分析。

（4）网络内容治理技术研究

一直以来，国内外学者都强调技术在网络内容治理中的重要性。早在1999年，Lessig即指出互联网去中心化和匿名性特征主要基于代码而生，由此，可通过代码的优化与完善来实现对网络的控制与监视。⑤ DeNardis⑥、Mcintyre⑦等学者持相同看法，认为在完善的政策法规保障下，代码可有效控制用户行为。合理地使用技术可有效将网络内容治理的部分职责从政府、监督机构转移到个人。⑧

---

① Margoni T. Eccezioni e limitazioni al diritto d'autore in internet：Exceptions and limitations to copyright law in the internet[J]. Hearing Research，2012，76(1-2)：16-30.

② Hayes D L. Internet copyright：Advanced copyright issues on the internet—part Viii[J]. Computer Law & Security Review，2002，16(6)：363-377.

③ Baumer D L，Earp J B，Poindexter J C. Internet privacy law：A comparison between the United States and the European Union [J]. Computers & Security，2004，23(5)：400-412.

④ 王玫黎，曾磊.中国网络安全立法的模式构建——以《网络安全法》为视角[J].电子政务，2017(9)：128-133.

⑤ Lessig L. Code：And other laws of cyberspace [M]. 2nd ed. New York：Basic Books，2006.

⑥ DeNardis L. Hidden levers of internet control[J]. Information，Communication & Society，2012，15(5)：720-738.

⑦ McIntyre T J，Scott C. Internet filtering：Rhetoric，legitimacy，accountability and responsibility [M]. Brownsword R，Yeung K（Eds.），Regulating technologies：Legal futures，regulatory frames and technological fixes. Oxford，England：Hart Publishing，2008：109-124.

⑧ Bertelsmann Foundation's Memorandum on Internet Self-Regulation [EB/OL]. [2022-01-09]. http：//www. stiftung. bertel mann. de/internetcontent/english/download/Memorandum. pdf.

目前，美国、德国、澳大利亚、英国等主要发达国家，主要通过互联网内容过滤、关键词识别、内容分级等技术来开展网络内容治理。如 McGuire 在 *When Speech is heard around the world：internet content regulation in the United States and Germany* 一文中提出，包括 Microsoft、Net Nanny 等在内多个互联网公司已推出互联网过滤器，协助父母自定义过滤内容，控制儿童在线访问的内容；同时，部分网站可依据单词或短语对敏感信息予以筛除；或通过推行 PICS 系统进行内容分级。① 然而，Mullaly ② 和 Akdeniz③ 分别对澳大利亚和英国的互联网过滤技术予以介绍，并指出过度的过滤可能会"误伤"部分合法内容，阻碍信息的自由流通。刘恩东对美国在网络内容监管中所运用的分级系统、过滤系统和信息监控系统予以介绍，明确了技术治理在网络内容治理中的重要性。④ 许立勇和高宏存进一步提出应通过改进审查技术、设立不同审查标准、利用人工智能审查等方式加强技术手段的运用。⑤ 同时，张元等认为应加强网络核心技术研发，强化网络内容服务者的信息检疫、筛选和过滤力度。⑥ 范灵俊等认为网络空间治理离不开网络内容获取技术、用户行为分析技术、内容鉴别技术、语音和图片识别技术等技术工具的支撑。⑦

---

① McGuire J F. When speech is heard about around the world：Internet content regulation in the United States and Germany[J]. New York Unviersity Law Review，1999(74)：750-792.

② Mullaly J. An overview of internet content regulation in Australia[J]. Media Asia，2000，17(2)：99-116.

③ Akdeniz Y. Internet content regulation：UK government and the control of internet content[J]. Computer Law & Security Report，2001，17(5)：303-317.

④ 刘恩东. 美国网络内容监管与治理的政策体系[J]. 治理研究，2019(3)：102-111.

⑤ 许立勇，高宏存."包容性"新治理：互联网文化内容管理及规制[J]. 深圳大学学报(人文社会科学版)，2019(2)：51-57.

⑥ 张元，孙巨传，洪晓楠. 新时代网络社会的发展困境与治理机制探析[J]. 电子政务，2019(8)：40-49.

⑦ 范灵俊，周文清，洪学海. 我国网络空间治理的挑战及对策[J]. 电子政务，2017(3)：26-31.

除此之外，部分学者基于网络内容治理的技术需求展开技术探究。例如，殷毅波等针对网络电视的内容监管需求，提出了一种适合基于流媒体实时传输协议（RTP/RTCP）的监管方法。① 王亚男则通过改良可扩展恶意词典，设计用户分类方法，实现了基于深度学习的恶意用户检测。② 吴尤可针对网络谣言泛滥问题，对谣言追溯技术予以分析，指出可利用最大相似法实现谣言溯源。③ 随着人工智能的深入发展，有关深度学习识别研究逐渐增多，Roy 等基于长短时效记忆网络对在线虚假信息进行有效识别，④ 冯由玲等提出基于Bert-BiLSTM 混合模型的社交媒体虚假信息识别方法，⑤ 詹骞则从人工神经网络识别角度切入建立健康类虚假信息识别模型。⑥

（5）网络内容平台治理研究

学者无一例外肯定了平台所掌握的巨量数据资源与技术优势在规制能力与治理效率上具有政府难以比拟的优势，平台参与内容治理作用日益凸显。当前，网络内容平台主要通过用户协议、平台规则等政策工具及算法技术工具⑦研判和处置信息内容与用户行为，利用"算法+人工"对违法不良内容予以审查，借助算法推荐机制助

① 殷毅波，赵黎，张华，等．一种网络电视内容监管方法[J]．小型微型计算机系统，2007(7)：1200-1204.

② 王亚男．基于微博内容的恶意用户识别技术研究[D]．北京：北京邮电大学，2017.

③ 吴尤可，瞿辉．基于社交网络的谣言追溯技术及对策研究[J]．情报科学，2017(6)：125-129.

④ Roy K，Tripathy K，Weng T，et al. Securing social platform from misinformation using deep learning [J]. Computer Standards & Interfaces，2022，84：103674.

⑤ 冯由玲，康鑫，周金娉，等．基于 Bert-BiLSTM 混合模型的社交媒体虚假信息识别研究 [J/OL]．[2024-08-29]．https：//link. cnki. net/urlid/22. 1264. G2. 20240126. 1809. 008.

⑥ 詹骞．健康类虚假信息的人工神经网络识别与治理[J]．现代传播，2022(8)：155-161.

⑦ 何林翀．网络平台内容审查的制度逻辑与路径优化[J]．理论月刊，2024(1)：131-141.

力主流价值观传播，设立用户举报投诉机制为用户提供参与渠道。①② 然而，平台兼具私人性与公共性，③ 其天然所具备的逐利性不可避免会存在权力滥用现象，④ 与公共利益维护存在冲突。张文祥和孔祥稳等学者则进一步指出平台治理仍存在规制过严、内部规则难受公法规则约束、内部规则运行缺乏透明度等问题。⑤⑥ 基于此，学者们强调了明确网络内容平台责任的重要性，并指出应坚持法治原则、促进创新原则、过失责任原则、促进网络发展原则和行政均衡原则，通过建立违法内容分类分级细则、构建负面清单、强化网络平台运行程序性和透明度、完善数字内容平台主体责任体制等措施构建平台主体责任。⑦⑧ 周毅等则从平台规制动力、规制体系、规制效果角度切入，构建了网络平台内容安全规制的理论模型，并进一步指出应从用户个人信息保护与信用管理、违法与不良内容发现与审查、主流价值内容推荐、合法性限度内处理与惩戒、举报投诉处理等角度完善平台规则的运行机制。⑨ 同时，部分学者

① 易前良，唐芳云. 平台化背景下我国网络在线内容治理的新模式[J]. 传媒观察，2021（1）：13-20.

② 张志安，聂鑫. 互联网平台社会语境下网络内容治理机制研究[J]. 中国编辑，2022（5）：4-10.

③ 陈璐颖. 互联网内容治理中的平台责任研究[J]. 出版发行研究，2020（6）：12-18.

④ 吴方程. 网络平台参与内容治理的局限性及其优化[J]. 法治研究，2021（6）：93-99.

⑤ 张文祥，杨林，陈力双. 网络信息内容规制的平台权责边界[J]. 新闻记者，2023（6）：57-69.

⑥ 孔祥稳. 网络平台信息内容规制结构的公法反思[J]. 环球法律评论，2020（2）：133-148.

⑦ 唐要家，唐春晖. 网络信息内容治理的平台责任配置研究[J]. 财经问题研究，2023（6）：59-72.

⑧ 李玉洁. 网络平台信息内容监管的边界[J]. 学习与实践，2022（2）：47-53.

⑨ 周毅，刘裕. 网络服务平台内容生态安全自我规制理论模型建构研究[J]. 情报杂志，2022（10）：112-120.

强调"数据"和"算法"是网络平台治理的基础，然而出于自身利益
考量，平台往往将数据视为其核心竞争力，不愿与其他平台共享，
限制了平台间数据流通，背离"互联互通"的互联网初衷，形成数
据垄断，①② 平台的"超级权力"带来了话语失衡和舆论渗透风险。③
周建青等则将区块链引入网络平台内容监管，从用户账号管理、用
户生产内容、平台审查内容、平台发布内容、用户评论反馈传播、
平台处理流程等方面创新平台治理模式。④ 除此之外，以肖红
军⑤、阳镇⑥等为代表的学者从企业社会责任履行的角度切入，强
调了合理界定互联网平台社会责任边界，建立企业社会责任评价体
系的必要性。

1.2.4　研究述评

从研究内容来看，尽管学界已意识到网络治理体系、网络内容
和网络内容治理的重要性，并对其展开系列研究，但目前关于网络
内容治理体系的研究尚少，仍未形成系统化的研究成果，有关网络
内容治理体系的概念、特征及构成等仍未明确。尽管国家在顶层设
计层面明确了网络内容建设的重要性，但网络内容治理体系的具体
落地仍缺乏理论层面的指导。虽然学界在网络内容治理目标、网络

①　方兴东，严峰．网络平台"超级权力"的形成与治理[J]．人民论坛·
学术前沿，2019（14）：90-101，111.

②　邹军，柳力文．平台型媒体内容生态的失衡、无序及治理[J]．传媒
观察，2022(1)：22-27.

③　支振峰，刘佳琨．互联网信息内容治理的中国方案[J]．江西社会科
学，2023(11)：176-187.

④　周建青，龙吟．"平台上链"：创新网络平台内容监管的有效路径[J]．
学习论坛，2023(5)：51-59.

⑤　肖红军，李平．平台型企业社会责任的生态化治理[J]．管理世界，
2019(4)：120-144，196.

⑥　阳镇．平台型企业社会责任：边界、治理与评价[J]．经济学家，
2018(5)：79-88.

内容治理主体、网络内容治理政策法规、网络内容治理技术、网络内容平台治理等方面予以探讨，但将其全部纳入同一框架进行整体分析的文献仍不多见，缺乏对其内在关联的研究。

从研究的广度和深度来看，当前有关网络内容治理主体和网络内容治理平台研究多为政府、平台、行业协会和用户单个治理主体的"点"性研究，缺乏整体关注治理主体在网络内容治理体系全局中的具体生态位的"线"性研究。虽说部分研究对治理主体之间的相互关系予以探讨，但如何将其有效盘活并整合进一定的制度安排，实现跨部门、跨领域、跨功能、跨层次的合作，仍有待进一步研究。同时，有关研究主要从治理目标、治理主体、治理技术等角度展开，然而，在治理实践中，治理过程不可偏废，如何借助技术赋能，整合和调动各方力量与资源，为治理主体在最短时间内快速抽取并整合各项治理资源与要素，实现治理过程的协同，仍有待深入探讨。

从研究方法上看，针对网络治理体系、网络内容和网络内容治理的研究总体呈现定性思辨成分较多，定量实证研究较少的特点。因此，在定性思维的基础上引入定量的实证分析将理论研究框架与实证分析框架相结合，可作为本研究的一大突破。

1.3 研究方法、思路及内容

1.3.1 研究方法

本研究综合运用文献分析法、比较分析法、社会网络分析法、内容分析法、问卷调查法等研究方法，对我国网络内容治理体系的具体构成、现状、困境展开分析，并在此基础上探究完善路径。

（1）文献分析法

文献分析法贯穿本研究始终。目前，学界在治理、网络治理、网络内容监管、网络内容治理、网络平台治理等方面已形成一定的研究成果，为本研究提供了丰富的研究基础。本研究主要采用网络资料搜集的手段，对网络内容治理体系相关的学术资源和政策文本进行搜集。一方面，通过中国知网、Web of Science、EBSCO 综合学科检索平台等国内外数据库查阅网络内容、网络内容治理、治理、网络内容政策法规等文献资料，并对其进行归纳与总结，为本研究提供理论基础；另一方面，访问主要发达国家政府网站、网络平台网站和相关行业协会网站，搜集并分析与网络内容治理相关的政策法规、平台规范和行业协会规范等，对我国网络内容治理体系的优化升级予以借鉴。

（2）比较分析法

比较分析法主要运用于第二章网络内容治理体系的概念界定和第五章各国网络内容政策法规对比的部分。在第二章网络内容治理体系的概念界定中，本书从横向比较视角切入，分析并比较国内外学者对网络内容、治理、网络治理、网络内容治理、网络内容治理体系的界定，结合我国网络内容和网络内容治理现状，明确网络内容治理和网络内容治理体系在本研究中的具体概念。在第五章"完善网络内容政策法规"中，对比分析部分国家与我国网络内容政策法规，总结中外网络内容政策法规的异同，为我国网络内容政策法规的完善提供依据。

（3）社会网络分析法和内容分析法

社会网络分析法和内容分析法主要运用于第三章。社会网络分析法主要运用于政府主体研究部分，通过社会网络分析法和Ucinet、Pajek 等工具对 101 份具有两个及以上颁布部门的网络内容政策法规的颁布主体展开分析，绘制政策法规颁布主体的合作网络，描绘颁布主体合作网络结构，以更加直观地了解政府主体之间的关系。内容分析法则主要运用于"政策法规—行业规范—平台规范"并进的规则保障体系研究部分，通过对我国网络内容政策法规（附录 2）、主要行业规范和主要网络内容平台规范（附录 3）展开内容分析，明确我国网络内容政策法规、行业规范和网络内容平台规范的主要内容。内容分析法主要分两步展开。第一步，完成数据搜集。就政策法规而言，1994 年，《中华人民共和国计算机信息系统安全保护条例》首次以法规形式明确了计算机信息系统安全保护的重要性，揭开我国网络内容治理序幕。因此，笔者以"互联网""网络""信息""内容""文化""出版""视听""游戏""动漫""直播""音视频"等为关键词在政府官方网站、"北大法宝"和"北大法意网"等政策数据库进行组配检索，对 1994 年 2 月 18 日至 2024 年 6 月 30 日的政策法规予以筛选，最终选出政策法规文件 342 件（附录 2）。就行业规范而言，笔者对中国互联网协会、中国网络视听节目服务协会、中国互联网上网服务行业协会、中国网络空间安全协会、中国网络社会组织联合会等 15 个与网络内容治理紧密相关的行业协会官网展开调研，搜集到 68 条行业规范。就平台规范而言，选取网络直播、短视频、网络视频、有声书、网络动漫、网络游戏、网络文学等平台作为研究对象，采取目的抽样法，对上述领域排名靠前平台予以调研，对其公开发布的用户协议、隐私政策、知识产权声明和与网络内容相关的平台规范予以搜集与梳理，共搜集 26 个平台的 180 条规范（附录 3）。第二步，展开数据分析。笔者将所搜集的 342 项政策法规、68 条行业规范和 180 条平台规范分别导入 Nvivo14 软件，与另外两位编码员就编码标准展开讨论，协商一致后按共同标准对文本内容予以分析。

（4）问卷调查法

问卷调查法主要运用于第四章。本书根据研究对象和研究问题，设计我国网络内容治理调查问卷（网民问卷）（附录 1），从基本信息、网络内容发展现状及问题、网络内容治理评价和网民参与网络内容治理四个层面切入，旨在为完善我国网络内容治理体系提供指导。问卷调查分为预调查和正式调查两个部分，均通过问卷星平台进行发放和回收。首先，通过随机抽样方法对 20 位网民展开预调查，剔除无效题项，完善问卷内容。其次，按照随机抽样方法展开正式调查。问卷主要通过朋友圈、微信群、QQ 群等社交渠道予以传播，发放时间为 2020 年 1 月 7 日到 2020 年 3 月 7 日，共回收 530 份，有效问卷 518 份，有效问卷回收率 97.7%，样本基本特征如表 1-2 所示。

表 1-2　问卷样本特征

样本特征	测量项目	样本数量	百分比
性别	男	200	38.61%
	女	318	61.39%
年龄	19 岁及以下	49	9.46%
	20~29 岁	191	36.87%
	30~39 岁	101	19.5%
	40~49 岁	84	16.22%
	50~59 岁	88	16.99%
	60 岁及以上	5	0.97%
学历	小学及以下	3	0.58%
	初中	36	6.95%
	高中/中专/技校	49	9.46%
	大学专科	82	15.83%
	大学本科	263	50.77%
	研究生及以上	85	16.41%
职业	机关、事业单位工作人员	191	36.87%
	企业工作人员	104	20.08%
	自由职业者	46	8.88%
	农民	13	2.51%
	离退休人员	13	2.51%
	学生	138	26.64%
	无业/失业人员	13	2.51%

1.3.2　研究问题与研究思路

随着互联网技术向纵深拓展，包括网络文学、网络新闻、网络视听节目、网络游戏等在内的网络内容发展迅猛，但仍存在着内容同质化、低俗化，违法不良内容泛滥等问题。鉴于此，在一系列利好政策的推动下，我国网络内容治理体系基本建成，而如何协调网络内容治理体系中各要素关系，推动其整合与协同，提高网络内容治理效能成为学界和业界关注的重点。针对此问题，基本框架的分析和完善路径的探究必不可少。本书基于利益相关者理论、协同治理理论和整体性治理理论，对我国网络内容治理体系的基本框架、面临困境进行剖析，并明确了我国网络内容治理体系的完善路径。围绕上述研究目的，提出本书的研究问题：

①当前我国网络内容治理体系由哪些要素构成？存在哪些问题？

②在利益相关者理论、协同治理理论和整体性治理理论的指导下，我国网络内容治理体系的完善应遵循什么样的指导原则？优化路径应如何设计？应采取哪些具体措施？

本书立足于"问题意识"，依据"提出问题—分析问题—解决问题"这一逻辑思路展开研究。首先，探析研究背景，对国内外与网络内容治理体系相关研究予以梳理，形成本书的研究问题。其次，在研究问题引导下，对网络内容、网络内容治理、网络内容治理体系的概念及特征予以分析和梳理，并对利益相关者理论、协同治理理论、整体性治理理论予以介绍，形成本研究的理论基础。再次，从治理目标、治理主体、治理客体、规则保障体系、技术支撑体系角度切入，对我国网络内容治理体系展开分析，并从中提炼出我国网络内容治理体系面临的困境。最后，在此基础上，依据利益相关者理论、协同治理理论和整体性治理理论，确定我国网络内容治理体系完善对策，具体技术路线如图 1-1 所示。

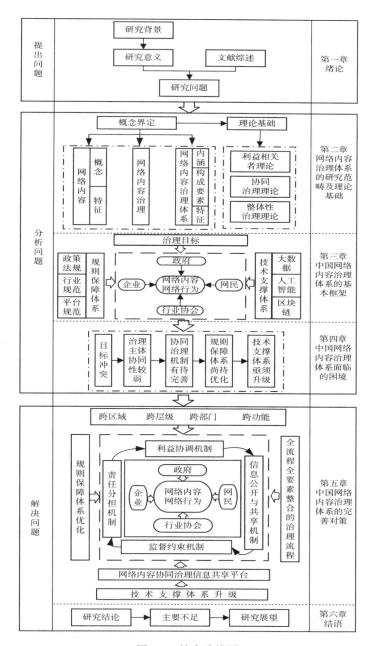

图 1-1 技术路线图

1.3.3　研究内容

本研究的主体包括网络内容治理体系的研究范畴及理论基础、中国网络内容治理体系的基本框架分析、中国网络内容治理体系面临的困境、中国网络内容治理体系的完善对策。研究共六章，主要内容如下：

第一章，绪论。概括介绍本研究的背景和意义，并分别从网络治理体系、网络内容、网络内容治理等方面对国内外研究现状予以梳理与总结，在此基础上，确定本研究的研究问题、思路和内容，并选取科学合理的研究方法，归纳研究创新点。

第二章，网络内容治理体系的研究范畴及理论基础研究。在文献综述基础上，分别明确网络内容和网络内容治理体系的概念及特征，对本书的研究对象有一个更为清晰的认识。首先，从"内容"一词切入，具体分析网络内容的概念及其特征。其次，通过对治理、互联网治理的梳理，提炼网络内容治理的概念。再次，在网络内容和网络内容治理概念的基础上，分析网络内容治理体系的内涵、构成要素及特征。最后，梳理并介绍利益相关者理论、协同治理理论和整体性治理理论，为我国网络内容治理体系研究确立一个符合学理的逻辑起点。

第三章，中国网络内容治理体系的基本框架分析。从我国网络内容治理体系的构成要素切入，即从治理目标、治理主体、治理客体、治理规则保障体系和治理技术支撑体系着手，分别对我国网络内容治理体系的构成要素展开分析，解答为什么治理、谁治理、治理什么和如何治理的问题。首先，解答"为什么治理"，参照党和政府在顶层设计相关规定，结合我国网络内容治理实际，分析我国网络内容治理目标。其次，明确"谁治理"，对我国网络内容治理中的政府主体、企业主体、行业协会主体和网民主体予以概述，并分析其具体职能。再次，探索"治理什么"，对包括网络内容和网络行为在内的治理客体展开分析，描述其现状。最后，分析"如何治理"，对为网络内容治理提供行动指南和技术工具的治理规则体系和技术支撑体系予以分析。

第四章，中国网络内容治理体系面临的困境分析。基于第三章对我国网络内容治理目标、治理主体、治理客体、规则保障体系和技术支撑体系的介绍，辅以问卷调查，对我国网络内容治理体系面临的困境予以提炼。

第五章，中国网络内容治理体系的完善对策分析。首先，根据利益相关者理论、协同治理理论和整体性治理理论，总结我国网络内容治理体系的完善应坚持整体性原则、协同性原则和高效性原则；在此基础上，结合党和国家在顶层设计的相关要求，明确我国应构建一个跨地域、跨部门、跨层级、跨功能的网络内容综合治理体系。其次，从推动网络内容治理主体多元协同、完善网络内容协同治理机制、打造网络内容协同治理信息共享平台、构建全过程全要素整合的治理流程、优化治理规则体系、升级技术支撑体系等角度提出完善我国网络内容治理体系的具体措施。

第六章，结论与展望。回顾并总结本研究的主要研究成果，对本研究存在的局限、不足以及有待深入研究的问题进行归纳和梳理，在此基础上提出对今后研究的展望与设想。

1.4 研究创新点

本书基于利益相关者理论、协同治理理论和整体性治理理论，综合运用多种研究方法，对我国网络内容治理体系展开研究，其中创新之处主要体现在以下几个方面。

（1）借助质性与仿真模型的组合，实现研究方法和手段上的创新

现有关于治理规则的研究多集中于网络内容政策法规分析，专门针对网络内容行业规范和网络内容平台规范的研究仍不多见；同时，将三者同时纳入治理规则体系范畴的研究更是鲜有。本书提出我国初步形成了"政策法规—行业规范—平台规范"并行的治理规则保障体系，并借助内容分析法对 342 个政策法规、68 个行业规

47

范和 180 个平台规范展开文本分析，揭示文本中的隐性内容。同时，本书将演化博弈理论引入网络内容治理主体研究，利用 Matlab R2017 编程对数值进行仿真分析，能更直观地显现多元治理主体在网络内容治理中的关系。

（2）拓宽了网络内容治理客体的内涵边界

现有研究多认为网络内容治理客体即为"网络内容"。本书提出在网络内容的背后，真正起作用的还是人和组织，认为网络内容和网络行为应同时纳入治理客体范畴。网络行为主要由网络企业行为和网民行为构成。其中，网络企业行为主要表现为生产、发布、传播和监管等行为；而网民行为则表现为生产、发布、上传、转发、分享、举报、访问、浏览、评论、下载、关注、点赞等行为。

（3）提出在中观层面打造网络内容协同治理信息共享平台具有一定创新性

现有研究虽意识到推动政府、网络内容平台和行业协会间信息共享的重要性，但大部分对策研究多从统一信息标准、完善信息共享机制等角度着手，提出打造协同治理信息共享平台建议的研究仍不多见，且未明确协同信息共享平台的具体构成。本书基于网络内容的技术属性，提出在中观层面打造网络内容协同治理信息共享平台的建议，并明确网络内容协同治理信息共享平台应要由基础设施层、数据资源层、平台管理层、应用功能层和主体层构成。同时，结合网络内容治理的特点，提出数据资源层应由政策法规数据库、平台规范数据库、行业规范数据库、违法不良内容数据库、违法失范行为数据库、行业报告数据库、知识产权数据库、用户信用数据库和学术研究数据库构成。政府、企业、行业协会、网民等治理主体可登录平台，通过信息检索与挖掘得到治理所需的信息，达到综合监测预警、辅助治理决策、实现协同联动的效果。

2 网络内容治理体系的 研究范畴及理论基础

本章对网络内容、网络内容治理和网络内容治理体系相关概念予以界定；在此基础上，对利益相关者理论、协同治理理论和整体性治理理论予以梳理，搭建研究的理论框架。

2.1 网络内容治理体系相关概念界定

治理体系本身即为一个抽象概念，加上网络内容不同于传统内容的特殊性，网络内容治理体系这一研究命题较为复杂。为更好明确本研究的对象与范围，本书基于网络内容和网络内容治理的概念界定，探讨网络内容治理体系的概念、构成要素及特征。

2.1.1 网络内容

网络内容与传统内容存在着明显不同的特征，有着其独特的表现形式和传播方式。同时，"网络内容"作为"网络内容治理体系"的治理对象，了解并掌握网络内容的概念及特征，有利于更好地对网络内容治理体系的概念和特征予以界定。

2.1.1.1 网络内容的概念

当前，关于"内容"的界定，众说纷纭，莫衷一是。通过归纳梳理，国内外文献大致从三个角度切入。其一，强调事物的内在构成，认为内容的主要意义在于包含之物、容纳之物。① 如《大辞海·语词卷4》明确界定，"内容"是指事物内部所含有的实质或存在的情况。② 同时，《牛津当代百科大辞典》《不列颠百科全书》(Encyclopedia Britannica Online) 皆认为内容(content) 有包含之物，(文件、谈话) 等要旨、主旨，特定材料的含有量③④等意思。其二，从哲学角度切入，以"内容"与"形式"的关系为着力点，认为"内容"是构成事物内在诸要素的总和，包括事物各种内在矛盾的构成和发展，而形式则是内容的存在方式，是内容的结构和组织，⑤ 内容的研究与形式的分析和安排同样重要，不可偏废。⑥ 鉴于此，不少学者通过列举内容表现形式的方式对其展开界定。如戴伟辉和孙云福认为图书、报纸、期刊、CD、DVD里的创作、图像、网页、数据库等都可称为内容。⑦ 此外，日本《关于促进创造，保护和开发内容的相关法律》(コンテソツの創造、保護及び活用の促進に関する法律)在界定内容时同样从其表现形式着手，明确电影、音乐、戏剧、文学、摄影、漫画、动画、电脑游戏以及其他文字、图形、色彩、声音、动作、影像，或由上述元素构成的组合，以及以电脑程序为媒介提供的与之相关的信息都属于内容。⑧ 其

---

① 赵子忠.内容产业论——数字新媒体的核心[M].北京：中国传媒大学出版社，2005：10.

② 夏征农，陈至立.大辞海·语词卷4[M].上海：上海辞书出版社，2011：2150.

③ 吴衡康，周黎明，任文.牛津当代百科大辞典[M].北京：中国人民大学出版社，2004：360.

④ Content.[EB/OL].[2018-10-29].https://academic.eb.com/levels/collegiate/search/dictionary? query=content.

⑤ 夏征农，陈至立.辞海(第6版)普及本(第二卷)[M].上海：上海辞书出版社，2010：2843.

⑥ 李步云.法的内容与形式[J].法律科学，1997(6)：3-11.

⑦ 戴伟辉，孙云福.网络内容管理与情报分析[M].北京：商务印书馆，2009：146-147.

⑧ コンテンツの創造、保護及び活用の促進に関する法律(平成16年6月4日法律第81号)[EB/OL].[2018-10-29].http://www.wipo.int/wipolex/zh/text.jsp? file_id=186620.

三，认为内容是某种有价值的信息。① 如维基百科(Wikipedia)将内容(content)定义为出版者或传媒者向受众或用户所提供的信息或经验;② 戴维·希尔曼(David Hillman)则认为内容是满足特定需求的信息组合，文本、图片、音频、视频都是其表现形式;③ 刘珊黄和黄升民则认为内容是借助媒介的传输载体所承载的各类信息形态的总称。④

随着互联网技术的深入和普及，信息流通速度加快，内容生产和传播阵地由线下拓展到线上，"互联网"与"内容"的耦合，推动了"网络内容"的诞生，"内容"的外延不断扩大。若是以"内容"的内涵为参照，从"包含之物""容纳之物"的角度切入，广义上的"网络内容"则应包含互联网上所承载的一切信息，而网络上的所有信息都是"0"和"1"的排列组合，以二进制的形式存在。⑤ 因此，网络内容小到可以是一个比特、一个代码、一个标题的元数据、一张图片、一篇微博，大到可以是一首网络歌曲、一款网络游戏、一部网络电影。如以人民网、CNN、VOA 为代表的媒体发布的网络新闻，eMarketer、艾瑞咨询等发布的在线版研究报告，大英百科全书在线版等⑥都属于网络内容的一部分。网络内容既包括结构化数据，又包括非结构化数据，甚至是半结构数据，可以是图形、网页、数据库甚至是网络上的交互操作。⑦ 然而，唐绪军在《互联网

① 于素秋. 日本内容产业的市场结构变化与波动[J]. 现代日本经济，2009(3)：27-33.
② Content. [EB/OL]. [2018-10-29]. https://en. wikipedia. org/wiki/Content.
③ 戴维·希尔曼. 数字媒体技术与应用[M]. 熊澄宇，崔晶炜，李经，译. 北京：清华大学出版社，2002：4-5.
④ 刘珊黄，黄升民. 再论内容产业：趋势与突破[J]. 现代传播，2017(5)：1-5.
⑤ 李绯，杜婧，李斌，等. 数字媒体技术与应用[M]. 北京：清华大学出版社，2012.
⑥ Dou Wenyu. Will internet users pay for online content[J]. Journal of Advertising Research，2004，44(4)：349-359.
⑦ 戴伟辉，孙云福. 网络内容管理与情报分析[M]. 北京：商务印书馆，2009：146-147.

内容建设的"四梁八柱"》一文中虽肯定了互联网中生成和传播的以文字、图片或音视频形式存在的信息都属于网络内容，但他赋予了网络内容两个限制性条件，即应包含介质符号和实质性意义两个基本要件。① 与此同时，澳大利亚《广播服务法》(*Broadcasting Services Act*)规定，"网络内容"是一种可以储存在数据存储设备上，且可通过互联网传输服务访问的信息，但不包括普通电子邮件(不包括新闻推送)和以广播服务形式传送的信息。②

当前，明确界定网络内容的文献并不多见，国外网络内容相关研究或是对非法内容、有害内容和影响未成年人健康发展的淫秽信息内容予以介绍;③④ 或是对禁止发布内容予以列举,⑤⑥ 对色情、暴力、诽谤、危害国家安全等内容予以明令禁止。⑦ 国内相关研究则从网络内容表现形式入手，有学者认为以互联网络为载体出现的游戏、文学、影视、动漫、音乐等均是网络内容的常见表现形式;⑧

---

① 唐绪军. 互联网内容建设的"四梁八柱"[J]. 新闻与写作，2018(1):36-38.

② Broadcasting Services Act 1992 [EB/OL]. [2018-10-20]. https://www. legislation. gov. au/Details/C2018C00375.

③ Akdeniz Y. Internet content regulation: Government and the control of internet content[J]. Computer Law & Security Report, 2001, 17(5):303-317.

④ Nair A. Internet content regulation: Is a global community standard a fallacy or the only way[J]. International Review of Law, Computer & Technology, 2007,21(1):15-25.

⑤ Wharton M A. Pornography and the international internet: Internet content regulation in Australia and the United States [J]. Hastings Communications and Entertainment Law Journal,2000,23(1):121-156.

⑥ Info-Communications Media Development Authority. IMDA's approach to regulating content on the Internet. [EB/OL]. [2018-10-20]. https://www. imda. gov. sg/regulations-licensing-and-consultations/content-standards-and-classification/standards-and-classification/internet.

⑦ 宋川. 网络内容管制与我国政治文化发展[J]. 北京电子科技学院学报，2007(1): 31-34.

⑧ 张钦坤，张正. 从优化环境入手加快发展网络内容产业[J]. 中国国情国力，2017(05): 19-21.

陈绚在《数字化媒体传播内容管理限制式微》中则认为网络内容包括网络传播的新闻信息、互联网文化产品和网络传播视听节目等；① 而曾长秋等则认为网络内容主要指网络信息内容，包括网络内容新闻报道、网络宣传教育、网络文件传输、网络资料存储、网络政务服务、网络商品供给、网络娱乐服务等方面。② 除此之外，汤雪梅③、刘兰等④、李邑兰⑤、张东⑥等则从"微内容"角度切入，对以 BBS、新闻跟帖、博客、微博、微信所产生的"微内容"予以分析。同时，《文化部关于推动数字文化产业创新发展的指导意见》（2017）明确指出，"实施网络内容建设工程……鼓励生产传播健康向上的优秀网络原创作品，提高网络音乐、网络文学、网络表演、网络剧（节）目等网络文化产品的原创能力和文化品位"，⑦ 明确了网络音乐、网络文学、网络表演、网络剧为网络内容的重要组成部分。

综上，网络内容是传统内容拥抱互联网技术而产生的新型业态，是以"内容"为核心，以互联网为载体和传输渠道的有价值的信息，包括文字、图片、音频、视频等多种形式。按照表现形式分类，网络内容包括网络文学、网络音乐、网络表演、网络视听节目等；按照公开与否，网络内容由微信、QQ 等社交媒体所产生的即时信息为代表的非公开内容以及网络音乐、网络视听节目等为代表

---

① 陈绚. 数字化媒体传播内容管理限制式微［J］. 国际新闻界，2007（11）：25-30.

② 曾长秋，万雪飞，曹挹芬. 网络内容建设的理论基础与基本规律［M］. 北京：人民出版社，2017：18.

③ 汤雪梅. 微内容对互联网的价值重构［J］. 国际新闻界，2006（10）：55-58.

④ 刘兰，徐树维. 微内容及微内容环境下未来图书馆发展［J］. 图书情报工作，2009（3）：34-37.

⑤ 李邑兰."微内容时代"对"全景世界"的建构［J］. 青年记者，2007（16）：25-26.

⑥ 张东. 互联网微内容对我国社会转型的作用与影响研究［J］. 出版发行研究，2010（1）：19-24.

⑦ 文化部关于推动数字文化产业创新发展的指导意见［EB/OL］.［2018-10-19］. http://www.gov.cn/gongbao/content/2017/content_5230291.htm.

的公开内容构成；按照内容的"大小"，可分为"宏内容"和"微内容"，"宏内容"以网络大电影、网络视听节目为代表，而"微内容"则以微短剧，微信、微博、BBS中所发表的评论为代表；就网络内容本身的而言，可分为教育性网络内容、大众性网络内容和学术性网络内容；按照网络内容的性质，则可分为合法内容、有害内容和违法内容。

2.1.1.2 网络内容的特征

网络内容不同于传统内容，具有开放性、多样性、交互性、非独占性和外部性的特征。

（1）开放性

网络内容具有开放性的特征。一是网络内容的获取具有开放性。用户只需接入互联网，即可免费访问网络上的绝大多数信息，如政府、企业、高校官方网站，搜狐、新浪、网易等新闻网页，以腾讯、爱奇艺、优酷为代表的视频网站和以网易云音乐、QQ音乐、酷狗音乐等为代表的音乐平台上的资源。互联网无国界性的特征使得网络内容突破了国界、地域的限制，网民通过互联网即可访问世界各地的网络内容资源。同时，互联网突破了时间的限制，用户可以根据自身需要灵活选择访问网络内容的时间。二是网络内容的生产具有开放性。互联网的开放性降低了网络内容生产的门槛，普通网民也能平等地享受网络内容生产的权利。网民可根据自身体会自由发布原创微博、朋友圈、电子书，甚至还可根据自身知识储备对维基百科中相关词条予以编辑。三是网络内容传播的广泛性。当前，无论是短视频平台、有声书平台、网络文学平台还是网络直播平台都设置了"分享"按钮，用户可通过QQ、微信、微博等社交媒体以链接或二维码的形式对相关网络内容进行传播。同时，网络文本无限式复制和粘贴功能①也加速了网络内容的广泛传播。

---

① 陈宗章．网络空间中主流意识形态安全面临的五大失衡［J］．思想政治教育研究，2019（4）：71-78.

（2）多样性

网络内容具有多样性的特征。随着大数据、人工智能、虚拟现实技术等互联网技术的深入发展，新兴技术的叠加共生为内容的生产、传播和使用带来巨变。内容传播的载体经历了竹木简牍、纸张、光盘、网络到移动终端的转变，而内容传播方式经历了口头、文字、印刷、电子、网络几个阶段的转变。技术创新赋予了网络内容形式多样的可能，不同于传统的线下内容仅仅局限于单一的文字或图片，网络内容为读者提供了集文字、图片、音频、视频、线上服务等多种表现形式于一体的资源与服务。以传统书籍为例，传统内容只能通过单一纸质书方式为读者传播信息，而网络内容则以电子书、有声书、视频、动漫、VR图书等多种形态向读者传播信息。此外，网络视听节目、网络动漫、网络游戏、网络直播、网络音乐等新业态的出现为受众提供了视觉、听觉、视听结合的动态感受。

（3）交互性

网络内容具有交互性的特征。传统内容多以图书、磁带、CD等为载体，内容的生产主要掌握在以出版单位为代表的专业生产主体手中，通过"一对多"的形式向读者传播其内容，读者只能被动接受"信息输入"。技术的迭代赋予了普通网民生产网络内容的权利，人们的内容获取方式由被动接受"灌输"向主动参与交流转换。① 受众身兼"内容生产者""内容传播者"和"内容消费者"数职，其在浏览、享用网络内容的同时，也生产并传播了相关网络内容。例如，受众在微博、朋友圈、QQ空间中对相关内容进行评论并转发，观众在视频网站中观看电视剧、电影、或是综艺节目时发送弹幕，游戏玩家在不同的关卡做出不同的选择而产生属于自己的结局。网络内容的交互性特征一方面激发了受众参与网络内容生产与传播的积极性，有利于丰富网络内容资源，加速网络内容的流通；另一方面也为虚假网络内容的扩散提供了土壤，在一定程度上导致

55

---

① 张峰. 论西方网络文化的特征[J]. 北京理工大学学报(社会科学版)，2008(1)：30-33.

网络内容来源的复杂和无序。

（4）非独占性

网络内容具有非独占性的特征。网络内容多以 PC 端、移动端为载体，不像传统内容需以图书、报纸、杂志、磁盘或光盘等物质载体为依托，具有非实物性特征。这就意味着，网络内容除了"母本"外，还拥有无数个"副本"。因此，消费者购买网络内容时，并不会减少其他用户拥有同样的网络内容的可能性。① 以电影产品为例，若是消费者购买传统的电影光盘，则此电影光盘为其独有，其他人无法购买；若是消费者在某视频网站上付费观看某电影，他只需购买相关视频网站的 VIP 会员，则可获得该电影的访问权，并未独占此电影，不会影响他人购买。同时，微博、朋友圈和 QQ 空间中的文章，在版权允许的情况下，人人都可转载；同一个网络直播节目，网民只需在固定时间登录直播间即可共享。网络内容的非独占性使得相同的网络内容可以在同一时间被无数用户共享，提升了网络内容的流通效率。

（5）外部性

外部性是指企业或个人向市场之外的其他人所强加的成本或收益。② 以网络音乐、网络文学、网络视听节目、网络直播、短视频等为代表的绝大多数网络内容兼具商品属性和意识形态属性。网络内容所具有的意识形态属性代表着精神价值，具有引导舆论、教育人民、巩固思想文化和意识形态阵地的教化功能。网络内容具有显著的外部性。若网络内容符合社会主义核心价值观，积极向上且充满正能量，则其在丰富人们精神文化需求的同时也能起到弘扬社会主义核心价值观的作用，具有正外部性。若网络内容以暴力、色情等为卖点，侵犯著作权和隐私权，则会败坏社会风气，不仅未达到弘扬正能量的效果，还容易腐化人们思想，阻碍社会主义核心价值

---

① 杨志锋. 网络出版的形式、特征及管理分析［J］. 中国出版，2000（1）：60-62.

② 保罗·萨缪尔森，威廉·诺德豪斯. 经济学［M］. 萧琛，译. 北京：人民邮电出版社，2007：31.

观的弘扬，具有负外部性。

2.1.2　网络内容治理

在了解并掌握网络内容概念及其特征的基础上，从治理、互联网治理角度切入，明确网络内容治理概念。

（1）治理的概念

"治理"（governance）一词肇始于古拉丁语（gubernare）和古希腊语（kybernan）中的"操舵"（steering）一词，有着掌舵、指导、操纵的意思，并与"政府"（government）一词有所重叠。① 世界银行于1989 年在《撒哈拉以南非洲：从危机到可持续增长》（*Sub-Sahara Africa from crisis to sustainable growth：a long-term perspective study*）中首次使用"治理"一词，认为"治理"就是"国家为谋求发展在经济与社会资源管理中所运用权力的方式"，② 之后在《管理发展：治理维度》（*Managing development-the governance dimension*）和《全球治理十年评估》（*A decade of measuring the quality of governance*）报告中对"治理"予以进一步解释，即"利用政治权威和制度来管理社会问题和事务"，③ "推动国家权力运转的传统和制度"。④ 全球治理委员会（The Commission on Global Governance）于 1995 年在其发布的报告——《我们的全球伙伴关系》（*Our Global Neighborhood*）中，对"治理"一词作出详细界定，认为其特指"在公共或私人层面，个人、

---

① Jessop B. The rise of governance and the risks of failure：The case of economic development[J]. International Social Science Journal. 1998,50(155)：29-46.

② 周言. 以西方为中心的"全球治理论"［EB/OL］.［2019-11-20］. https：//www. gmw. cn/01gmrb/2001-02/27/GB/02^18705^0^GMC4-224.htm.

③ The World Bank. Managing Development-The Governance Dimension［EB/OL］.［2018-11-26］. http://documents. worldbank. org/curated/en/884111468 134710535/pdf/34899. pdf.

④ The World Bank. A Decade of Measuring the Quality of Governance.［EB/OL］.［2018-11-06］. http:// siteresources. worldbank. org/NEWS/Resources/wbi2007-report. pdf.

57

机构对共同事物予以管理的多种方式的总和"，并在此基础上指出"治理是一个持续的过程，在此过程中相互冲突的利益集团得以调和，并实现联合行动"。① 2001 年，经济合作与发展组织（The Organization for Economic Cooperation and Development）从三个方面预见治理的变化方向：一是公共和私营部门传统的旧治理方式将失效；二是新的治理方式将涉及更广泛的参与主体；三是组织机构的固定权力分配和权力由身居高位的人所掌握的趋势得以改变。②

随着世界组织对"治理"界定的深入，学界对"治理"的研究也不断拓展。罗西瑙（Rosenau）指出"治理（governance）比统治（government）的内涵更为丰富，不仅包括政府机制，还包括非正式、非政府机制"。③ 罗茨（Rhodes）则认为治理（governance）不再是统治（government）的同义词，而是一种新的统治方式，包括最小的国家管理状态、公司治理、新公共管理、善治、社会控制系统、自组织网络六个层面的含义，④ 并进一步指出在治理中，公共、私人、志愿组织之间的边界变得模糊且不稳定，组织之间相互依赖、持续互动，且自组织形式未对国家负责，⑤ 他认为治理在某种程度上意味着网络治理（network governance），一是要解决政府和其他多部门之间的协同发展，二是要取代传统的科层制度。⑥ 斯托克（Stoker）重申了"在治理过程中，公共和私营部门的界限开始变得

① Our Global Neighborhood-Report of the Commission on Global Governance [EB/OL]. [2018-11-06]. http://www.gdrc.org/u-gov/global-neighbourhood/chap1.htm.

② OECD. Governance in the 21st Century[EB/OL]. [2018-11-26]. https://read.oecd-ilibrary.org/governance/governance-in-the-21st-century_9789264189362-en#page5.

③ 詹姆斯·罗西瑙. 没有政府的治理[M]. 张胜军，刘小林，等，译. 南昌：江西人民出版社，2001：5.

④ Rhodes R A W. The new governance: Governing without government [J]. Political Studies. 1996, 44(4): 652-667.

⑤ Rhodes R A W. Understanding governance [M]. Buckingham and Philadelphia: Open University Press, 1997: 53.

⑥ Rhodes R A W. Understanding governance: Ten years on[J]. Organization Studies, 2007, 28(8): 1246-1247.

模糊"的观点，同时，明确了治理的主要目的是为制定有序规则和推动集体行动创造条件。① Börzel 和 Risse 将治理定义为制定和实施集体约束性规则、或提供集体财产的各种制度化社会协调模式，包括政府部门通过科层制形式提供的指导，也包括公司、社会组织等非政府组织以非科层形式提供集体财产。② 治理追求的是多层次的协调而非决策的权威性，与制度化的政府相比，治理的行政管理实践在形式上是混杂的，更加注重各参与主体展开横向的网络化协作。③ Milton Mueller 持相同的观点，他认为在政治学中"治理"是一种有序的过程，在此过程中通过制定各种计划使得不同元素在系统中得以协调，从而影响社会的决策。④ 由此可见，西方学者都无一例外地强调了政府部门与非政府组织的协调关系，倡导多中心治理的发展。

在我国，"治理"一词古已有之。从《孟子》《荀子·君道》到《史记》《隋书》，再到《明史》《清史稿》，"治理"主要强调"治国理政"的道理。⑤ 20 世纪 90 年代起，以俞可平为代表的专家学者，在吸收西方"治理理论"的基础上，结合我国国情，对"治理"展开深入研究。俞可平指出，以维持社会秩序、满足公众需要为目的，政府或民间组织在其权力指涉的特定范围内运用权威进行社会事务管理是"治理"的本质所在，⑥ 治理的主体不一定是政府，还可以是公民、企业、社会组织等非政府组织，其权力是多元的、相互的，

---

① Stoker G. Governance as theory: Five propositions[J]. International Social Science Journal, 1998, 50(155): 17-28.

② Börzel T A, Risse T. Governance without a state: Can it work [J]. Regulation & Governance, 2010, 4(4): 113-134.

③ Wachhaus A. Governance beyond government[J]. Administration & Society, 2014, 46(5): 573-593.

④ Mueller M, Mathiason J, Klein H. The internet and global governance: Principles and norms for a new regime[J]. Global Governance, 2007, 13(2): 237-254.

⑤ 李龙，任颖."治理"一词的严格考略——以语义分析与语用分析为方法[J]. 法制与社会发展，2014(4): 5-27.

⑥ 俞可平. 治理与善治[M]. 北京：社会科学文献出版社，2000: 1-15.

而不是自上而下的。① 徐勇则认为"治理"是通过配置和运用公共权力，来实现对社会的协调和控制。② 郁建兴、徐晓全、马庆钰等学者同样肯定了治理的多元主体性，认为治理主体涉及政府机关、市民、各种利益集团之间的协调，③ 是各类主体围绕国家和社会事务的基于特定利益展开协商互动，④ 为实现共同的目标对公共事务展开管理，实现公共利益最大化。⑤

综合国际组织、国内外学者对治理的定义，本书所指的治理即为政府、企业、社会组织、公民为实现社会稳定，实现公民利益最大化等共同利益，通过互动协商的方式，采取联合行动，制定规则展开管理的各种方式的总和。

（2）互联网治理的概念

在 2003—2005 年联合国信息社会世界峰会（The World Summit on the Information Society）召开之前，有关"互联网治理"的定义主要局限于对互联网标识符的管理。之后，联合国信息社会世界峰会扩大了"互联网治理"的范围，将整个世界互联网的连接纳入互联网治理对象，并引起了世界的广泛关注。⑥ 2005 年联合国互联网治理工作组（The United Nations Working Group on Internet Governance）将其界定为"政府、私营部门和公民社会以其既定职能为依据所制定并应用的影响互联网发展和使用的共同原则、纲领，以及一系列与之相关的规范、条例与决策流程"。⑦ 此后，在很长的一段时间内，

---

① 俞可平. 治理和善治引论[J]. 马克思主义与现实，1999（5）：37-41.

② 徐勇. 治理转型与竞争——合作主义[J]. 开放时代，2001（7）：25-33.

③ 郁建兴，吕明再. 治理：国家与市民社会关系理论的再出发[J]. 求是学刊，2003（4）：34-39.

④ 马庆钰. 如何认识从"管理"到"治理"的转变[N]. 人民日报，2014-03-24（007）.

⑤ 徐晓全. 从"管理"到"治理"：治国方略重大转型[EB/OL].［2018-11-22］. http://theory. people. com. cn/n/2013/1118/c40531-23575489. html.

⑥ Mueller M. Is cybersecurity eating internet governance? Causes and consequences of alternative framings[J]. Digital Policy，Regulation and Governance，2017,19（6）:415-416.

⑦ WGIG. Report of the working group on Internet governance［EB/OL］.［2018-11-26］. http://www. wgig. org/docs/WGIGREPORT. pdf.

"互联网治理"相关研究以此界定为基础。然而，Jeanette Hofmann 等认为互联网治理工作组的界定是多方利益相关方相互妥协的产物，与互联网跨国治理的本质脱钩。① 部分学者从互联网治理对象入手，如 Wilson Ⅲ认为互联网治理主要由知识产权、市场效率、公平和效率参与四个方面构成。② Muller 对互联网治理的相关文献进行分析，发现当前的研究主要集中于互联网治理（internet governance）、电信政策（telecommunications policy）、信息安全经济学（information security economics）和网络法（cyberlaw）四个部分，③ 其中，贴上"互联网治理研究"标签的文献主要集中于对互联网名称与数字地址分配机构、联合国互联网治理论坛和信息社会世界峰会等互联网治理组织的研究。Van Eeten 和 Mueller 认为互联网治理研究范围应扩展到包括网络安全、网络中立、内容过滤和监管、版权监管、文件共享以及网络服务提供商之间的互联安排等创新领域。④ DeNardis 同样赞同互联网治理并不局限于对域名管理、相关机构或联合国互联网治理论坛（the United Nations Internet Governance Form）的规范，而是指运用互联网进行信息交换的相关政策和技术问题，同时包括互联网关键资源控制、互联网协议设计、知识产权、网络安全和基础建设管理与传播权五个重要领域的管理。⑤

国内学者在界定互联网治理时，部分学者借鉴西方经验，着眼于"治理"的多元化主体特征和协商性，提出"互联网治理"是指"政

---

① Hofmann J, Katzenbach C, Gollatz K. Between coordination and regulation: Finding the governance in internet governance [J]. New Media & Society, 2017, 19(9): 1406-1423.

② Wilson Ⅲ. E J. What is internet governance and where does it come from [J]. Journal of Public Policy, 2005, 25(1): 29-50.

③ Mueller M. Networks and states: The global politics of internet governance [M]. Cambridge, MA: MIT Press, 2010.

④ Van Eeten M J G, Mueller M. Where is the governance in internet governance [J]. New Media & Society, 2012, 15(5): 720-736.

⑤ DeNardis L. The Emerging Field of Internet Governance. Yale Information Society Project Working Paper Series [EB/OL]. [2018-11-29]. https://dx.doi.org/10.2139/ssrn.1678343.

府与私人部门、公民社会以及技术专家等不同主体，以政策、规则以及争端解决程序的制定为主要方式，以解决统一互联网技术标准、合理分配资源利益、应对网络安全事件等问题的行为"。① 例如，张显龙认为"互联网治理的本质可阐述为通过运用现代信息技术、科学理论以及各种法律法规等措施，确保互联网空间的健康、安全与和谐发展，进而维护企业与社会组织、国家机构、国际组织以及广大公民的合法权益和规范的网络秩序"。② 有的学者则从宏观和微观的角度切入，认为互联网治理在宏观上表现为围绕互联网所实施的相关战略、政策等及其效果，在微观上则涉及网络空间的安全、隐私、关键性互联网资源等方面的问题。③ 此外，王明国从互联网治理的主体、客体、规则、价值和结果角度着手，对互联网治理的内涵予以详细分析。④ 陈少威等则从应用层、逻辑层、物理层三个层面对互联网治理的对象、主体和主要治理议题予以分析。⑤

由此可见，大部分学者肯定互联网治理延续了治理中多元主体协商的方式，将互联网治理的主体范围界定为政府与私人部门、公民社会等，并明确指出互联网治理的对象不应受到限制，除了已有的互联网关键资源、域名管理、相关国际组织的管理等方面，还应该包括网络安全维护、网络内容监管、著作权保护、隐私权保护等多个方面。因此，本书所指的互联网治理即为政府、企业、社会组织、公民为维护网络空间生态和保障网络安全，通过互动协商方式，各司其职，制定共同的原则、政策、标准规范用户行为，推动

① 蒋力啸．试析互联网治理的概念、机制与困境[J]．江南社会学院学报，2011(3)：34-38.

② 张显龙．中国互联网治理：原则与模式[J]．新经济导刊，2013(3)：82-87.

③ 王益民．网络强国背景下互联网治理策略研究[J]．电子政务，2018(7)：39-46.

④ 王明国．全球互联网治理的模式变迁、制度逻辑与重构路径[J]．世界经济与政治，2015(3)：47-73，157-158.

⑤ 陈少威，俞晗之，贾开．互联网全球治理体系的演进及重构[J]．中国行政管理，2018(6)：68-74.

互联网健康发展的一系列方式的总和。

（3）网络内容治理的概念

关于网络内容治理的界定，何明升在《网络内容治理：基于负面清单的信息质量监管》一文中给予了明确界定，其认为网络内容治理应该具备广义和狭义两个层面的含义：一是以弘扬优质内容、抑制劣质内容为导向，即以生产、传播与使用等环节为核心对互联网信息进行全方位的质量控制；二是仅对不合格和不良信息的生产、传播和使用予以监督与管理。① 当前有关网络内容治理的界定也主要从这两个角度展开。一方面，西方学者普遍认为网络内容的监管主要是为限制或禁止色情、种族歧视、仇恨言论等非法、违法内容传播而采取的一系列措施，② 如非法色情材料、特别是儿童色情，聊天室非法招揽儿童的性行为以及通过互联网发布诽谤内容等都被纳入监管的范围。③ 而互联网内容监管的目标即为打击非法、有害内容，保护网民特别是未成年人免受非法内容侵害，④ 在确保网络空间安全的前提下释放出互联网内容发展的巨大潜力。⑤ 而国内学者刘兵与西方学者界定一致，指出互联网内容的管制主要是对不适宜内容、侵犯网络著作权的内容和侵犯网络隐私权的内容的管理与规制。⑥ 同样，尤海波等也将互联网内容规制对象限定为互联

① 何明升. 网络内容治理：基于负面清单的信息质量监管[J]. 新视野，2018（4）：108-109.

② Goggin G，Griff C. Regulating for content on the internet：Meeting cultural and social objectives for broadband[J]. Media International Australia Incorporating Culture and Policy，2001（101）：19-31.

③ Collins R. Internet governance in the UK[J]. Media Culture & Society，2006，28（3）：351-352.

④ Kiškis M. Internet content regulation-implications for e-government [J/OL].［2018-11-30］. https：//warwick. ac. uk/fac/soc/law/elj/jilt/2005_2-3/kiskis-petrauskas/.

⑤ Alston R. The government's regulatory framework for internet content[J]. UNSW Law Journal，2000，23（1）：192-197.

⑥ 刘兵. 关于中国互联网内容管制理论研究[D]. 北京：北京邮电大学，2007：15.

网上存在问题的违法与不良信息。① 另一方面，国内以李小宇和王凤仙等为代表的学者一致认为互联网内容治理主要是以法律、行政、技术等手段对以互联网为载体的全部信息的进行综合治理，②③ 同时，治理对象还包括互联网内容传播主客体之间的关系，④ 以形成政府、行业组织和个人在互联网内容治理中的协调发展。例如，王春晖在《互联网内容建设与治理初见成效》一文中，对网络内容治理对象予以列举，包括对网络表演经营行为、互联网新闻信息服务、互联网社交行为、互联网用户公众账号以及移动互联网应用程序等领域，⑤ 同样从宏观层面对网络内容治理对象予以界定。2019 年，《网络信息生态治理规定》明确，"网络内容信息内容生态治理，是指政府、企业、社会、网民等主体，以培育和践行社会主义核心价值观为根本，以网络信息内容为主要治理对象，以建立健全网络综合治理体系、营造清朗的网络空间、建设良好的网络生态为目标，开展的弘扬正能量、处置违法和不良信息等相关活动"。⑥ 综合国内外学者对网络内容治理的研究和相关部门规章规定，结合"治理"所强调的多元主体特征，本书认为网络内容治理即为政府、企业、社会组织、公民为维护网络空间生态、引导网络内容建设方向，通过互动协商方式，制定共同的原则、政策、制度、标准等规范网络内容生产、传播和使用，打击不合格和不良信

---

① 尤海波，郑晓亚. 中国互联网内容规制研究[J]. 云南大学学报法学版，2012(1)：143-144.

② 李小宇. 中国互联网内容监管机制研究[D]. 武汉：武汉大学，2014：45-46.

③ 王凤仙. 中国互联网信息治理若干基本问题的反思[J]. 中州学刊，2014(9)：169-173.

④ 张东. 中国互联网信息治理模式研究[D]. 北京：中国人民大学，2010：20.

⑤ 王春晖. 互联网内容建设与治理初见成效[J]. 中国电信业，2018(10)：62-65.

⑥ 网络信息内容生态治理规定[EB/OL]. [2020-01-05]. https://www.cac.gov.cn/2019-12/20/c_1578375159509309.htm.

息等所采取的一系列措施的总和。

2.1.3 网络内容治理体系

（1）网络内容治理体系的内涵

2013 年 12 月，习近平总书记明确界定了"国家治理体系"的内涵，并在其重要讲话《切实把思想统一到党的十八届三中全会精神上来》中指出，国家治理体系是在党领导下管理国家的制度体系，包括经济、政治、文化、社会、生态文明和党的建设等各领域体制机制、法律法规安排，也就是一整套紧密相连、相互协调的国家制度。① 由此，"国家治理体系"引发了学界和业界的广泛关注。目前，有关国家治理体系的界定主要从两个角度展开：一是制度说，与官方概念一脉相承，认为国家治理体系本质上为一系列制度体系；二是系统说，从系统论角度切入，认为国家治理体系是由一系列相互联系、相互作用的要素构成的联合体（表 2-1）。

表 2-1　有关国家治理体系概念、内涵的界定

角度	概念、内涵界定
制度说	是为规范社会权力运行和维护公共秩序，而构建的包括行政体制、经济体制和社会制度在内的一系列制度和程序，由治理主体、治理机制和治理效果三大要素构成。②
	是执政党和国家履行自身职责，发挥治国理政作用的制度体系。③

---

① 习近平．切实把思想统一到党的十八届三中全会精神上来［EB/OL］．［2018-10-20］．https://www.gov.cn/ldhd/2013-12/31/content_2557965.htm.

② 俞可平．国家治理体系的内涵本质［J］．理论导报，2014（4）：15-16.

③ 常纪文．国家治理体系：国际概念与中国内涵［J］．决策与信息，2014（9）：36-38.

续表

角度	概念、内涵界定
系统说	治理主体、治理目标、治理过程的改进和治理过程的稳定等因素，在国家政治体系层面上相互协调进而整合成的有机系统和动态机制群。①
	由与治理权威、治理形式、治理规则、治理机制和治理水平密切相关的主体、资源以及正式与非正式的制度关系构成。②
	一个国家有效形成秩序的主体、功能、规则、制度、程序与方式方法的总和，包括治理主体体系、治理功能体系、治理权力体系、治理规则体系、治理手段或治理方式方法体系、治理绩效评估体系等诸多方面。③
系统说	由政治权力系统、社会组织系统、市场经济系统、宪法法律系统、思想文化系统等系统构成的一个有机整体，包括治理理念、治理制度、治理组织和治理方式四个结构层次。④
	由治理结构体系、治理功能体系、治理制度体系、治理方法体系和治理运行体系构成。⑤

之后，有关治理体系的研究逐渐拓展到教育、体育、生态环境、城市治理等领域。而同教育、体育、生态环境等领域构建的治理体系一样，网络内容治理体系同属于国家治理体系的一部分。因此，了解并提炼相关治理体系共性，有利于更准确地界定网络内容

---

① 丁岭杰. 国家治理体系的制度弹性研究[J]. 安徽行政学院学报，2014(2)：5-10.
② 薛澜，张帆，武沐瑶. 国家治理体系与治理能力研究：回顾与前瞻[J]. 公共管理学报，2015(3)：1-12.
③ 徐邦友. 国家治理体系：概念、结构、方式与现代化[J]. 当代社科视野，2014(1)：32-35.
④ 许耀桐，刘祺. 当代中国国家治理体系分析[J]. 理论探索，2014(1)：10-14，19.
⑤ 陶希冬. 国家治理体系应包括五大基本内容[J]. 理论参考，2014(2)：19-20.

治理体系的内涵。如表 2-2 所示，相关治理体系的内涵与国家治理体系的界定一致，多从"制度体系"与"系统"两个角度切入，或是为维护公共利益，实现公共利益最大化而制定的一系列相互协调的制度体系，或是由治理主体、客体、目标、理念、方式及动力等内容构成的相互作用、相互协调的有机系统。

表 2-2　相关治理体系的概念、内涵界定

研究对象	概念界定	内涵
教育治理体系	教师教育治理体系是由目标体系、主体体系、课程体系、评价体系、机构体系构成的有机系统。①	有机系统
教育治理体系	教育治理体系是为规范以政府、学校、市场、社会等为代表的多元治理主体的权力与行为，维护公共教育事务的秩序和提供优质教育公共服务的一系列制度和程序。②	制度和程序
	教育治理体系是由教育制度、教育价值观，及贯彻教育制度的政策行为构成的一个有机系统。③	有机系统
	区域教育治理体系是一个由治理目标、治理主体和治理环节等要素构成的完整系统。④	完整系统
体育治理体系	体育治理体系是在党的领导下，一元主导，多元协同合作，多种机制相互配合，有效促进体育全面、协调、可持续发展的一整套紧密相连、相互协调的制度体系。⑤	制度体系

① 李森，崔友兴. 论教师教育治理体系现代化[J]. 西南大学学报(社会科学版)，2014(5)：65-72.

② 张建. 教育治理体系的现代化：标准、困境及路径[J]. 教育发展研究，2014(9)：27-33.

③ 陈金芳，万作芳. 教育治理体系与治理能力现代化的几点思考[J]. 教育研究，2016(10)：25-31.

④ 杨清. 区域教育治理体系现代化：内涵、原则与路径[J]. 教育学术月刊，2015(10)：15-20.

⑤ 杨桦. 中国体育治理体系和治理能力现代化的概念体系[J]. 北京体育大学学报，2015(8)：1-6.

续表

研究对象	概念界定	内涵
体育治理体系	中国体育治理体系是推进体育强国建设,是转变政府职能,明晰政事、政企、政社和民众等职责、利益关系,促进体育社会化、产业化、法制化、规范化发展的制度体系。①	制度体系
生态治理体系	环境治理体系是在党领导下管理国家的制度体系,它的治理不仅仅是一个技术范畴,更是包括经济、政治、文化、社会和党的建设等各领域体制机制、法律法规安排的治理体系。②	制度体系
	生态文明治理体系是政府、市场和社会在法律规范和公序良俗基础上,运用行政、经济、社会、技术等多元手段,协同保护生态环境的制度体系及其互动合作过程。③	制度体系
城市治理体系	建构城市治理体系应从治理目标、治理理念、治理动力和治理任务四个维度展开。④	系统
	城市治理体系的运转逻辑应该是治理主体用一定方法去治理客体的逻辑,是谁来治理、治理什么和如何治理三者的有机结合,此三者分别对应城市治理的主体、客体和方法。⑤	系统

---

① 杨桦. 深化体育改革推进体育治理体系和治理能力现代化[J]. 北京体育大学学报, 2015(1):1-7.

② 沈殿忠. 论环境治理体系和治理能力的现代化[J]. 鄱阳湖学刊, 2015(4):5-18.

③ 解振华. 构建中国特色社会主义的生态文明治理体系[J]. 中国机构改革与管理, 2017(10):10-14.

④ 李晓壮. 城市治理体系初探——基于北京 S 区城市管理模式的考察[J]. 城市规划, 2018(5):24-30.

⑤ 夏志强, 谭毅. 城市治理体系和治理能力建设的基本逻辑[J]. 上海行政学院学报, 2017(5):11-20.

综合有关国家治理体系、教育治理体系、体育治理体系、生态治理体系、城市治理体系，以及网络内容、治理、互联网治理、网络内容治理的概念，从制度论角度来看，网络内容治理体系是指在党的领导下，政府、市场、社会组织、公民为规范网络内容生产、传播行为，净化网络空间生态，指引网络内容朝着健康方向发展而制定的一系列正式或非正式的制度体系；若是从系统论角度切入，则网络内容治理体系是指网络内容治理主体、治理目标、治理客体、治理方式等一系列要素相互作用、相互协调的有机系统。事实上，治理体系并不是各大要素的简单相加，而是各个要素在相互影响、相互作用的过程中不断优化的一种有机系统。基于此，本书认为网络内容治理体系是政府、企业、社会组织和公民为规范网络内容生产、传播、消费行为，营造清朗网络内容生态而在主体、制度、方式、功能、程序等方面所作出的系列安排的总和。与网络内容治理不同，网络内容治理体系更强调体系的系统性和综合性，强调各治理要素之间的协同。

（2）网络内容治理体系的构成要素

我国网络内容治理体系的深入研究离不开对"谁依据什么目标以何种方式对什么展开治理"的解答，因此，治理目标、治理主体、治理客体的研究必不可少。值得注意的是，政策法规、行业规范、平台规范是网络内容政府部门、网络内容平台、网络行业协会参与网络内容治理的行动指南；同时，网络内容作为互联网与内容的融合，具有技术性，利用技术对网络内容展开治理可以提升网络内容治理的效率。2019 年，习近平总书记在中央全面深化改革委员会第九次会议指出，要"逐步建立起涵盖领导管理、正能量传播、内容管控、社会协同、网络法治、技术治网等各方面的网络综合治理体系，全方位提升网络综合治理能力"，[①] 同样明确了法治和技术在网络综合治理体系中的重要作用。由此，本书在分析网络内容治理体系基本框架时综合制度论和系统论，认为网络内容治理

---

① 习近平主持召开中央全面深化改革委员会第九次会议［EB/OL］. ［2019-10-11］. https://www.gov.cn/xinwen/2019-07/24/content_5414669.htm.

体系由治理目标、治理主体、治理客体、规则保障体系和技术支撑体系构成(图 2-1)。

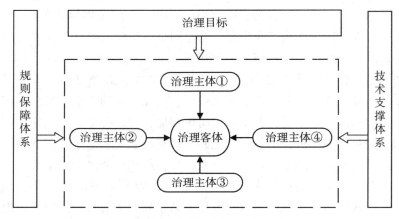

图 2-1　网络内容治理体系构成要素

第一，治理目标。目标是组织或个体在活动情境中所期望达到的成绩或结果，个人或组织可将其期望结果与既定目标相对照，在不断调整中实现目标。网络内容治理目标是我国网络内容治理主体参与网络内容治理的主要依据，是保持网络内容治理体系健康运行的基础。

第二，治理主体。网络内容治理主体是指参与网络内容治理的主体。奥斯特罗姆认为，大部分公共资源问题并非依赖于国家或市场而解决，社会中的自我组织及其自治才是管理公共事务的有效安排。[①] 随着互联网技术向纵深拓展，网络内容的生产和传播呈几何量级速度增长。面对巨大的网络空间和海量的网络内容，仅仅依靠政府监管或企业监督无论在理论或实际上皆不具备现实可能性，整合多方治理力量，依照各自特点与优势优化配置各治理主体资源，形成治理合力，是我国网络内容治理体系的主要着力点。

---

① 埃莉诺·奥迪特罗姆. 公共事务的治理之道：集体行动制度的演进[M]. 余逊达，陈旭东，译. 上海：上海三联书店，2000：22-50.

第三，治理客体。网络内容治理客体主要指网络内容治理的对象和范围。根据《网络信息内容生态治理规定》，我国网络信息内容生态治理主要以网络信息内容为治理对象，由此可见，我国网络内容治理对象主要为网络内容。值得注意的是，在"网络内容"的背后，真正起作用的还是人或组织。因此，本书中将网络内容和网络行为同时纳入治理客体范畴。

第四，规则保障体系。在网络内容治理体系中，规则保障体系主要由以网络内容政策法规为代表的正式制度和以网络内容平台规范和行业规范为代表的非正式制度构成。规则保障体系作为政府、企业、行业协会和网民的行动指南，为治理主体参与网络内容治理提供了行为准则，为网络内容治理体系的顺利运转提供保障。

第五，技术支撑体系。网络空间的复杂性和虚拟性，增大了治理主体的治理难度，而技术是化解治理难题的重要途径，也是推动网络内容治理体系智能化、综合化的关键。大数据技术、人工智能技术、区块链技术能在一定程度上提升网络内容治理效率。

（3）网络内容治理体系的特征

网络内容治理体系具有治理主体多元、整体格局较为复杂、治理方式多样、治理目标具有复合性等特征。

首先，治理主体多元化。网络内容治理体系同国家治理体系、体育治理体系、教育治理体系、生态文明治理体系等其他治理体系相同，同样具备治理主体多元化的特征。以新加坡为例，其网络内容治理主体主要由以新加坡信息通信媒体发展管理局（Info-Communications Media Development Authority）和网络安全局（Cyber Security Agency of Singapore）、内政部（Ministry of Home Affairs）等为代表的政府主体，以互联网内容提供商（internet content provider）、互联网服务提供商（internet service provider）等为代表的市场主体，以媒体通识委员会（Media Literacy Council）为代表的社会组织，以及普通的网民构成。网络内容治理体系的治理主体由单一的政府主体拓展到政府主体、市场主体、社会组织和网民的多元化主体。政府、市场、社会和网民协同合作，各司其职，如政府通过制定相关

71

政策法规对网络内容的生产、传播和使用行为予以规范，并为网络内容的发展方向擘画蓝图；互联网内容提供商和互联网服务提供商则对其生产或传播的网络内容予以自查，以保证清朗的网络空间；社会组织则通过制定相关行业规则对网络内容的建设与治理予以监督；而网民则自觉对网络中的违法信息予以举报。治理多元化的特征充分调动了市场、社会、网民的积极性，有利于提升网络内容治理的效率。

其次，整体格局较为复杂。网络内容治理体系打破了政府单一治理范式，将市场主体、社会组织和网民纳入治理主体的范畴，打破了"管理时代"主客体关系绝对化的状态。① 现在，互联网内容提供商、互联网服务商为代表的市场主体、相关社会组织以及在网络上发布、分享观点的网民都属于治理客体的范畴。随着治理主体的多元化，市场主体、社会组织和网民身兼"治理主体"和"治理客体"两职。因此，网络内容治理体系除须规范网络内容的生产、传播和使用行为，净化网络空间生态外，还得就政府、市场、社会、网民在网络内容治理中的特点和利益诉求对其在网络内容治理体系中的权力边界与地位予以合理定位，同时还需对各主体内部之间的关系，以及主体与主体之间的关系予以协调。此外，网络内容作为网络内容治理体系的治理对象之一，由"网络"和"内容"构成，分别对应着技术属性和意识形态属性。就技术属性而言，技术贯穿网络内容治理体系构建与完善始终；就意识形态属性而言，网络内容治理体系在制定治理目标时需妥善处理表达自由和网络安全的关系。整个格局涉及较广，比较复杂。

再次，治理方式多样。网络内容治理体系的治理主体多元，政府、市场、社会和网民在网络内容治理体系中各司其职，为净化网络空间生态贡献力量。一直以来，以单一政府主导的管理体系多采用法律手段、行政手段和经济手段规范网络内容的生产、传播和使

---

① 景小勇. 国家文化治理体系的构成、特征及研究视角[J]. 治理现代化，2015(12)：51-56.

用行为。法律手段主要通过制定系列法律法规的方式予以实现，以美国的《网络安全信息共享法》（*Cybersecurity Information Sharing Act*）、澳大利亚的《广播服务法》（*Broadcasting Services Act*）和新加坡的《防止网络虚假信息和网络操作法》（*Protection from Online Falsehoods and Manipulation Act*）等为代表。行政手段主要通过执法方式实现，例如新加坡对网络内容提供商所实行的许可制度和内容审查制度。经济手段则主要通过经济政策和计划对网络内容提供商予以激励，如我国对网络游戏产业予以财政补贴。网络内容是传统内容在拥抱"互联网技术"所形成的新业态，因此，技术在网络内容治理体系中同样起着不可忽视的作用。美国、新加坡、德国、英国等国鼓励互联网企业通过技术过滤手段对网络中的不良信息、违法信息予以封锁，从源头上切除不良、违法信息的传播。此外，某些互联网内容提供商开辟申诉热线，为网民提供举报不良信息的平台。政府、市场、社会等治理主体的治理方式交汇在一起，更加立体和多样。

最后，治理目标具有复合性。网络内容治理体系的总目标即建立一个政府、市场、社会、网民多主体协调发展，经济、法律、行政、技术多手段并行的综合治理格局，为网络内容的健康发展提供一个清朗的网络空间生态。在坚持总目标的基础上，也应兼顾政府、市场、社会、网民各自的需求和期望。例如，网络内容兼具意识形态属性和商品属性，分别对应着社会效益和经济效益。一方面，政府、社会和网民的目标是创造一个清朗的网络空间，推动网络内容建设的繁荣发展，满足人民日益增长的美好生活需要；另一方面，市场主体的目标则为实现其经济效益，解放和发展网络内容生产力。此外，网民希望自身言论自由能得到较好的维护，而政府、社会则期望对网络内容予以一定的监督和管理。总的治理目标和不同主体的需求、功能及事权都是复合存在的，[①] 因此，推动各

---

① 景小勇．国家文化治理体系的构成、特征及研究视角［J］．治理现代化，2015(12)：51-56.

治理目标的协同与包容，实现其优化组合，是完善网络内容治理体系的重要组成部分。

2.2　理论基础

　　本书旨在探索我国网络内容治理体系基本框架，分析其面临困境，探析其完善路径。首先，治理主体的多元性特征使得网络内容治理涉及多个利益相关者，利益相关者理论可用来识别网络内容治理主体的地位和作用，为治理主体的角色定位提供理论支持。其次，治理体系由治理主体、治理目标、治理客体、规则保障体系和技术支撑体系等多要素组成，各要素之间的协调需要协同治理理论予以指导。最后，治理主体之间合力的形成离不开整体性治理理论作保障。

2.2.1　利益相关者理论

　　有关利益相关者理论的阐释主要从利益相关者概念和利益相关者分类两个角度展开。

　　（1）利益相关者的概念

　　"利益相关者"（stakeholder）一词发端于18世纪初，泛指在赌博中拥有"赌金"或"押金"下注的人。①②　20世纪30年代，Dodd和美国通用电气公司（General Electric Company）经理在研究中使用"利益相关者"一词，将股东、员工、顾客和公众列为其主要"利益相关者"。③

---

　　①　李善民，毛雅娟，赵晶晶．利益相关者理论的新进展［J］．经济理论与经济管理，2008（12）：32-36.

　　②　田凌晖．公共教育改革——利益与博弈［M］．上海：复旦大学出版社，2011：159.

　　③　Çini M A, Güleş H K, Aricioğlu M A. Effect of the stakeholder salience theory on family businesses performance［J］. Gaziantep University Journal of Social Science, 2018, 17（4）：1491-1506.

1963 年，斯坦福研究院(Stanford Research Institute)引入"利益相关者"概念，将其作为对公司股东(stockholder/shareholder)的概括，①认为"利益相关者"与公司发展密切相关，离开"利益相关者"，则公司组织将不复存在。② Rhenman 在肯定利益相关者对企业重要影响的同时，进一步明确其个人目标的实现离不开企业的支持，③ 强调利益相关者与企业的双向影响。之后，Ansoff 明确"企业理想目标的实现需平衡管理人员、工人、股东、供应商以及分销商等利益相关者之间的冲突"，④ 在此阶段，有关利益相关者的探讨多围于股东、员工、管理人员等企业内部构成要素，着重强调利益相关者在企业生存中的不可替代性。⑤ 1983 年，Freeman 和 Reed 在总结前人研究基础上，从广义和狭义两个角度对"利益相关者"概念予以界定。从广义上看，利益相关者主要指能影响并受组织目标实现影响的可识别的个人或团体，包括政府机构、公共利益团体、竞争对手、股东、员工等；从狭义上来看，利益相关者是指组织赖以生存的可识别的个人或团体，包括政府部门、员工、股东和特定供货商等。⑥ 这一界定，拓展了利益相关者的外延，将政府机构、公共利益团体等外部力量纳入利益相关者研究范畴(图 2-2)。鉴于此，Clarkson 进一步指出，利益相关者是拥有或主张所有权、权利或利

①　Stakeholder[EB/OL].[2019-05-26].https://academic.eb.com/levels/collegiate/article/stakeholder/601041.

②　Freeman R E, Reed D L. Stockholders and stakeholders: A new perspective on corporate governance[J]. California Management Review, 1983(3): 88-106.

③　Elias A A, Cavana R Y, Jackson L S. Stakeholder analysis for R&D project management[J]. R&D Management, 2002, 32(4): 301-310.

④　陈宏辉. 企业的利益相关者理论与实证研究[D]. 杭州：浙江大学, 2003: 66.

⑤　李洋, 王辉. 利益相关者理论的动态发展与启示[J]. 现代财经, 2004(7): 32-35.

⑥　Freeman R E, Reed D L. Stockholders and stakeholders: A new perspective on corporate governance[J]. California Management Review, 1983(3): 88-106.

益的个人或团体。①

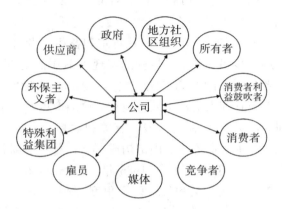

图 2-2　公司的利益相关者②

之后，Donaldson 和 Preston 将利益相关者理论分为三类（图 2-3），一是描述层面（descriptive/empirical），即描述并解释企业道德特征与行为，识别利益相关者，明确企业应如何表现；二是工具层面（instrumental），用于确定利益相关者管理与传统企业目标实现之间的联系，探索企业行为与绩效之间的关系；三是规范层面（normative），主要用来确定企业运营和管理的道德或哲学指导方针，明确企业应该如何表现以满足各种利益相关者的合法利益。③④　而 John Kaler 则将利益相关者的界定分为三类（图 2-4）：一

---

① Clarkson M B E. A Stakeholder framework for analyzing and evaluating corporate social performance[J]. The Academy of Management Review, 1995, 20(1)：92-117.

② R. 爱德华·弗里曼. 战略管理——利益相关者方法[M]. 王彦华，梁豪，译. 上海：上海译文出版社，2006：30.

③ Donaldson T, Preston L E. The stakeholder theory of the corporation：Concepts, evidence, and implications[J]. The Academy of Management Review, 1995, 20(1)：65-91.

④ Rose J, Flak L S, Sæbø Ø. Stakeholder theory for the e-government context：Framing a value-oriented normative core[J]. Government Information Quarterly, 2018(35)：362-374.

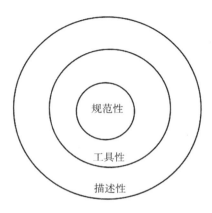

图 2-3　利益相关者理论分类

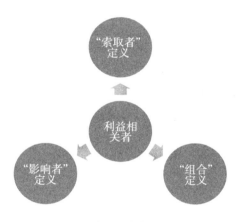

图 2-4　利益相关者定义分类

是"索取者"定义（claimant definitions），即利益相关者会对企业服务提出利益诉求；二是"影响者"定义（influencer definitions），即利益相关者会影响企业的顺利运营；三是"组合"定义（combinatory definitions），即满足前面两种定义的任意一种或同时满足两种的情况。① 2008 年，Laplume 等对 1984—2007 年间有关利益相关者的文

---

①　Kaler J. Morality and strategy in stakeholder identification [J]. Journal of Business Ethics，2002(39)：91-99.

献进行内容分析，发现研究主要集中于利益相关者的定义与显著性、利益相关者的行动与回应、企业的行动与回应、公司业绩和理论探讨五个方面。① 值得注意的是，利益相关者的管理经历三个阶段，分别是利益相关者的识别、利益相关者诉求的识别过程和根据组织目标构建相互关系及整体流程。② Miles 在分类理论的指导下，对 885 个"利益相关者"概念进行分析，总结出利益相关者概念可以归为四类，分别为影响者定义（influencer definitions）、索取者定义（claimant definitions）、合作者定义（collaborator definitions）和接受者定义（recipient definitions）。其中，影响者利益相关者是有能力影响组织行为、并采取积极策略的个人或团体；索取者利益相关者是对组织提出索赔并采取积极策略追求索赔的个人或团体；合作者利益相关者是与组织合作但对组织合作缺乏积极兴趣的个人或团体；接受者利益相关者则为被动接受组织活动影响的个人或团体。③

当前，对利益相关者的界定各异，但利益相关者理论的核心是一致的，即在于组织如何正确处理与关键团体的关系，④ 推动管理层在战略决策时平衡利益相关者的诉求。⑤ 总的来说，利益相关者作为一个系统，可以概念化为具有各种权利、目标、期望和责任的群体之间的一系列关系。管理层应主动满足利益相关者诉求，根据其共同价值观和态度，力求实现利益相关者利益的平衡。⑥ 当前，

---

① Laplume A O, Sonpar K, Litz R A. Stakeholder theory: Reviewing a theory that moves us[J]. Journal of Management, 2008, 34(6): 1152-1189.

② Mainardes E W, Alves H, Raposo M. A model for stakeholder classification and stakeholder relationships[J]. Management Decision, 2012, 50(10): 1861-1879.

③ Miles S. Stakeholder theory classification: A theoretical and empirical evaluation of definitions[J]. Journal of Business Ethics, 2017, 142(3): 437-459.

④ Freeman R E, Phillips R A. Stakeholder theory: A libertarian defense[J]. Business Ethics Quarterly, 2002, 12(3): 331-349.

⑤ Phillips R, Freeman R E, Wicks A C. What stakeholder theory is not[J]. Business Ethics Quarterly, 2003, 13(4): 479-502.

⑥ Richter U H, Dow K E. Stakeholder theory: A deliberative perspective[J]. Business Ethics: A European Review, 2017, 26(24): 428-442.

利益相关者理论发展迅猛，不再局限于公司治理和战略治理研究，而是逐渐运用于旅游、环境、社区、品牌、体育等多个领域的治理工作中。

（2）利益相关者的分类

当前，利益相关者的分类方式成为学界研究的重点。根据划分依据不同，利益相关者分类各异。Savage 等根据利益相关者威胁组织或与组织合作的潜力，将其分为支持型利益相关者（supportive stakeholders）、边缘型利益相关者（marginal stakeholders）、反对型利益相关者（non-supportive stakeholders）和混合型利益相关者（mixed blessing stakeholders）。① 而 Clarkson 则依据利益相关者与企业的关系程度，将其分为首要和次要两种类型；首要利益相关者对企业的生存起着必不可少的作用，而次要的利益相关者则并非必不可少。② 在此基础上，Buysse 和 Verbeke 结合 Freeman 的分类方法，将利益相关者分为内部首要利益相关者（internal primary stakeholders）、外部首要利益相关者（external primary stakeholders）、次要利益相关者（secondary stakeholders）、和监管型利益相关者（regulatory stakeholders）。③ Rivera-Camino 从利益相关者与企业传统市场的关系、动员能力、关键投入、合法性等角度切入，认为利益相关者由市场利益相关者（market stakeholders）、社会利益相关者（social stakeholders）、直接提供者（immediate providers）和合法利益相关者（legal stakeholders）构成。④ Sedereviciute 和 Valentini 根据

①　Savage G T, Nix T W, Whitehead C J, Blair J D. Strategies for assessing and managing organizational stakeholders[J]. Academy of Management Executive, 1991, 5(2): 61-75.

②　Clarkson M B E. A Stakeholder framework for analyzing and evaluating corporate social performance[J]. The Academy of Management Review, 1995, 20(1): 92-117.

③　Buysse K, Verbeke A. Proactive environmental strategies: A stakeholder management perspective[J]. Strategic Management Journal, 2003, 24(5): 453-470.

④　Rivera-Camino J. Re-evaluating green marketing strategy: A stakeholder perspective[J]. European Journal of Marketing, 2007, 41(11/12): 1328-1358.

Mitchell 等提出的属性分析法，将社交媒体中的利益相关者分为以下四类：一是与网络成员没有联系，并未表达对社交媒体工具特定兴趣的无关潜伏者（unconcerned lurkers）；二是对网络组织感兴趣，但缺乏中心位置的重要潜伏者（concerned lurkers）；三是与网络有联系，但不表达对特定社交媒体的兴趣的无关影响者（unconcerned influencers）；四是在网络中占有重要地位且对组织有着浓厚兴趣的重要影响者（concerned influencers）。① Mainardes 则将利益相关者分为监管型利益相关者（regulatory stakeholders）、控制型利益相关者（controller stakeholders）、被动型利益相关者（passive stakeholders）、合作型利益相关者（partner stakeholders）、依赖型利益相关者（dependent stakeholders）五种。② 值得注意的是，Kumar 等在总结1998—2012 年有关可持续营销利益相关者文献的基础上，从利益相关者与经济和财务目标、自然环境目标、社会自然目标和可持续发展目标之间的关系着手，将可持续营销的利益相关者分为经济利益相关者（economic stakeholders）、社会利益相关者（social stakeholders）、环境利益相关者（environmental stakeholders）和监管利益相关者（regulatory stakeholders）四类。③

比较有影响力的利益相关者分类方法主要以 Mitchell、Agle 和 Wood 提出的利益相关者显著性模型为代表，截至 2024 年 8 月 12 日，Googler Scholar 显示，《利益相关者的识别和显著性理论》一文已被引用 20683 次。在此文中，Mitchell 等指出利益相关者拥有权力性（power）、合法性（legitimacy）和紧迫性（urgency）三个属性（图

---

① Sedereviciute K, Valentini C. Towards a more holistic stakeholder analysis approach. Mapping known and undiscovered stakeholders from social media [J]. International Journal of Strategic Communication, 2011, 5(4)：221-239.

② Mainardes E W, Alves H, Raposo M. A model for stakeholder classification and stakeholder relationships [J]. Management Decision, 2012, 50(10)：1861-1879.

③ Kumar V, Rahman Z, Kazmi A A. Stakeholder identification and classification：A sustainability marketing perspective [J]. Management Research Review, 2016, 39(1)：35-61.

2-5)。其中，权力性即拥有实现其所期待结果的能力，它能通过强制性、功利性或规范性手段强加其意志于他人；合法性是一种在社会规范、价值观、信仰和定义中一种普遍接受的认知或假设，根据这种假设，一个实体的行为是可取的、适当的；紧迫性则主要基于时间敏感性和关键性。值得注意的是，三个属性是变化发展的，利益相关者本身并不知道其拥有一个或多个属性，因此，利益相关者的地位也在不断发展变化中。①

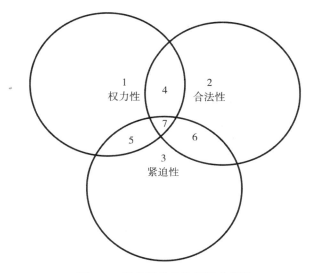

图 2-5 利益相关者的属性分类②

根据三种属性的排列组合，利益相关者可以分为七类，分别为休眠型（dormant stakeholders）、纯权型（discretionary stakeholders）、要求型（demanding stakeholders）、主导型（dominant stakeholders）、

① Mainardes E W, Alves H, Raposo M. A model for stakeholder classification and stakeholder relationships [J]. Management Decision, 2012, 50 (10)：1861-1879.

② Mitchell R K, Agle B R, Wood D J. Toward a theory of stakeholder identification and salience：Defining the principle of who and what really counts[J]. The Academy of Management Review, 1997, 22(4)：853-886.

危险型(dangerous stakeholders)、依赖型(dependent stakeholders)和确定型利益相关者(definitive stakeholders)(图2-6)。其中,休眠型、纯权型和要求型利益相关者仅拥有其中一种属性,属于潜在型利益相关者(latent stakeholders);主导型、危险型和依赖性利益相关者同时拥有其中任意两种属性,属于预期型利益相关者(expectant stakeholders);而确定型利益相关者(definitive stakeholders)需同时具备权力性、合法性和紧迫性三种属性。

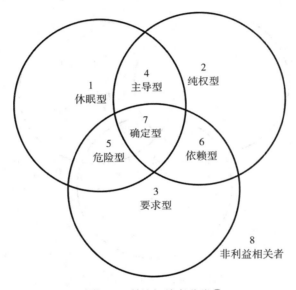

图 2-6 利益相关者分类①

另一种运用广泛的分类方法主要通过权力/利益矩阵图展现,即通过利益相关者所拥有权力的大小和利益诉求的程度来判断利益相关者所处的地位。如图 2-7 所示,A 区域利益相关者的权力较小、利益诉求较少,所需的关注最少;B 区域利益相关者的权力较小,利益诉求较多,与组织活动联系较为紧密,却权力有限,在治

① Mitchell R K, Agle B R, Wood D J. Toward a theory of stakeholder identification and salience: Defining the principle of who and what really counts[J]. The Academy of Management Review, 1997, 22(4): 853-886.

理中应与其保持良好的沟通；C区域利益相关者权力较大、利益诉求较少，维护自身利益的权力大，在制定相关策略时应满足其需求；D区域利益相关者权力较大、利益诉求较多，在组织中起着主导的作用。

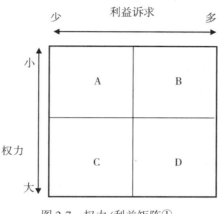

图 2-7　权力/利益矩阵①

2.2.2　协同治理理论

当前，协同治理理论已广泛应用于河流治理②③、海洋治理④、

①　Johnson G, Scholes K. Exploring corporate strategy[M]. 6th ed, London: Pearson Education Ltd, 2002: 156.

②　Filervoet J M, Geerling G W, Mostert E, et al. Analyzing collaborative governance through social network analysis: A case study of river management along the Waal River in the Netherlands[J]. Environmental Management, 2016, 57(2): 355-367.

③　Kallis G, Kiparsky M, Norgaard R. Collaborative governance and adaptive management: Lessons from California's CALFED Water Program[J]. Environmental Science & Policy, 2009, 12(6): 631-643.

④　Avoyan E, Tatenhove J V, Toonen H. The performance of the Black Sea Commission as a collaborative governance regime[J]. Marine Policy, 2017(81): 285-292.

灾难治理①、气候变化治理②、环境治理③、能源治理④等领域，同时，对网络内容治理体系也具备一定适用性。

（1）协同治理理论概述

早在 20 世纪 70 年代，"协同治理"一词开始被用于教育和卫生领域，通常用于描述教育和公共卫生服务管理方面的跨部门、跨学科合作。⑤ 协同治理在一定程度上源自"进化学习哲学"，强调个人和社区在不断探究和反思中解决问题的能力。⑥ Zadek 认为协同治理是一种涉及多方利益相关者合作的制度安排，旨在通过行为规则规范参与者行为；其中，协同治理涵盖规则制定的一个或多个要素，如设计、发展、实施和执法等，根据参与者个人策略满足不同需求。⑦ Ansell 和 Gash 则指出协同治理作为一种以推动参与者达成决策共识为目标的治理安排，其中一个或多个公共机构安排非国家利益相关者加入正式的、以共享目标为导向的集体决策过程，该集体决策过程旨在制定或执行公共政策或管理公共资产或项目；并强

① Bang M S, Kim Y Y. Collaborative governance difficulty and policy implication: Case study of the Sewol disaster in South Korea[J]. Disaster Prevention and Management, 2016, 25(2): 212-226.

② Kalesnikaite V. Keeping cities afloat: Climate change adaptation and collaborative governance at the local level[J]. Public Performance & Management Review, 2019, 42(4):864-888.

③ Ye C, Chen R, Chen M, et al. A new framework of regional collaborative governance for PM 2.5 [EB/OL]. [2019-06-15]. https://doi.org/10.1007/s00477-019-01688-w.

④ Ran B, Qi H. Contingencies of power sharing in collaborative governance [J]. American Review of Public Administration, 2018, 48(8): 836-851.

⑤ Emerson K, Gerlak A K. Adaptation in collaborative governance regimes[J]. Environmental Management, 2014, 54(4): 769-770.

⑥ Ansell C. Pragmatist democracy: Evolutionary learning as public philosophy[M]. New York: Oxford University Press, 2011: 5.

⑦ Zadek S. Global collaborative governance: There is no alternative [J]. Corporate Governance: The International Journal of Business in Society, 2008, 8 (4): 374-388.

调协同治理的发起方是公共机构、参与者需直接决策。① Emerson 等在此基础上对协同治理界定予以扩展，认为协同治理并不局限于政府层面的正式安排，将私营部门、社会组织、社区等也纳入研究范畴，认为"协同治理是人们战略性地跨越公共机构，政府层级，公共、私人和公民领域而制定公共政策和实行管理的过程"。② 鉴于此，部分学者对协同治理的关键因素展开研究。例如，Bang 和 Kim 将协同动机、协同文化、协同相关的系统组织、协同活动管理纳入协同治理的关键因素；其中，协同动机即设定特定的价值目标使得组织成员达成一致；协同文化即消除各部门的私欲，创造跨部门合作组织文化；协同相关的系统组织即设立推动协同的组织机构，推进组织间的相互关联；协同活动的管理即通过管理鼓励并推动协同。③ 吴春梅和庄永琪则指出网络、协作和整合是协同治理的关键变量，网络关系结构中的利益状况作为显性因素，协作互动机制中的社会资本作为隐性因素，整合功能下的制度和信息技术因素作为共享因素均对协同治理有所影响。④ 更有甚者强调成功的协同治理离不开利益相关者之间的相互信任、相互问责以及分担风险的意愿，指出协同治理中包容性与共同承诺之间的权衡的必要。⑤ 与

① Ansell C, Gash A. Collaborative governance in theory and practice[J]. Journal of Public Administration Research and Theory, 2008, 18(4): 543-571.

② Emerson K, Nabatchi T, Balogh S. An integrative framework for collaborative governance[J]. Journal of Public Administration Research and Theory, 2012, 22(1): 1-29.

③ Bang M S, Kim Y. Collaborative governance difficulty and policy implication: Case study of the Sewol disaster in South Korea[J]. Disaster Prevention and Management, 2016, 25(2): 212-226.

④ 吴春梅, 庄永琪. 协同治理: 关键变量、影响因素及实现途径[J]. 理论探索, 2013(3): 73-77.

⑤ Johnston E W, Hicks D, Nan N, et al. Managing the inclusion process in collaborative governance[J]. Journal of Public Administration Reserch and Theory, 2011, 21(4): 699-721.

此同时，部分学者①强调了参与主体的多元、治理过程的协同、协同结果的超越性和互利性的重要性，② 认为协同治理具有治理主体多元性、治理权威多样性、子系统协作性、系统动态性、自组织的协调性、社会秩序稳定性、③ 共同规则的制定④等特征。由此可见，协同治理的本质在于具有不同自治程度的个人和组织等多元主体共同承担监管责任，⑤ 通过正式或非正式协商，共同制定规则和结构来管理其关系，⑥ 基于协商一致的共识和集体决策，实现单个主体监管所无法实现的目标。⑦ 协同治理理论基于系统角度，强调系统由各相互协同与配合的子系统构成。首先，应有序地整理零散的元素，将其组合成具有整体性特征的"系统"；其次，对系统中的不同行为体予以协调，使之一致完成共同目标的过程，则为"协同"。值得注意的是，基于系统中不同行为体资源、利益诉求的不同，协同治理理论尊重并包容其利益诉求多元的特点，旨在通过协同系统行为体的目标与手段，构建符合子系统共同利益的规则，实现系统行为体的互利共赢。⑧

（2）协同治理模型

学者根据协同治理特性，构建了不同的协同治理模型。其中，

---

① 孙萍，闫亭豫．我国协同治理理论研究述评[J]．理论月刊，2013(3)：107-112.

② 寇大伟．协同治理视域下京津冀雾霾治理联动机制研究[J]．治理现代化研究，2019(3)：91-96.

③ 郑巧，肖文涛．协同治理：服务型政府的治道逻辑[J]．中国行政管理，2008(7)：48-53.

④ 李汉卿．协同治理理论探析[J]．理论月刊，2014(1)：138-142.

⑤ Liu L, Xu Z. Collaborative governance: A potential approach to preventing violent demolition in China[J]. Cities, 2018(8): 26-36.

⑥ Thomson A M, Perry J L. Collaboration processes: Inside the black box [J]. Public Administration Review, 2006, 66(s1): 20-32.

⑦ Ran B, Qi H. Contingencies of power sharing in collaborative governance [J]. American Review of Public Administration, 2018, 48(8): 836-837.

⑧ 熊光清．中国网络社会多中心协同治理模式探索[J]．哈尔滨工业大学学报(社会科学版)，2017(6)：30-35.

具有代表性的协同治理模式主要有 Ansell 模型、Emerson 模型和 Kim 模型。

Ansell 对 137 个与协同治理相关的文献展开分析，从起始条件、制度设计、领导力和协同过程四个要素切入，构建了协同治理模型。值得注意的是，作为协同治理的核心要素，协同过程主要由面对面对话、信任构建、过程承诺、共同理解、中间结果五个相互关联的维度组成；而起始条件、制度设计和领导力为协同治理的关键因素。起始条件作为阻碍或促进协同治理的主要条件，由权力—资源—知识不对称、参与的动机与障碍、合作或冲突史三个方面构成。制度设计即制定协同治理的基本协议和规则，应实现参与的包容性、组织的排他性、基本规则的明确性和流程的透明性。领导力则旨在为协同过程提供必要的调解与促进(图 2-8)。

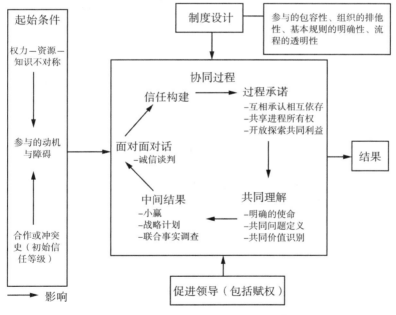

图 2-8　Ansell 等协同治理模型图①

87

① Ansell C, Gash A. Collaborative governance in theory and practice [J]. Journal of Public Administration Research and Theory, 2008, 18(4): 543-571.

Emerson 和 Nabatchi 在《协同治理的综合框架》一文中从系统环境和协同治理制度两个维度对协同治理框架进行划分(图 2-9)。其中,最外围的实线框代表着系统环境,主要由政治、社会经济、法律、资源条件等构成。而协同治理制度则由中间的虚线框表示,主要由协同动力和协同行为构成。其中,协同动力即为原则性参与、共同动机和联合行动能力之间的互动过程。在协同动力各要素的互动下,协同治理主体为实现共同目标采取行动,则形成了包括政策制定、员工部署、监督实施、授予许可等在内的协同行为。值得注意的是,协同治理的顺利进行离不开相关条件的驱动,系统环境中还存着在领导、激励、相互依赖、不确定性等驱动力,以推动协同动力的实现。同时,协同治理制度的实施会对系统环境产生或多或少的影响和潜在适应性。影响是系统环境中有意(和无意)的状态变化,或消极或积极;适应性则是协同治理制度所带来的个性变化。

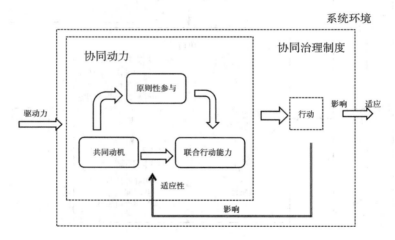

图 2-9 Emerson 等协同治理模式①

————————

① Emerson K, Nabatchi T, Balogh S. An integrative framework for collaborative governance[J]. Journal of Public Administration Research and Theory, 2012, 22(1): 1-29.

之后，Kim 对 Ansell 和 Emerson 所提出的协同治理模式予以总结，构建了新的社区协同治理模式（图 2-10），认为其主要由情境因素、制度设计、协同过程、协同能力、物理和感知有效性、二阶/三阶效应、反馈、治理适应等八个要素构成。其中，情境因素是 Ansell 模型中起始条件和 Emerson 模型中驱动力的结合，即促进或阻碍协同治理顺利进行的环境。同时，对 Ansell 模型中的协同过程、制度设计两个因素予以保留。协同过程保留了面对面对话、过程承诺、信任建设三个要素，并增添社会学习因素；制度设计则延续了对包容性、机会平等、过程透明、原则明确等的重视。在情境因素和制度设计的影响下，协同过程顺利展开，形成协同能力和物

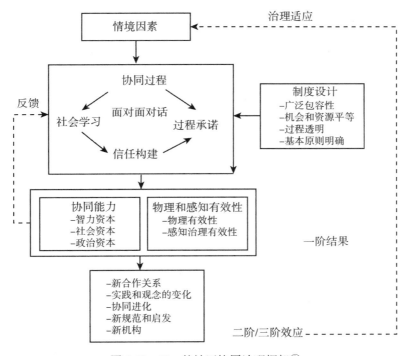

图 2-10 Kim 的社区协同治理框架①

① Kim S. The workings of collaborative governance: Evaluating collaborative community-building initiatives in Korea[J]. Urban Studies, 2016, 53(16): 3547-3565.

理与感知结果。而协同能力主要由智力资本、社会资本和政治资本构成。智力资本主要涉及对治理对象的认识、对利益相关者的社会学学习和开创性意识；社会资本则为连接资本和桥接资本组成；而政治资本是利益相关者共同制定目标和共同采取行动。而协同治理的结果会产生物理与感知结果，即有形和无形的结果。在此基础上，借鉴 Emerson 模型中的"影响"和"适应性"相关因素，增加二阶/三阶效应、反馈、治理适应等要素，强调各要素为各自前置阶段提供反馈，使得协同治理不断调整中前进，以更加适应不断变化的环境。

2.2.3 整体性治理理论

当前，整体性治理理论已广泛运用于社会危机治理①、海洋治理②、性别歧视治理③、福利治理④、食品安全治理⑤、政府数据开放治理⑥、数字文化治理⑦和互联网治理⑧等领域的治理。

---

① Carayannopoulos G. Whole of government: The solution to managing crises[J]. Australian Journal of Public Administration, 2017, 76(2): 251-265.

② Kirk E A. The ecosystem approach and the search for an objective and content for the concept of holistic ocean governance[J]. Ocean Development and International Law, 2015, 46(1): 33-49.

③ Li S, Shang Z, Marcus W F. Social management of gender imbalance in China: A holistic governance framework[J]. Economic and Political Weekly, 2013, 48(35): 79-86.

④ Christensen T, Fimreite A L, Per Lægreid. Joined-up government for welfare administration reform in Norway[J]. Public Organization Review, 2014, 14(4): 439-456.

⑤ 张志勋, 叶萍. 论我国食品安全的整体性治理[J]. 江西社会科学, 2013(10): 157-161.

⑥ 张玉龙. 整体性治理理论视角下中国政府数据开放研究[D]. 苏州: 苏州大学, 2018.

⑦ 王锰, 郑建明. 整体性治理视角下的数字文化治理体系[J]. 图书馆论坛, 2015(10): 20-24.

⑧ 赵玉林. 协同整合: 互联治理碎片化问题的解决路径分析: 整体性治理视角下的国际经验和本土实践[J]. 电子政务, 2017(5): 52-60.

20世纪70年代，撒切尔政府的改革推动新公共管理的诞生。新公共管理强调专业管理、产出控制、单位分权、公共部门竞争、私营式管理，重视纪律和资源的有效使用，追求治理绩效，① 在英国、新西兰、澳大利亚等国的政府改革中发挥了一定的作用。之后，随着经济全球化和信息技术向纵深拓展，人与人之间、国家与国家之间联系加强，不确定性和复杂公共问题逐渐突破地域限制，以"分权、竞争和激励"为核心②的新公共管理模式弊端日益显露，治理碎片化、分散化等问题加重。鉴于此，研究重点从结构性权力下放、分权和单一目标组织向整体性政府转换，③ 有关"holistic government""joined-up government""the whole-of-government"的文章逐渐增多。Perri 作为整体性治理理论研究的集大成者，在《整体性政府》(Holistic Government)一书中指出，原有公共服务治理模式存在成本高、目标短视、重治理轻预防、协调性不足等问题，强调未来公共服务治理应向着推动整合预算、整合信息系统、加强预防、智慧采购、推动文化审核、以结果为导向等方向变革，引导政府朝着整体性政府、预防型政府、文化变革型政府和结果导向型政府方向发展，并强调了跨本位、跨职能合作，联合生产、信息管理等因素在整体性政府建设中的重要地位。④ 之后，Perri 先后在《圆桌中的治理——整体性政府的策略》《迈向整体性治理：新的改革议程》等著作中拓深整体性治理研究，并进一步指出整体性治理是以问题为导向，用以解决部门间责任转嫁、目标冲突、重复建设、协调性不足、各自为政、服务无法满足公众需求等碎片化和棘手性问题，

---

① Hood C. A public management for all seasons[J]. Public Administ-ration, 1991, 69(1): 3-19.

② Dunleavy P, Margetts H, Bastow S, Tinkler J. New public management is dead-long live digital-era governance[J]. Journal of Public Administration Research and Theory: J-PART, 2006, 16(3): 467-494.

③ Christensen T, Lægreid P. The whole-of-government approach to public sector reform[J]. Publication Administration Review, 2007, 67(6): 1059-1066.

④ Perri 6. Holistic government. London: Demos [EB/OL]. [2019-06-29]. http://www.demos.co.uk/files/holisticgovernment.pdf.

以分别实现治理层级之间、治理功能之间和公私部门间的整合，实现政策、管制、服务、监督四个治理活动的整合。① Pollitt 进一步明确整体政府旨在使思想和行动获得横向与纵向的协调发展，以实现以下四个目标：一是消除政策之间的相互矛盾；二是优化利用稀缺资源；三是在特定政策领域或网络中实现不同利益相关者的协同；四是为公民提供无缝而非碎片化服务。② 总的来说，"整体性政府"是一个总括性术语，是推动不同组织联合以实现共同目标的各种方式的总称，涉及组织内部关系、组织间相互关系、"向上"责任与自上而下目标设定、服务供给流程四个维度。③ 作为政策制定、项目管理和提供服务的一种途径，整体政府强调目标一致、决策协同、优先设置、信息共享和以合作为导向，旨在推动各机构的广泛合作，实现集体决策和综合服务。④ 值得注意的是，信息技术的发展为政府与政府之间、政府与公众之间的信息共享和协调奠定了技术基础。信息技术的蓬勃发展倒逼数字化治理模式的形成。因此，在整体性治理中，应抓住数字时代的机遇，充分利用信息技术将新公共管理分离的重要因素重新整合，解除公共部门进程中的"孤岛化"趋向；以需求为导向，重新设计政府的服务提供流程，达到灵活、有弹性、便捷的一站式服务效果；推动数字技术与政府部门的融合。⑤⑥ 由此

---

① Perri 6, Leat D, Seltzer K, et al. Towards holistic governance: The new reform agenda[M]. New York: Palgrave, 2002.

② Pollitt C. Joined-up government: A survey[J]. Political Studies Review, 2003(1): 34-49.

③ Ling T. Delivering joined-up government in the UK: Dimensions, issues and problems[J]. Public Administration, 2010, 80(4): 615-642.

④ Ross S, Frere M, Healey L, Humphreys C. A whole of government strategy for family violence reform[J]. Australian Journal of Public Administration, 2011, 70(2): 131-142.

⑤ Dunleavy P, Margetts H, Bastow S, et al. New public management is dead-long live digital-era governance[J]. Journal of Public Administration Research and Theory: J-PART, 2006, 16(3): 467-494.

⑥ Margetts H, Dunleavy P. The second wave of digital-era governance: A quasi-paradigm for government on the web[J]. Philosophical Transactions: Mathematical, Physical and Engineering Sciences, 2013, 371(1987): 1-17.

可见，整体性治理理论重视治理主体内部、治理主体间的协调与整合、并以公众需求为导向、以扁平化组织结构为治理结构、以信息技术为手段、以协调机制、整合机制和信任机制为运行机制。① 同时，协调和整合是整体性治理理论中的两个关键要素。协调是整合的前期准备，因此，整体性治理的实现须经历从协调到整合的过程。"协调"主要是通过治理主体和治理过程的协调求同化异的过程；② 当治理主体和治理过程得到"协调"后，则为整体性治理目标的整合奠定了基础，在共同目标的指导下，各方参与者通过制定相关政策将协调结果付诸实施，③ 通过整合，达到"1+1>2"的效果。不可忽视的是，整体性治理具有治理方式和手段多样、目标与手段一致、预防优先于治理等特点，应追求目标一致和过程连贯，倡导机制团结和效能提升，提供一体化和无缝隙服务。④

① 任维德，乔德中. 城市群内府际关系协调的治理逻辑：基于整体性治理[J]. 内蒙古师范大学学报（哲学社会科学版），2011(2)：50-55.

② 吴红梅. 包容性发展背景下我国基本养老保险整合研究：基于整体性治理的分析框架[M]. 北京：知识产权出版社，2014：76-77.

③ 史云贵，周荃. 整体性治理：梳理、反思与趋势[J]. 天津行政学院学报，2014(5)：3-8.

④ 谢微. 整体性治理的核心思想与应用机制研究[D]. 长春：吉林大学，2018：95-101.

3　中国网络内容治理体系的基本框架分析

自我国从 1994 年接入互联网以来，经过 30 年的发展，我国网络内容治理体系基本建成。本章基于网络内容治理体系的构成要素，分别从治理目标、治理主体、治理客体、治理规则保障体系和治理技术支撑体系切入，对我国网络内容治理目标、"政府—企业—行业协会—网民"并行的治理主体、"内容—行为"并重的治理客体、"政策法规—行业规范—平台规范"并进的规则保障体系和"大数据—人工智能—区块链"并举的技术支撑体系展开分析。

3.1　我国网络内容治理目标

2012 年，党的十八大报告明确指出，"加强和改进网络内容建设，唱响网上主旋律。加强网络社会管理，推进网络依法规范有序运行"。[①] 2017 年，党的十九大报告进一步指出"要加强互联网内容建设，建立网络综合治理体系，营造清朗的网络空间"。[②] 2018

94

[①]　胡锦涛在中国共产党第十八次全国代表大会上的报告 [EB/OL]. [2018-10-11]. https://www.gov.cn/ldhd/2012-11/17/content_2268826.htm.

[②]　习近平：决胜全面建成小康社会 夺取新时代中国特色社会主义伟大胜利——在中国共产党第十九次全国代表大会上的报告 [EB/OL]. [2018-10-11]. https://www.gov.cn/zhuanti/2017-10/27/content_5234876.htm.

年，习近平总书记在全国网络安全和信息化工作会议中强调，要"提高网络综合治理能力，形成党委领导、政府管理、企业履责、社会监督、网民自律等多主体参与，经济、法律、技术等多手段相结合的综合治网格局"。① 2019 年，习近平总书记在中央全面深化改革委员会第九次会议指出，要"逐步建立起涵盖领导管理、正能量传播、内容管控、社会协同、网络法治、技术治网等各方面的网络综合治理体系，全方位提升网络综合治理能力"。② 之后，习近平总书记在《中共中央关于坚持和完善中国特色社会主义制度　推进国家治理体系和治理能力现代化若干重大问题的决定》提出，"建立健全网络综合治理体系，加强和创新互联网内容建设，落实互联网企业信息管理主体责任，全面提高网络治理能力，营造清朗的网络空间"。③ 2019 年 12 月，国家互联网信息办公室颁布《网络信息内容生态治理规定》，明确提出网络信息内容生态治理"以建立健全网络综合治理体系、营造清朗的网络空间、建设良好的网络生态为目标"。2022 年 10 月，党的二十大进一步强调"健全网络综合治理体系，推动形成良好网络生态"。④ 综合党和政府在顶层设计层面的相关规定，不难发现，我国网络内容治理目标主要集中于三点：一是加强和创新互联网内容建设；二是营造良好网络信息内容生态；三是健全完善网络综合治理体系。

---

① 习近平出席全国网络安全和信息化工作会议并发表重要讲话[EB/OL].［2018-10-12］. http://www. gov. cn/xinwen/2018-04/21/content_5284 783.htm.

② 习近平主持召开中央全面深化改革委员会第九次会议［EB/OL］.［2019-10-11］. https://www. gov. cn/xinwen/2019-07/24/content_5414669.htm.

③ 习近平. 中共中央关于坚持和完善中国特色社会主义制度　推进国家治理体系和治理能力现代化若干重大问题的决定［EB/OL］.［2019-11-10］. http://www. chinanews. com/gn/2019/11-05/8999232. shtml.

④ 习近平：高举中国特色社会主义伟大旗帜 为全面建设社会主义现代化国家而团结奋斗——在中国共产党第二十次全国代表大会上的报告［EB/OL］.［2022-10-31］. https://www. gov. cn/xinwen/2022-10/25/content_5721 685.htm.

3.1.1 加强和创新互联网内容建设

美国心理学家马斯洛将人的需求分为五个层次，由低到高分别为生理需求、安全需求、情感和归属需求、尊重需求和自我实现需求。随着经济水平的提高，人民对美好生活的向往日益增长，需求层次不断提高。随着互联网技术的发展，网络视频、网络音乐、有声书、网络直播、微短剧等网络内容形态不断涌现，成为广大人民满足自身精神文化需求的主要来源。然而，在网络生态中，网络内容同质化趋向凸显，不少网络内容企业受经济利益驱使，跟风生产同质化内容，造成观众审美疲劳，导致网络精品内容短缺；同时，淫秽色情信息、封建迷信信息、网络谣言、虚假广告、暴力血腥内容层出不穷，不利于网络内容消费者的身心健康。因此，网络内容的治理除净化网络环境、营造清朗网络空间外，还需加强和创新互联网内容建设。一方面，应从源头上引导网络内容建设方向，不仅应达到量的增长，增加网络内容供应，丰富其内容和形式，还应实现质的提高，应通过利益补偿或激励机制推动网络内容提供者坚持内容为王，充分利用互联网平台，调动人才、资金、信息，打造IP，创造更多的网络内容精品力作，实现网络内容生产从"复制"到"创新创造"的转变，[①] 实现经济效益与社会效益的统一；同时，应结合中华民族传统文化，创造出更多具有中国符号的文化精品，在世界文化舞台上发出中国声音。另一方面，网络内容治理不应局限于堵和截，应引导网络内容提供者不再简单迎合市场的需求，而应坚持社会主义核心价值观，生产和传播积极向上、健康、乐观的网络内容，展现一种积极向上的精神面貌，增加网络内容的正能量供给力，对网络内容消费者形成正确的引导，推动网民将正能量内化于心。

96

---

① 姜岩. 让网络直播为青年传递正能量[J]. 人民论坛，2018(32)：106-107.

3.1.2　营造良好网络信息内容生态

随着互联网技术向纵深拓展，网络内容生产门槛逐步降低，网络内容生产者和网络内容平台如雨后春笋般涌现，网络内容呈几何量级增长，极大地丰富了网民的精神文化需求。然而，互联网技术在拓展信息传播范围的同时，也引发信息传播格局的变革。网络空间成为人们获取知识、信息的主要渠道。互联网具有开放性，网络空间中的网络内容就好比一条河流，一旦出现一条虚假、暴力或是庸俗、低俗的违法不良网络内容，则整个网络空间都会受到污染。由此，营造清朗网络空间显得尤为必要。参照党和政府在顶层设计层面所颁布的文件和政策法规，结合以《网络短视频内容审核标准》《网络短视频平台管理规范》《网络综艺节目内容审核标准细则》为代表的行业规范，不难发现，营造清朗网络空间应大力打击网络谣言，淫秽色情信息，封建迷信信息，恶搞英雄人物、抹黑国家形象、侵犯版权、侵犯隐私权的网络内容，遏制违法不良网络内容的传播蔓延；同时，有效遏制网络空间中的失信、失德、著作权侵权、隐私权侵权等失范行为，保证网络内容生产者和网络内容服务平台公正平等地参与市场竞争，维护公平、合理的行业秩序和市场环境。根据信息生态学理论，网络内容生态主要由网络内容主体、网络内容和网络环境构成。其中，网络内容主体主要包括网络内容生产者、网络内容传播者、网络内容消费者；网络内容主要是以文字、图片、视频、音频等为表现形式的网络图文、网络视频、网络音乐、网络表演等；而网络环境指影响网络内容发展的政治、经济、社会、文化等环境。由此，建设良好的网络生态，即意味着将网络内容空间看作一个生态系统，既要治理，也要保护，不能再延续传统的毁灭式、打击式治理，而应遵循网络内容生态发展的客观规律，通过协调网络生产者、传播者和消费者之间的关系，推动网络内容主体、网络内容和网络空间环境的协同发展。具体来讲，应创造一个适合网络内容企业、网民、行业协会、政府部门协同发展的网络生态环境，充分释放各自活力，使其在网络生态中各尽其能。

3.1.3 健全完善网络综合治理体系

2013 年，《中共中央关于全面深化改革若干重大问题的决定》将"推进国家治理体系和治理能力现代化"纳入总目标。[①] 网络内容治理体系作为国家治理体系在网络领域的具体实践，其目标应与国家治理体系目标一脉相承，即实现治理体系现代化，推动体系优化与完善。2020 年 3 月，《关于构建现代环境治理体系的指导意见》明确现代环境治理体系建设的主要目标即建立领导责任体系、企业责任体系、全民行动体系、监管体系、市场体系、信用体系、法律法规政策体系，落实各类主体责任，提高市场主体和公众参与的积极性，形成导向清晰、决策科学、执行有力、激励有效、多元参与、良性互动的环境治理体系。[②] 参照国家治理体系和治理能力现代化的要求，借鉴现代环境治理体系的建设目标，结合网络内容所具有的开放性、交互性、外部性、非独占性、多样性等特征，不难发现健全完善网络综合治理体系的目标关键在于实现综合治理。据《大辞海》的定义，"综合"是"把各方面不同类别事物归在一起；将不同种类、不同性质事物组合在一起"。[③] 从哲学角度看，"综合"与"分析"相对，主要指把事物各部分联结成整体以考察的思维方

① 中共中央关于全面深化改革若干重大问题的决定［EB/OL］.［2019-03-02］. https://www.gov.cn/zhengce/2013-11/15/content_5407874.htm.

② 中共中央办公厅 国务院办公厅印发《关于构建现代环境治理体系的指导意见》［EB/OL］.［2020-03-05］. https://www.gov.cn/gongbao/content/2020/content_5492489.htm.

③ 综合［EB/OL］.［2020-02-01］. http://www.dacihai.com.cn/search_index.html? _st=1&keyWord=综合&p=1&itemId=524318.

法，分两种形式：一是联想式综合，即基于联想思维，把事物各组成部分和个别特征结合在一起；二是创造性综合，即在事物各属性间建立新的联系，把握事物内在联系，抓住事物本质。① 由此可见，"综合"强调全局性、整体性、统筹性、协调性、关联性，需把握治理体系各内部要素之间的内在联系，推进其协调发展，并根据治理体系各内在要素属性，建立要素之间的新联系，实现要素与要素之间的优化配置。结合习近平总书记在党的十九大、全国网络安全和信息化工作会议、中央全面深化改革委员会第九次会议、党的十九届四中全会和党的二十大中关于网络综合治理体系的论述，可以看出，健全完善网络综合治理体系应实现政府、企业、行业协会和网民的多元共治，明确政府、企业、行业协会和网民的利益诉求，优化政府、企业、行业协会和网民在网络内容治理中的职责，以充分发挥政府的资源集聚优势及各主体自身优势；② 同时，综合治理体系应涵盖内容管控、正能量宣传，形成完善的政策法规体系、平台规范和行业规范体系，并强调网络技术在治理体系中的作用。此外，还应实现跨地域、跨层级、跨功能、跨部门的协作。网络综合治理体系的健全与完善能在一定程度上推动各治理要素的优化配置从而达到综合治理能力提升的效果。同时，还意味着提升政府、行业协会、企业和网民之间的治理合力。从以往治理变革情况来看，治理主体间的协同与整合是影响全局效果的关键。③ 由此，网络综合治理能力的提升需实现政府、行业协会、企业和网民之间的跨部门、跨层级、跨地域协作，达成治理共识，实现治理主体之间的跨功能协作与整合，实现治理资源的共享共通，

99

① 综合[EB/OL].[2020-02-01]. http://www.dacihai.com.cn/search_index.html?_st=1&keyWord=综合&p=1&itemId=1646186.
② 王立峰，韩建力.构建网络综合治理体系：应对网络舆情治理风险的有效路径[J].理论月刊，2018(8)：182-188.
③ 张旺.智能化与生态化：网络综合治理发展方向和构建路径[J].情报理论与实践，2019(1)：53-64.

提升治理效能。

3.2 "政府—企业—行业协会—网民"并行的治理主体

我国网络内容治理主体在我国网络内容治理体系各要素中发挥着中流砥柱的作用。目前，我国初步形成了"政府—企业—行业协会—网民"并行的治理主体。

3.2.1 政府主体

（1）政府主体构成

2014 年，国务院授权国家互联网信息办公室负责互联网信息内容管理工作；同年，中央成立网络安全和信息化领导小组。2018年，《深化党和国家机构改革方案》将中央网络安全和信息化领导小组改为中央网络安全和信息化委员会，升级为中央直属议事协调机构。2019 年，《网络信息内容生态治理规定》进一步明确了网信部门在网络信息内容治理中的主导与统筹作用，我国网络信息内容九龙治水的局面得到一定缓解。在我国网络内容治理中，政府主要通过法律手段和行政手段对网络内容予以治理，而其执法依据则主要来源于政策法规。鉴于此，为更加全面地认识我国网络内容治理的政府主体，本书对 342 项网络内容政策法规的颁布主体展开词频统计，颁布主体达 80 个，① 代表性政府部门有国家互联网信息办公室、公安部、工业和信息化部、信息产业部、国家工商行政管理

---

① 为更直观地明晰政策法规颁布主体历史发展轨迹，这里对文化部、信息产业部、新闻出版总署、新闻出版广电总局、国家广播电影电视总局等已调整的政府部门予以保留。同时，成都大运会执委会、杭州第 19 届亚运会组委会办公室等机构具有临时性，未纳入统计范围。

总局、国家新闻出版广电总局、新闻出版总署(见表3-1),可见网信部门、公安行政部门、电信管理部门、文化和旅游行政部门、新闻出版行政部门、广播电视行政部门等在网络内容治理中发挥着重要作用。

表 3-1 我国网络内容政策法规颁布主体一览表

序号	部门名称	政策法规数量	序号	部门名称	政策法规数量
1	国家互联网信息办公室	69	15	文化和旅游部	17
2	公安部	66	16	最高人民法院	14
3	工业和信息化部	60	17	国家版权局	13
4	文化部	43	18	商务部	12
5	国家广播电视总局	32	19	财政部	11
6	信息产业部	25	20	最高人民检察院	9
7	国家市场监督管理总局	25	21	国家食品药品监督管理局	9
8	国家工商行政管理总局	21	22	中央宣传部	9
9	国务院	20	23	中央文明办	9
10	国家新闻出版广电总局	20	24	国务院新闻办公室	8
11	教育部	20	25	国家发展改革委	8
12	国家广播电影电视总局	19	26	卫生部	8
13	中央网络安全和信息化委员会办公室	19	27	共青团中央	8
14	新闻出版总署	18	28	全国人大常委会	7

序号	部门名称	政策法规数量	序号	部门名称	政策法规数量
29	国务院办公厅	7	45	国家安全生产监督管理总局	3
30	中国人民银行	7	46	外交部	3
31	海关总署	6	47	国家测绘局	3
32	中央办公厅	5	48	国家密码管理局	3
33	国家邮政局	5	49	国家食品药品监督管理总局	3
34	税务总局	5	50	中央编办	3
35	国家保密局	5	51	全国妇联	3
36	全国"扫黄打非"工作小组办公室	5	52	中国关工委	2
37	国家新闻出版署	5	53	人力资源社会保障部	2
38	国务院法制办公室	5	54	司法部	2
39	国家测绘地理信息局	4	55	中国银监会	2
40	国家安全部	4	56	全国国家版图意识宣传教育和地图市场监管协调指导小组	2
41	中央网络安全和信息化领导小组办公室	4	57	国家工商行政管理局	2
42	科技部	4	58	国家知识产权局	2
43	监察部	4	59	中央综治办	2
44	国家药品监督管理局	3	60	国家林业和草原局	1

续表

序号	部门名称	政策法规数量	序号	部门名称	政策法规数量
61	国务院反垄断委员会	1	71	环境保护部	1
62	国家医疗保障局	1	72	国家中医药管理局	1
63	国家宗教事务局	1	73	国家烟草专卖局	1
64	民政部	1	74	中共中央纪委	1
65	中国证监会	1	75	全国普法办	1
66	农业农村部	1	76	总参谋部通信部	1
67	国务院信息工作办公室	1	77	中国科学院	1
68	中央组织部	1	78	国家信息化领导小组	1
69	国家质检总局	1	79	自然资源部	1
70	全国老龄工作委员会	1	80	中国残联	1

　　在这342项政策法规中,有101个文本包括两个及以上颁布主体。为更直观地分析政策法规颁布主体的合作网络,本书对这101个政策法规的颁布部门进行词频统计和共词分析,将数据导入Ucinet进行可视化探究。在图3-1中,节点大小代表颁布主体与其他主体共同出现频次,节点越大,则表示该部门出现频次越多,合作范围更广。而节点与节点间的连线则代表着部门间相互合作关系,连线越粗,表示部门间联结频次越高,联系更为紧密。由图3-1可知,在网络内容治理中,涉及政府部门较多,网信部门、公安行政部门、电信管理部门、新闻出版行政部门、文化和旅游行政部门、市场监管部门等存在着交叉,且联系较为密切。

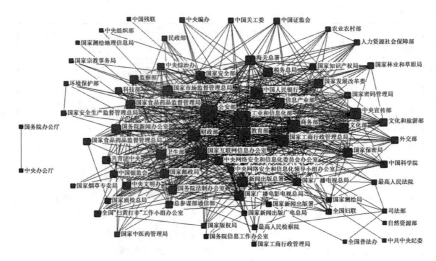

图 3-1　颁布主体合作网络图

（2）政府治理现状

结合表 3-1 和图 3-1，不难发现，我国网络内容治理的政府主体众多，且存在权责交叉。其中，文化和旅游行政部门、网信部门、新闻出版行政部门、广播电视行政部门、电信管理部门、公安行政部门等在互联网文化活动、网络游戏、网络表演、网络文学、网络出版、互联网跟帖、微博客信息、互联网直播、互联网新闻信息等领域治理中发挥着重要作用（表 3-2）。

表 3-2　主要政府部门职责范围

部门	主要职责范围
文化和旅游行政部门	互联网文化活动；网络游戏；网络表演；网络文化经营单位内容审核人员考核；网络暴力信息
网信部门	互联网跟帖评论服务；即时通信工具公众信息服务；微博客信息服务；互联网直播服务；互联网用户公众账号信息服务；互联网用户账号信息管理；互联网群组信息服务；互联网新闻信息服务；互联网论坛社区服务；技术新应用安全评估工

续表

部门	主要职责范围
网信部门	作；互联网信息搜索服务；移动互联网应用程序信息服务；网络信息内容生态治理；深度合成服务；算法推荐服务；互联网宗教信息服务；互联网弹窗信息推送服务；应用程序信息内容监管；网络安全审查；网络暴力信息；数据出境安全评估；生成式人工智能服务
新闻出版行政部门	网络文学；网络出版服务；网络游戏、移动游戏的前置审批；生成式人工智能服务
广播电视行政部门	移动互联网视听节目服务、互联网视听节目服务、互联网等信息网络传播视听节目、全国专网及定向传播的视听节目服务；网络安全审查；网络暴力信息
电信管理部门	非经营性互联网信息服务；电子公告服务；电信和互联网用户个人信息保护；互联网电子邮件；互联网信息服务活动；深度合成服务；算法推荐服务；互联网宗教信息服务；网络安全审查；生成式人工智能服务
公安行政部门	市场监管专项行动；扫黄打非；剑网行动；深度合成服务；算法推荐服务；互联网宗教信息服务

当前，政府主要通过日常监管和运动式治理方式对网络内容和网络行为展开治理。一方面，以《网络安全法》《网络信息内容生态治理规定》等为行动指南，对网络内容生产者、网络内容平台和从业人员准入予以规范。例如，网络内容出版服务者需办理《网络出版服务许可证》、网络视听节目服务者需办理《信息网络传播视听节目许可证》、互联网文化单位需办理《网络文化经营许可证》、互联网新闻信息服务单位则需办理《互联网新闻信息服务许可证》；同时，对从业人员资质予以准入，如从事互联网新闻采编活动，需持有新闻记者证；网络文化经营单位内容审核人员需获得《内容审核人员证书》。另一方面，政府主要通过"扫黄打非""剑网行动""整治互联网低俗之风""网络生态治理"等一系列运动式治理对网络空间中的违法不良内容和失范行为予以严厉打击与威慑(表3-3)，

105

对网络内容生产、传播和消费中的著作权侵权、隐私权侵权、失信行为和制作淫秽、色情、赌博、迷信和危害国家安全的违法行为予以打击和查处。

表 3-3　政府运动式治理举措

运动式治理举措	具体监管内容
扫黄打非专项活动	一年一次，通过"净网""护苗""秋风""固边"等活动监测和清查网络淫秽色情信息
剑网行动	治理内容从查处"三无网站"到整顿网络文学、规范有声书到流媒体软硬件版权监管、图片版权、网络视频版权、网络新闻版权、电商平台版权、短视频版权等，版权监管范围不断扩大
专项整治活动	涉及互联网广告、网络文学、网络游戏、自媒体、网络音频乱象、小众即时通信工具、网络直播、App、网络水军、短视频、未成年人网络环境、网络戾气等专项治理
专项行动	通过整治互联网低俗之风专项行动和网络生态治理专项行动对各类网络内容平台中淫秽色情、低俗庸俗、暴力血腥、恐怖惊悚、赌博诈骗、网络谣言、封建迷信、谩骂恶搞、威胁恐吓、标题党、仇恨煽动、传播不良生活方式和不良流行文化等12类负面有害信息进行整顿

3.2.2　企业主体

（1）企业主体构成

按照我国网络内容生产、传播和消费环节来划分，我国网络内容治理的企业主体主要由网络内容生产企业和网络内容服务平台构成。

首先是网络内容生产企业。一般来讲，网络内容分为两种，一是传统内容重新打包上传至互联网；二是由内容提供者直接生产的网络内容。以网络视频为例，用户在视频网站所观看的《新白娘子传奇》《话说长江》《再说长江》等视频即为传统视频的"重新打包"，而《漫长的季节》《明日生存指南》《奇妙中国》《逃出大英博物馆》《中轴骑妙行》等自制网络剧、网络电影、网络纪录片、网络综艺节目、网络微短剧、网络直播节目等则为直接生产的网络内容。因此，这里所说的网络内容生产企业既包括以文化企业、教育企业等为代表的传统内容生产企业，也包括以爱奇艺、优酷、腾讯、哔哩哔哩、抖音等为代表的互联网企业。

其次是网络内容平台。网络内容传播中的企业主体主要由网络内容平台构成，具体表现为承载网络内容的互联网服务提供者。一方面，根据网络内容平台所承载内容类别分类，可分为视频平台、音频平台、资讯平台等；另一方面，根据网络内容平台的功能可以分为社交平台、娱乐平台、直播平台、教育平台、搜索平台、新闻平台等。值得注意的是，网络内容按其表现形式，可以分为网络文字、网络图片、网络音频和网络影音。例如，网络文字和网络图片主要对应资讯平台、新闻平台、网络文学平台和网络漫画平台等；网络影音则主要对应视频平台、在线课程平台、短视频平台和直播平台等；网络音频平台则主要由专业音乐平台和综合性网络音频平台构成(图 3-2)。网络内容平台作为连接网民和网络内容的桥梁，直接掌握着网民行为数据和网络内容数据，在网络内容治理中发挥着中流砥柱的作用。

（2）企业治理现状

当前，我国网络内容治理主要采取"政府管平台、平台管用户"基本思路，即政府在顶层设计层面明确平台责任，督促其通过平台规则与运行机制规范用户生产、传播和消费行为。平台在技术、信息资源上的优势让其在网络内容治理中发挥重要作用。

首先，制定用户协议和平台规范。在用户使用网络内容平台服务前，与用户签订协议，从账号注册和注销、用户行为规范、网络内容规范、知识产权、未成年人保护等角度对用户的权利和义务予以明确，通过平台内"软法"对用户行为予以管束，代表性的有《斗鱼用户注册协议》《抖音用户服务协议》《西瓜视频用户服务协议》

图 3-2　网络内容平台分类①

等。在此基础上，颁布系列平台规范，如《斗鱼平台内容管理规范》《虎牙主播违规管理办法》等为用户参与网络内容生产、传播和消费活动提供较为详细的行动指南。在用户协议和平台规范的指导下，根据"后台实名，前台自愿"原则，要求用户要么通过手机号完成注册、或是通过与微博、微信、QQ 账号等捆绑的方式完成注册；对于微博"大 V"、微信公众号、抖音公众号、直播平台网络主播等具有影响力的用户，则要求更高，在实名认证的同时还需提供组织机构代码等。

　　其次，依照法律规定，落实主体责任，对网络内容平台中所传播内容予以审查。当前网络内容平台的内容审查主要从两个环节展开。一是信息发布前审核，即网络内容平台在网络内容广泛传播前予以初步审查，依法删除违法不良内容，在源头上保障网络内容质量。二是对网络内容予以实时巡查。当前，我国大部分网络内容平台主要通过"机器+人工"审核方式对内容展开实时巡查，即通过建立违禁词库、敏感词过滤系统、关键词匹配、反垃圾信息机制等技术，对网络空间中传播的违法不良内容予以抓取，若 99% 匹配则

---

　　①　恒大研究院．互联网内容产业报告［EB/OL］．［2020-02-03］．https://mp. weixin. qq. com/s/iST_XzO2IgzEIblt9C0ihg.

直接删除；若存在争议，则将相应网络内容转接至内容审查员，再由人工审查员根据法律法规予以复核。值得注意的是，在内容审核阶段，部分网络内容平台会根据用户类别或信用级别对其予以分级，将工作重心放在新注册用户、关键意见领袖和有违禁记录的高危用户上，对其展开重点审核。

最后，开辟网民监督渠道，为网民举报违法不良内容设立通道。据中央网信办违法和不良信息举报中心统计显示，以微博、百度、知乎、阿里巴巴、快手、腾讯、今日头条、豆瓣、新浪网等为代表的主要商业网站在违法不良信息监督中起到关键作用(图3-3)。

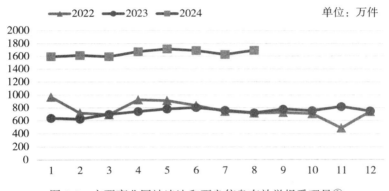

图3-3 主要商业网站违法和不良信息有效举报受理量①
(数据来源：中央网信办违法和不良信息举报中心)

例如，腾讯设立腾讯举报中心，通过账号安全类、防骗课堂、安全公告三个板块引导用户方便、快捷地完成举报；百度设立百度举报平台，引导用户对色情、暴力、赌博、毒品等非法信息、假中奖消息、虚假招聘等虚假不实信息和侵犯商标权、著作权等知识产权的信息予以举报；抖音设置举报按钮，用户可对侵犯权益、色情低俗、违法犯罪、政治敏感、违规营销、不实信息、AI 生成内容问

---

① 主要商业网站由微博、百度、阿里巴巴、腾讯、快手、豆瓣、今日头条、知乎、新浪网、搜狗、哔哩哔哩、拼多多、京东、优酷等构成。

题予以举报；新浪则在设立举报中心的同时，与公安部联合推出"全国辟谣平台"，与全国189个网警巡查官微和各地公安局平安系列微博合作，为其接受网络谣言举报提供便捷渠道。①

3.2.3 行业协会主体

（1）行业协会主体构成

网络行业协会主要由中国计算机用户协会、中国电子企业协会、中国计算机行业协会、中国信息协会、中国互联网协会、中国网络视听节目服务协会、中国互联网上网服务行业协会、中国网络空间安全协会和中国网络社会组织联合会等国家级协会（表3-4），及各省市的互联网协会、网络视听节目服务协会、网络安全协会、网络文化协会等构成。随着区块链、元宇宙、人工智能等技术的深入和微短剧等新型网络内容业态的出现，行业协会的业务得以不断拓展。例如，中国演出行业协会于2017年设立网络表演（直播）分会，中国信息协会于2024年设立产业互联网分会，中国移动通信联合会则设立区块链与数据要素专委会、文旅元宇宙专业委员会和微短剧数字媒体产业工作委员会，中国计算机行业协会则设立数据安全风险评估与检测认证分会。

表 3-4　我国主要网络行业协会（国家级）

协会名称	成立时间	业务指导单位
中国计算机用户协会	1983 年	工业和信息化部、国家发展改革委
中国电子企业协会	1984 年	工业和信息化部
中国软件行业协会	1984 年	工业和信息化部
中国计算机行业协会	1987 年	工业和信息化部
中国演出行业协会	1988 年	文化和旅游部

① 公安部联合微博推出"全国辟谣平台"接受全网范围谣言举报［EB/OL］．［2020-02-03］．http://www.cac.gov.cn/2016-05/12/c_1118856181.htm.

续表

协会名称	成立时间	业务指导单位
中国信息协会	1989 年	国家发展改革委
中国通信企业协会	1990 年	工业和信息化部
中国信息产业商会	1995 年	工业和信息化部
中国移动通信联合会	2000 年	工业和信息化部
中国互联网协会	2001 年	工业和信息化部
中国网络视听节目服务协会	2011 年	国家广播电视总局
中国互联网上网服务行业协会	2013 年	文化和旅游部
中国电子信息行业联合会	2014 年	工业和信息化部
中国网络空间安全协会	2016 年	国家互联网信息办公室、民政部
中国网络社会组织联合会	2018 年	国家互联网信息办公室

（3）行业协会治理现状

2019 年 12 月，《网络信息内容生态治理规定》明确指出网络行业协会应指导会员增强社会责任感，完善行业自律机制，制定行业规范和自律公约，开展教育培训，推动行业信用评价体系。① 在党和政府的指导下，行业协会参与网络内容治理主要通过以下途径：

一是制定行业规范。作为行业内行为规则，行业规范属于非正式制度范畴，相当于行业内"法律"，② 旨在通过规范会员行为，调整会员关系以达到维护网络秩序效果。目前，以中国互联网协会、中国网络视听节目服务协会为代表的网络行业协会颁布了《中国互联网行业自律公约》《用户个人信息收集使用自律公约》《维护网络

111

---

① 网络信息内容生态治理规定［EB/OL］．［2020-01-05］．https://www.cac.gov.cn/2019-12/20/c_1578375159509309.htm.

② 郭薇．政府监管与行业自律——论行业协会在市场治理中的功能与实现条件［D］．天津：南开大学，2010：133.

信息安全倡议书》《网络短视频平台管理规范》《网络短视频内容审核标准细则》《网络综艺节目内容审核标准细则》《微短剧版权保护倡议书》《互联网行业从业人员职业道德准则》《中国网络空间安全协会个人信息保护自律公约》等行业规范以提升会员企业、从业人员自律意识，为短视频内容、网络综艺节目的内容审核提供标准，并为微短剧版权保护提供支持。值得注意的是，随着人工智能、区块链技术的深入发展，中国互联网协会紧跟技术迭代步伐，先后发布《互联网信息服务算法推荐合规自律公约》和以《针对内容安全的人工智能数据标注指南》《互联网信息科技风险治理能力模型总体框架》《基于区块链的机构电子签约系统要求》为代表的团体标准，为协会会员提供指导。

二是举办专项活动。一方面，举办行业交流活动，如举办中国互联网大会、中国互联网法治大会、中国网络媒体论坛、国际数字经济博览会、中国网络诚信大会、中国网络文明大会，为业界、学界提供交流机会，共同商讨我国互联网产业和互联网治理的前进方向；同时，通过蓝海沙龙、交流沙龙、专题研讨会等活动，邀请业界或学界专家与会员分享行业最新动态。另一方面，开展颁奖活动，利用声誉机制引导网络内容生产者创造更多积极向上的作品。例如，中国互联网协会设立互联网行业自律贡献奖，对推动互联网行业文明健康发展做出贡献的互联网从业单位予以表彰；中国网络视听节目服务协会则推出的"网络视听年度代表人物"和"年度优秀网络视听作品推选活动"鼓励网络内容生产者创作更多积极、健康的网络视听精品；中国计算机行业协会组织"行业发展成就奖"以表彰与激励为行业发展做出卓越贡献的企业与专业人士。

三是开展学术研究。一方面，发布行业报告。中国互联网协会定期发布的《中国互联网发展报告》《中国互联网企业综合实力指数》，各省市互联网协会发布的省市互联网发展状况报告，中国网络视听节目服务协会定期发布的《中国网络视听发展研究报告》、中国互联网上网服务行业协会发布的《中国互联网上网服务行业发展报告》、中国网络社会组织联合会发布的《中国网络诚信发展报告》和《互联网平台企业履行社会责任评估报告》、中国演出行业协会发布的《网络直播文艺生态报告》都在一定程度上有助于学界和业界更加全面地认识我国互联网发展、互联网企业发展和网络视听行业发展的现状和趋势。另一方面,创办协会学术期刊,如中国互联网协会创办的《互联网天地》和中国网络空间安全协会创办的《网络与信息安全学报》为网络内容建设提供科学研究阵地和理论指导。

四是提供知识服务。一方面,通过网络大讲堂、知识科普活动提供网络信息治理、网络安全防范、网络信息素养等方面知识。例如,中国信息协会的系列公益直播和网信大讲堂通过邀请学界、业界专家作专题报告的形式为互联网企业、网民传播行业新方向、新案例;中国软件行业协会通过"软件大讲堂"从院士讲堂、专家讲堂、企业讲堂、经营经验、新品新用、创新创业等角度设置点播课程;中国网络空间安全协会旗下的 App 专项治理工作小组开辟"知识科普"专栏,向公众普及个人信息安全、隐私安全、App 个人信息保护等知识。另一方面,开展人才培训。例如,网络视听节目主持人培训和网络视听节目审核员培训班、《电子商务法》普法培训班、网络社会组织宣传工作培训班、教育信息化专题培训班、"网络安全大讲堂"培训项目、个人信息保护专业人员培训班、数据合规官培训班、DCMM 数据管理师培训班等都为网络内容的发展和治理提供人才储备和智力支持。

五是设立举报平台。中国互联网协会先后开辟设立 12321 举报中心和互联网信息服务投诉平台为网民提供举报通道,中国网络空间安全协会则设立 App 违法违规收集使用个人信息投诉举报通道。

六是开展评估服务。当前,以中国互联网协会为代表的部分网络行业协会积极响应《网络信息内容生态治理规定》,在企业信用等级、企业社会责任、服务等级、数据管理能力、信息系统建设和服务能力等方面提供评估服务,通过评估结果予以相应的激励或惩戒措施(见表 3-5)。

113

表 3-5　我国主要国家级网络行业协会的评估业务

协 会 名 称	评 估 业 务
中国计算机用户协会	信息系统审计师能力等级评定
中国电子企业协会	会员信用等级评价
中国软件行业协会	人工智能企业、数据服务商能力评估，软件企业信用评价，软件服务商交付能力评估，科技成果评价，应用现代化能力评估
中国通信企业协会	通信行业企业信用等级评价
中国互联网协会	互联网企业社会责任评价
中国互联网上网服务行业协会	全国上网服务营业场所服务等级评定
中国电子信息行业联合会	DCMM 数据管理能力成熟度评估、信息系统建设和服务能力评估
中国网络社会组织联合会	互联网平台企业履行社会责任评估

3.2.4　网民主体

（1）网民主体构成

自我国于 1994 年接入互联网来，互联网取得长足发展。1998年，我国网民人数为 210 万；2005 年，网民人数首次破亿，达到1.11 亿（图 3-4）。经过 30 年的发展，截至 2024 年 6 月，我国网民规模近 11 亿，互联网普及率达 78%，① 全国超半数人口享受互联网发展成果。目前，青少年、中青年群体在我国网民中占主导地位，其中，30~39 岁年龄段网民占比最高，达 19.3%，50 岁及以上网民群体占比提升至 33.3%，互联网进一步向中老年群体渗透；

① 中国互联网络信息中心．第 54 次中国互联网络发展状况统计报告［R/OL］．［2024-09-22］. https：//www. cnnic. net. cn/NMediaFile/2024/0911/MAIN1726017626560DHICKVFSM6. pdf.

同时，近六成网民数字素养与技能达到初级水平。①

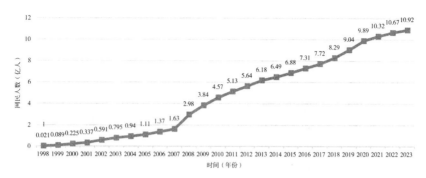

图 3-4　我国网民数量

（数据来源：中国互联网络信息中心）

互联网的开放性和互动性为网民各抒己见、参与社会舆论提供了通道。公众可通过网络对社会事务或社会事件发表自身见解，表达诉求。② 据中国互联网络信息中心统计显示，与网络内容相关的即时通信、网络视频、短视频、搜索引擎、网络直播、网络新闻、网络音乐、网络文学等应用的网民规模绝大多数在 5 亿人以上，用户使用率高(图 3-5)。这充分说明，不同于政府主体和市场主体，我国网民基数大且遍布全国各地。庞大的网民基数正好与海量信息内容治理形成一种匹配。若能盘活网民力量，则可编织出一个巨大的治理网络全方位监控海量内容。

（2）网民治理现状

首先，网民与网络内容平台签订使用协议，严格遵循协议中涉及用户行为和网络内容的相关规定，履行相应义务，健康文明用网。

---

① 中国互联网络信息中心. 第 54 次中国互联网络发展状况统计报告[R/OL].［2024-09-22］. https：//www. cnnic. net. cn/NMediaFile/2024/0911/MAIN1726017626560DHICKVFSM6. pdf.

② 雷辉. 多主体协同共建的行动者网络构建研究[M]. 北京：人民出版社，2017：9.

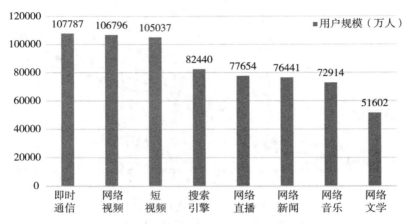

图 3-5　各类互联网应用的网民数量①
（数据来源：中国互联网络信息中心）

　　其次，参与网络内容立法和行业规范制定。例如，在《互联网信息内容管理行政执法程序规定》《区块链信息服务管理规定》《网络信息内容生态治理规定》等法规和《互联网企业社会责任报告编写指南》和《网络运营者针对未成年人的有害信息防治体系框架》等团体标准出台前，相关部门将其征求意见稿通过互联网公之于众，鼓励学界、业界学者和专家以及普通网民结合自身经历，参与民主立法过程中，为相关策法规和行业规范的完善提供意见，以保证其科学性和民主性。

　　再次，网民通过评价机制对网络内容建设进行监督。例如，各大电影平台对电影的打分和评级，网剧、网络电影的点击率，音频的播放量，电子书的评分都是用户对网络内容质量的"监督"。若评分高、点击率高、播放量高，排名靠前，则意味着网络内容获得了较大认可；而评分低、点击率低、播放量低则意味

---

　　① 数据统计时间为 2024 年 6 月，其中，网络视频用户规模中包含微短剧用户。

着网络内容质量有待提升。用户对网络内容的评价在一定程度上为网络内容提供者和网络内容平台了解其产品优劣和市场占有率提供了决策支持，也能推动网络内容提供者生产更多高质高效的网络内容产品。

最后，积极主动对互联网上所传播的违法不良信息予以举报。网民可通过中央网信办违法和不良信息举报中心，各省市地方互联网违法和不良信息举报中心，中国互联网协会下属的12321网络不良与垃圾信息举报受理中心和百度、腾讯、新浪、爱奇艺、优酷、凤凰网、新华网等平台或网站上的举报中心予以举报。近年来，全国网络违法和不良信息举报受理总量稳步上升（图3-6）。越来越多的网民参与违法和不良信息的举报，在举报诽谤、色情、不良信息方面起到了不可忽视的作用。

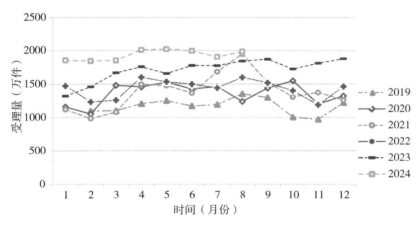

图3-6　全国网络违法和不良信息举报受理总量情况①
（数据来源：中央网信办违法和不良信息举报中心）

①　全国网络违法和不良信息举报受理总量由中央网信办举报中心受理举报量、各地网信举报工作部门受理举报量和全国主要网站平台受理举报量构成。

3.3 "内容—行为"并重的治理客体

网络内容治理客体主要指网络内容治理的对象和范围。目前，互联网治理的范围主要包括物理层、逻辑层、应用层和内容层四个层面(图 3-7)，① 涉及互联网基础设施建设、关键资源控制、互联网协议设计、网络内容、隐私权、知识产权等多个领域。网络内容治理不同于互联网治理，其治理对象和范围主要集中于内容层，即网络内容；同时，在"网络内容"的背后，真正起作用的还是人或组织。值得注意的是，网络内容治理体系打破了传统治理主客体关系绝对化的状态，政府、企业、行业协会和网民身兼"治理主体"和"治理客体"两职。由此，我国网络内容治理客体包括但不局限于网络内容，还囊括了网络行为。一方面，在顶层设计层面对网络内容发展方向予以指引；另一方面，通过约束和规范网络行为来遏制网络失范行为的泛滥，达到净化网络空间环境的目标。

图 3-7　互联网治理的范围

---

① Weiser P J. The internet, innovation, and intellectual property policy[J]. Columbia Law Review, 2003(103)：534-613.

3.3.1 网络内容

（1）网络内容的主要表现形式

一般来讲，网络内容可分为有形的网络内容产品和无形的网络内容。具体来说，有形的网络内容产品包括但不限于网络文学、网络音乐、网络游戏、网络直播、在线教育、短视频、微短剧，而无形的网络内容则是网络内容本身。网络内容产品是网络内容的有形载体，是网络内容传达"讯息"的方式，网络内容产品和网络内容在本质上所要传递的"讯息"是相同的。麦克卢汉认为"媒介即讯息"，由于网络内容产品和网络内容都是传递"讯息"的方式，在这层意义上，产品与内容都是信息的载体，包括网络视听、网络文学等在内的网络内容产品，兼具内容需求属性和服务与工具属性。由此，在探讨网络内容时，将网络内容产品和网络内容同时纳入研究范畴。由于网络内容主要通过文字、图片、音频和视频等形式显现，而文字和图片多同时出现。因此，本书按照网络内容的表现形式将网络内容分为网络图文、网络音频和网络影音。

一是网络图文。网络图文是以文字、图片，或二者组合形式展现的网络内容，代表性的有网络新闻，网络文学，网络漫画，弹幕，新浪、网易等博客博文和微博、微信等社交媒体上发布的相关文字图片内容等。其中，网络新闻即通过网站、应用程序、论坛、博客、微博客、公众账号、即时通信工具、网络直播等形式向社会公众所提供的有关政治、经济、军事、外交等社会公共事务的报道、评论，以及有关社会突发事件的报道、评论；① 代表性的有新浪、网易、搜狐等门户网站所提供的军事、财经、政治、体育、娱

---

① 互联网新闻信息服务管理规定［EB/OL］.［2019-11-20］. http://www. pkulaw.cn/fulltext_form.aspx？Db = chl&Gid = 8d18a3f4334a2686bdfb&keyword = 互联网新闻信息服务管理规定 &EncodingName = &Search_Mode = accurate&Search_ IsTitle = 0.

乐、科技、教育等新闻；和以人民网、新华网、澎湃新闻等专业生产机构通过官网、官方微博、微信公众号等传输的新闻。网络文学则是互联网用户在网络上创作并发表，供用户欣赏或参与的新型文学样式；① 主要通过阅文集团、百度文学、阿里文学三大巨头旗下各网络文学网站和掌阅书城、小说阅读网等网络文学平台进行传播。网络漫画即以互联网站、应用程序、微博客等形式向社会公众所提供的漫画作品。当前，以网易漫画、腾讯动漫、快看漫画等为代表的网站或平台，为用户提供了包括热血、恋爱、恐怖、玄幻、动作、体育、推理、青春等系列的漫画。

二是网络音频。随着互联网、移动互联网技术的深入发展，音频产业规模不断扩大，并将战场从线下转移到线上。互联网技术与音频产业的结合形成网络音频。网络音频是指除完整的音乐歌曲、专辑外，通过网络流媒体播放、下载等方式收听的数字音频内容，包括播客节目、有声书、网络广播电台、音频直播等形式，内容涉及访谈、脱口秀、新闻等多种类型，② 主要通过百度 mp3、搜狗 mp3 等搜索类音乐平台，网易云音乐、QQ 音乐等专业音乐平台、新浪、搜狐等门户网站所推音乐频道和以喜马拉雅、荔枝 FM、蜻蜓 FM 等为代表的综合性音频平台予以传播。

三是网络影音。网络影音主要是以影音形式展现的网络内容，其通过长视频、短视频、在线课程，网络直播、网络游戏等形式展现（图 3-8）。

①长视频。其主要以网络剧、网络电影、网络动漫、网络综艺和网络纪录片等形式展现，通过爱奇艺、腾讯、优酷、芒果 TV、搜狐视频等平台向观众播放。

②短视频。一般来说，短视频是一种依托于移动智能终端，通

---

① 欧阳友权. 网络文学概论[M]. 北京：北京大学出版社，2008：4.

② 王宇，龚捷，刘婷婷. 2017 年网络音频行业发展报告[M]//陈鹏. 中国互联网视听行业发展报告. 北京：社会科学文献出版社，2018：287.

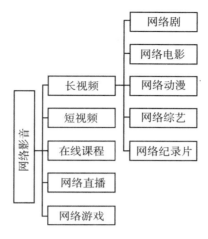

图 3-8 网络影音分类

过快速拍摄和美化编辑，实时分享在社交媒体上的一种视频形式，长度在 5 分钟内；具有时长短、制作简单、社交属性强、快餐传播等特点。① 当前，我国短视频的传播主要以抖音、火山、好看、快手等独立短视频平台为主力，以爱奇艺、搜狐、腾讯等视频平台为辅助，以新浪微博、微信等社交平台为补充。

③在线课程，以沪江网校、网易云课堂、中国大学生 MOOC 等在线教育平台发布的课程资源为代表。

④网络直播，即基于网络，以音视频、图文等形式向公众持续发布实时信息的活动。②

⑤网络游戏，是指由软件程序和信息数据构成，通过互联网、移动通信网等信息网络提供的游戏产品和服务。③ 目前代表性的有

121

---

① 王宇，龚捷，刘婷婷 . 2017 年网络短视频行业发展报告 [M]// 陈鹏 . 中国互联网视听行业发展报告 . 北京：社会科学文献出版社，2018：287.

② 互联网直播服务管理规定 [EB/OL] . [2019-11-20] . https：//www. cac. gov. cn/2016-11/04/c_1119847629.htm.

③ 网络游戏管理暂行办法 [EB/OL] . [2019-11-20] . https：//www.gov. cn/gongbao/content/2010/content_1730704.htm.

4399 小游戏、7k7k 小游戏、17173 小游戏等专业游戏网站中的动作、益智、体育、女生、射击等主题游戏，和以《英雄联盟》《王者荣耀》等为代表的端游。

（2）网络内容发展存在的问题

在问卷调查中，笔者对网民遇到违法不良内容的频率（图 3-9）和困扰网民的网络内容分布展开调查。尽管 50.58% 的网民只是偶尔遇到违法不良网络内容，但仍有 29.92% 的网民经常或总是遇到，这意味着我国网络内容生态仍待优化。目前，我国网络内容发展存在的问题集中表现在：

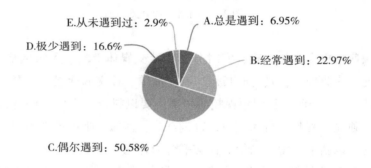

E.从未遇到过：2.9%　　A.总是遇到：6.95%

D.极少遇到：16.6%

B.经常遇到：22.97%

C.偶尔遇到：50.58%

图 3-9　网民遇到违法不良网络内容的频率

其一，虚假内容横行。据笔者调查，在困扰网民的网络内容分布中，虚假内容居榜首，达 80.5%。例如，"财经杂志"推送的《春节纪事：一个病情加重的东北村庄》、"才华有限青年"推送的《一个出身寒门的状元之死》和名为《春节后父母离乡返工，留守姐妹一路狂追倒地哭喊"妈妈别走"》的短视频等造假文章或视频为博眼球，利用网民所关注的"贫富差距""农村问题""留守儿童"等话题，进行内容造假，诱导和欺骗广大网民。某些网络主播甚至将社会不良现象与焦点问题放大，以吐槽名义进行夸张表演，刻意放大社会矛盾，这些失真的言论，误导了社会舆论，影响了我国社会秩序的安定。① 当前，即时通信工具在快速发展过程中已经暴露出来谣言、诈骗等一系列问题，给广大用户带来"不能承受之痛"。"微波炉加热食物易致癌，请扩散""某某学校发生食物中毒，求转发"这类不实信息，经常会成为微信用户的浏览内容。假如任由涉黄、涉暴、虚假、诈骗信息充斥"朋友圈"和"公众账号"，不仅会给用户带来不好的用户体验，而且还会阻碍整个社交网络环境的健康发展。② 例如，在2020年新冠疫情期间，有关疫情的网络谣言四起，加重了网民的恐慌情绪，不利于疫情防控的顺利进行。

其二，淫秽色情内容屡禁不止。以网络文学为例，在起点女生网"豪门世家"板块，《蜜吻999次：乔爷，抱!》《总裁深度宠：Hi!小娇妻》《宠婚再来，总裁请自重》《禁欲总裁，撩一送二》《总裁老公，宠宠宠》《总裁的7日暖恋》等"总裁娇妻"系列层出不穷。通过对总裁系列文章目录的深入分析，发现其中不乏"撩""性""床""饥渴"等挑拨性的词汇，更有甚者将主角性爱过程描写得极为详尽，让人"浮想联翩"。③ 然而，据《2023年度中国网络文学发展报告》显示，中青年群体仍处于网络文学用户群体核心地位，其中，19~25岁用户和18岁及以下用户占比分别达27.96%和13.43%。④ 这意味着，在网络文学用户中，未成年人占据一定比重。而青少年仍处于价值观念形成阶段，网络文学中的世界观和价值观在一定程度上影响着青少年的性格塑造。淫秽色情信息不利于青少年的健康成长。

其三，网络文化中的部分糟粕如腐文化、丧文化、低俗恶俗、

---

① 杜治平，刘倩. 网络直播平台也要守住道德底线[J]. 人民论坛，2017(21)：80-81.

② 李一. 网络社会治理[M]. 北京：中国社会科学出版社，2014：222.

③ 孙嘉咛，梅红. 网络文学色情化的表现及其对青少年的危害[J]. 西南交通大学学报(社会科学版)，2011(6)：68-73.

④ 《2023中国网络文学发展报告》课题组.《2023年度中国网络文学发展报告》解读——内容生态日趋完善，业态模式持续创新[J]. 中国数字出版，2024(04)：36-42.

明星八卦等消解了社会主义核心价值观。① 以网络文学、网络音频、短视频为例，互联网平台"唯点击率至上"的评价体系，催生了大量耽美、暴力、低俗作品。在创世中文网热门榜中，排名前三作品分别为《万古神帝》《都市极品医神》《开局签到荒古圣体》；而红袖添香"点击榜"前三则为《退婚后，夫人的马甲藏不住了》《铁雪云烟》《只为她偏爱》；与此同时，潇湘书院人气榜单前三作品多集中于"娇妻"和"权谋"系列（表3-6）。此外，在网络音频平台中，武侠、仙侠等有声小说的收听率远高于人文、财经、外语、健康等领域。例如，在懒人听书中，有声小说《武极天下》播放量达21.4亿次，《校花的贴身高手》达15.9亿次，而《楚辞》播放量仅达42.1万次。值得注意的是，抖音上曾大量出现恶搞他人、软暴力和侮辱英烈的信息。② 在微短剧领域，剧本情节围绕"龙傲天""玛丽苏"逆袭展开，靠着盲目堆砌的"爽点"吸引观众，加速了文化消费的速食化与碎片化，不利于公众的深度思考。③ 就明星八卦而言，为顺应市场需求，风行工作室、中国第一狗仔卓伟、萝严肃、扒爷说、扒友基地、星扒皮、长春国贸、关爱八卦成长协会等娱乐公众号应运而生。这类公众号多以"明星"为切入点，或是对其恋情或婚姻关系予以炒作，或是宣扬低俗媚俗之风，阻碍了网络内容朝着积极健康的方向发展。

表3-6　潇湘书院人气榜单前三作品

榜单	前 三 作 品
潇湘票榜	《重生后，我成了奸臣黑月光》《十里芳菲》《我曝光前世惊炸全网》

---

① 田丽.网络内容和文化建设[J].青年记者，2018(16)：9-11.

② 谢新洲，朱垚颖.短视频火爆背后的问题分析[J].出版科学，2019(1)：86-91.

③ 罗昕.网络微短剧的兴起与规范化发展[J].人民论坛，2024(5)：102-105.

续表

榜单	前 三 作 品
畅销榜	《斗罗：有个链爱想跟你谈谈》《香归》《斗罗：我靠装乖人见人爱》
完结榜	《权臣在逃白月光》《重生之将门毒后》《误长生——花戎原著》
阅读榜	《将军，夫人喊你种田了》《开局就被赶出豪门》《花醉满堂》
收藏榜	《斗罗：有个链爱想跟你谈谈》《重生之将门毒后》《权臣的在逃白月光》

其四，网络内容同质化。内容为王的时代，网络内容的原创性是网络内容发展的源动力，而我国网络内容原创力不足已成为一个不可忽视的问题。以网络视频领域为例，不少文化企业或互联网企业为在网络内容市场上扩大自身市场占有率，分得一杯羹，盲目跟风，盲目追热，以抄袭为荣，缺乏原创性，导致山寨成风。例如，网络综艺因具有制作周期短、易模仿等特点，容易引发制作公司跟风。① 随着爱奇艺《偶像练习生》的爆红，腾讯和优酷相继推出女团和男团的选拔综艺《创造101》和《以团之名》；而继腾讯视频的恋爱交友类真人秀《心动的信号》引发热议后，芒果TV、爱奇艺先后推出同款真人秀《恋梦空间》《喜欢你，我也是》。就短视频发展而言，抖音、快手等短视频平台扎堆出现，看似分类定位的背后只不过是跟风成潮，各短视频平台的分类具有雷同性。② 以火山、好看、梨视频为例，其都囊括了搞笑、娱乐、游戏、美食、科技等分类，同质化趋势显著。同样，在网络文学领域，以起点中文网、纵横中文网、红袖添香、创世中文网、磨铁中文、晋江文学、云起书院等为

125

① 网络视听行业：机遇与风险并存，挑战与发展同在[M]//陈鹏. 中国互联网视听行业发展报告. 北京：社会科学文献出版社，2018：17.
② 吕鹏，王明漩. 短视频平台的互联网治理：问题及对策[J]. 新闻记者，2018(3)：74-78.

代表的网络文学网站的主题无一例外都集中于玄幻、奇幻、武侠、仙侠、都市、言情、游戏、体育、科幻、灵异、二次元、青春、军事等领域。值得注意的是，不少穿越小说，描写草根穿越到古代，不是当"王爷"娶得三妻四妾，就是入住后宫成为"正主"，或是获得巨额财富。① 而在直播领域，各家直播模式大同小异，或是讲故事，或是直播唱歌，或是直播化妆或美食等，缺乏创新。② 网络内容同质化的问题彰显了网络精品内容的短缺困境。大量同质化的内容很容易令观众产生审美疲劳，导致相关网络内容的由盛转衰。

其五，网络意识形态风险加剧。新时代以来，中国经济高速发展，国际地位不断提升，不可避免引起西方国家警觉。互联网技术的深入发展为西方国家的意识形态渗透提供了可乘之机。西方敌对势力借助微博、抖音等社交平台大肆传播西方文化与价值观，并借助社会事件散布谣言对我国政治制度等予以抨击与污蔑。网络内容的目的性生成与裂变式扩散极易引发群极化风险，严重威胁我国政治安全。值得注意的是，网民的发布、转发、分享、评论、点赞数据都被网络平台记录在案，成为其核心数据。这在一定程度上推动了平台的精准推送，但也催生了"信息茧房"。算法推荐技术容易诱导用户沉浸于"舒适区"而重复性选取固化意识形态内容，消解舆论引导效能。③ 特别是随着 ChatGPT、文心一言等生成式人工智能的出现，网络内容生态受到极大影响。而生成式人工智能的深入与完善需要丰富的技术储备与庞大资金支持，这也导致核心技术和核心数据都掌握在世界大型互联网企业手中，极易受到资本的裹挟与操控。当前，随着社交机器人的出现，西方国家主导的对华计算宣传成为当前舆论战与信息战的新战略，主要通过深

① 周百义. 我国网络文学发展现状探析[J]. 中国编辑，2018(10)：4-8，27.

② 侯韵佳，邓香辉. 网络直播火爆原因、存在问题分析及对策建议[J]. 电视研究，2017(3)：30-32.

③ 杨志超. 全媒体时代推进网络意识形态安全治理论析[J]. 思想战线，2024(3)：112-119.

度伪造、靶向攻心、人机集群运作等手段有组织地针对我国散布虚假信息。①

3.3.2 网络行为

(1)网络行为的构成

在网络内容生态中，以网络内容生产企业和网络内容平台企业为代表的网络内容企业和网民直接参与着网络内容的生产、传播和消费活动(表 3-7)。网络内容企业和网民的行为规范直接影响着网络内容的健康发展，故网络行为同样被纳入网络内容治理客体的研究范畴。

表 3-7　网络行为总结

主要参与者	涉及环节	行　为	行　为　对　象
企业(网络内容生产者、网络内容服务平台)	生产	生产、发布	网络图文、网络音频、网络影音
	传播	传播	网络图文、网络音频、网络影音
		监管	
网民	生产	发布	说说、微博、朋友圈、文章、短视频等
		上传	文章、图片、短视频、长视频、电子书等
	传播	转发/分享	说说、微博、朋友圈、文章、短视频等
		举报	违法、不良内容

---

① 徐明华，晏栗群，魏子瑶. 隐蔽式并发与选择性煽动：西方对华计算宣传的生成逻辑与运作机制[J]. 当代传播，2024(3)：55-60.

主要参与者	涉及环节	行为	行 为 对 象
网民		访问/浏览	以文字、图片、音频、视频为表现形式的网络内容
		评论	说说、微博、朋友圈、公众号文章、短视频、长视频等
		下载	文章、图片、短视频、长视频、电子书等
		关注	博主、公众号、网络主播等
	消费	点赞	说说、微博、朋友圈、文章、短视频等

一方面，网络内容企业作为网络内容活动的市场主体，直接参与网络内容的生产和传播过程。在生产环节，网络内容企业的网络行为主要以生产和发布的形式展现。例如，以爱奇艺、优酷、腾讯、哔哩哔哩等为代表的互联网企业和相关传媒企业制作并在网络内容平台上发布网剧、网络综艺节目、网络电影、短视频、微短剧、有声书、公众号文章等。在传播环节，网络内容企业主要通过传播和监管行为来展开网络内容活动。如爱奇艺、腾讯、优酷等为网络视频的传播提供平台；喜马拉雅、懒人听书、荔枝 FM 等为有声书的传播提供平台；今日头条和各大新闻媒体 App 为网络新闻的传播提供平台；阅文集团、晋江文学城等为网络文学的传播提供平台。同时，相关网络视频、网络音频、新闻平台和网络文学平台等在网络内容传播的过程中，对网络内容予以监管，依法对违法、不良内容予以删除。

另一方面，网民遍布全国各地，具有庞大的基数，贯穿网络内容生产、传播和消费始终。在生产环节，网民的网络行为主要由发布和上传等构成。例如，网民会根据自身感悟在个人空间、微博、个人微信公众号等平台发布或上传个人日志、微博、文章等。在传播环节,网民会根据自身喜好,对感兴趣的文章、图片、音频、视频进行转发与分享,而这一行为主要通过社交网络平台予以实现。与此同时,在传播过程中,当网民发现不良信息或违法内容,可以对其进行举报,以肃清网络空间生态环境。在消费环节,网民通过访问、浏览和下载行为对网络空间中的网络视频、有声书、短视频、网络文学、网络新闻等进行浏览和阅读,若表示认同,则会对相应网络内容予以点赞,并关注网络内容发布主体。针对网络视频、有声书、短视频、网络文学、网络新闻的内容和质量,网民会根据自身理解与感受发布评论。

网络内容的生产、传播和消费是通过网络内容企业和网民的生产、发布、上传、转发、分享、举报、访问、浏览、评论、下载、关注、点赞等一系列网络行为实现的。这一系列网络行为赋予了网络内容活力,并推动网络内容实现价值增值。

(2)网络失范行为表现

对网络内容企业和网民的生产、发布、上传、转发、分享、举报、访问、浏览、评论、下载、关注、点赞等行为予以分析,发现网络内容企业和网民会因不恰当使用信息传播权利而形成一系列失范行为(表3-8),导致其偏离国家网络内容治理目标、社会规范和伦理道德。例如,在生产环节,网络内容企业和网民生产或发布淫秽色情、暴力、拜金等庸俗、低俗的不良内容和虚假内容;会剽窃、抄袭、上传未经许可的作品以博眼球和提升点击率。在传播环节,网络内容企业和网民会传播淫秽、色情、暴力、拜金等不良网络内容,泄露隐私、国家机密,刷点击率、刷好评,甚至是虚假举报。在消费环节,网民则会访问或浏览违法、不良网络内容;在评论中恶意攻击、谩骂或诽谤;未经著作权人许可下载相关网络音乐、网络电影、网剧等版权资源,下载淫秽色情、暴力等不良网络内容。

综合来看,我国网络失范行为主要集中于网络失德行为、网络著作权侵权行为、网络隐私权侵权行为和网络失信行为。

表 3-8 网络失范行为总结

主要参与者	涉及环节	行为	行为内容	可能出现的失范行为
企业（网络内容生产者、网络内容服务平台）	生产	生产/发布	网络图文、网络音频、网络影音	生产淫秽色情、暴力、拜金等庸俗、低俗内容；为博眼球导致标题失范；发布虚假内容；洗稿；剽窃、抄袭；炒作
	传播	传播	网络图文、网络音频、网络影音	传播淫秽、色情、暴力、拜金等不良网络内容；未经授权传播网络内容；泄露隐私、国家机密；刷点击率、刷阅读量
		监管		
网民	生产	发布	说说、微博、朋友圈、文章、短视频等	生产淫秽、色情、暴力、拜金等庸俗、低俗内容；为博眼球导致标题失范；发布虚假内容；洗稿；剽窃、抄袭
		上传	文章、图片、短视频、长视频、电子书等	上传违法、不良网络内容；未经许可上传相关作品导致著作权侵权；散播谣言
	传播	转发/分享	说说、微博、朋友圈、文章、短视频等	转发或分享虚假、淫秽色情、不良、违法网络内容；未经许可转发或分享侵犯著作权的内容
		举报	违法、不良内容	虚假举报
	消费	访问/浏览	以文字、图片、音频、视频为表现形式的网络内容	访问或浏览淫秽色情、暴力、拜金等庸俗、低俗内容；访问并浏览侵犯著作权网络内容

主要参与者	涉及环节	行为	行为内容	可能出现的失范行为
网民	消费	评论	说说、微博、朋友圈、公众号文章、短视频、长视频等	言语攻击，恶意诋毁、谩骂，诽谤
		下载	文章、图片、短视频、长视频、电子书等	下载违法、不良网络内容
		关注	博主、公众号、网络主播等	无
		点赞	说说、微博、朋友圈、文章、短视频等	无

首先，网络失德行为凸显。网络失德行为即网络内容生产者、传播者和消费者的道德失范行为，集中体现在不当炒作、利用"标题"博眼球、散布谣言、言语攻击等行为。当前，随着网络内容产业的深入发展，如何吸引用户注意、提升点击率成为网络内容企业关注重点。如今，以网络直播平台、短视频平台等为代表的网络内容平台企业通过炒作网络主播私生活、炒作低龄孕妈等手段以吸引用户、获得流量红利；同时，部分网络内容企业为吸引用户关注，不顾社会道德规范，故意发布"断章取义"内容，并通过夸张、歪曲的方式制作文章、视频标题以博取眼球，在一定程度上导致主流价值观传播的失向，加剧了网络内容主体的价值迷失和道德困境，不利于社会主义核心价值观的建设。① 此外，网络的匿名性为网民

131

---

① 田旭明. 自媒体时代网络舆论失范的挑战与政府应对[J]. 湘湘论坛，2015(5)：83-87.

提供畅所欲言机会的同时，也为其提供了发泄空间。部分网民毫无顾虑地在百度贴吧、QQ 空间、朋友圈、微博或是短视频平台、网络直播平台等发泄自身不满情绪、散布谣言，甚至对他人进行言语攻击或谩骂，① 催生了网络语言不文明现象，污染了网络内容生态。

其次，网络著作权侵权行为层出不穷。随着"互联网+"向纵深拓展，新兴技术便利了文件的复制与传播，不少网民通过网络云盘非法上传未经授权的视频、音频、图书等作品，其中不乏热播网剧、热映电影以及畅销书，极大地损害了版权所有者的利益，打击了其积极性。版权意识的淡薄形成了一个恶性循环，导致"劣币驱逐良币"，诱发了网络行为失范。当前，以腾讯、爱奇艺等为代表的视频网站纷纷推出会员抢先看机制，VIP 会员享有比普通会员多看 6 集的特权。这本是视频网站探索盈利模式的有效探索，却因微博、微信公众号、百度网盘所泄露的视频种子所打破。这些盗版视频种子让网民无需缴费即可享有会员特权，侵犯了视频网站的权益。除此之外，部分网络内容企业受经济利益驱使，侵犯著作权行为时有发生。就网络内容生产者而言，自媒体平台中的"洗稿"行为频频出现。为快速套现流量红利，不少自媒体人未经许可借用他人原创内容，甚至提取文章核心观点，通过改变语序与次序、修改来源、变换标题和近义词替换等方式对"爆款文章"进行"洗稿"，② 仅花费 10~20 分钟即可"速成"一篇原作者耗时 10 多天而写成的好文章。就网络内容平台而言，未经许可肆意传播文字、图片、音频和视频的行为屡禁不止。

再次，网络隐私权侵犯行为屡禁不止。互联网的发展在拓宽网民视野、增进交流的同时，也加速了隐私权的暴露。社交网站、搜索引擎等在便利用户信息获取的同时，也增加了其隐私暴露的可能

132

---

① 宋小红. 网络道德失范及其治理路径探析[J]. 中国特色社会主义研究，2019(1)：71-76.

② 张文德，叶娜芬. 网络信息资源著作权侵权风险分析——以微信公众号平台自媒体"洗稿"事件为例[J]. 数字图书馆论坛，2017(2)：48-51.

性。随着互联网技术和大数据技术向纵深发展，个人信息流通渠道逐步扩大，掌握个人信息并对其消费偏好进行提取成为互联网平台分析受众需求、抢占市场制高点的有效途径。受经济利益的驱使，不少互联网平台未经用户许可私自获取用户个人信息，导致个人信息安全问题凸显。自 2019 年《关于开展 App 违法违规收集使用个人信息专项治理的公告》发布，截至 2024 年 7 月，工业和信息化部有关侵害用户权益行为的 App(SDK)的通报已达 41 批。除此之外，普通网民个人隐私保护意识淡薄，人们往往在不经意间侵犯他人隐私。由于互联网具有言论的实时性和匿名性，网民可以毫无顾虑对社会热点问题展开讨论，而互联网的开放性则赋予了网络内容传播的"放大效应"。稍有不慎，网民的言论会导致网络隐私权的侵犯。以"人肉搜索"为例，由于网络信息技术的发展，一些网络公共平台，比如贴吧、论坛、微博等使得人们的信息传输更加便捷。尽管"人肉搜索"在快速寻找当事人中发挥着重要作用。但是，当网民失去理智，在网络上随意发布被搜索人的个人隐私时，"言论自由"与"网络侵权"的平衡就会被打破。①

　　最后，网络失信行为时有发生。诚实守信是网络内容企业参与市场竞争所需遵循的基本原则。信用体系建设一直是我国网络内容建设乃至文化市场发展中的"短板"。当前，网络内容企业和网民存在的失信行为主要体现在数据造假中。一方面，在以微博、微信为代表的社交平台中，微博"大 V"和微信公众号为增强自身影响力，不惜向专业刷单公司购买粉丝或文章阅读量，以获得庞大的粉丝基础和广泛的阅读量。另一方面，部分网络内容生产企业为提高其作品的视频访问量，通过专业"刷量"公司在以爱奇艺、优酷、腾讯等为代表的视频网站刷视频点击量，影响恶劣。数据造假行为掩盖了数据的真实性，打破了网络内容企业参与市场竞争的公平性。此种不正当的失信行为虽说在短期内能提升微博"大 V"、自

133

---

① 董洁. 网络伦理失范与价值建构——基于网络主体行为失范的思考[D]. 西安：陕西师范大学，2014：26.

媒体或企业的知名度和影响力，为其带来更多的广告和收益，但从长远来看，虚假的数据侵犯了广大用户的知情权，不利于其作出正确的判断。同时，虚假数据让"数据"失去其价值，不利于企业利用大数据评估掌握行业发展趋势，干扰了正常交易，阻碍了网络内容产业的健康发展。

3.4 "政策法规—行业规范—平台规范"并进的规则保障体系

我国网络内容治理规则体系主要由网络内容政策法规、网络内容行业规范和网络内容平台规范构成。

3.4.1 网络内容政策法规初成体系

自 1994 年《中华人民共和国计算机信息系统安全保护条例》颁布以来，我国网络内容政策法规呈波浪式前进趋势。2014 年，国务院在顶层设计层面授权互联网信息办公室负责互联网信息内容监管工作，并在中央成立网络安全和信息化领导小组。之后，我国网络内容立法进程加快，2016 年和 2017 年达到立法最高峰，政策法规颁布数量分别达到 25 个和 27 个（图 3-10）。同时，在 2014—2024 年所颁布的政策法规数量占政策法规总量的 59.6%。综合分析各年份政策法规主题，不难发现，网络内容政策法规主题与我国互联网发展步伐基本一致。例如，自我国 1994 年接入互联网到 2001 年，人们主要通过新浪、搜狐、网易等大众门户网站获取信息。因此，1994—2001 年的政策法规多着力于对互联网电子公告服务、利用互联网登载新闻业务和互联网医疗卫生、药品信息服务的规范。从 2002 年引入"博客"概念到 2005 年新浪、搜狐等门户网站推出博客，网络传播模式由"大众门户"向"个人门户"变革，网民规模不断扩大，与此同时，网络游戏发展迅速。由此，在 2002—2008 年间，有关网络游戏、互联网视听节目的政策法规不断完善，打击虚假信息、淫秽色情信息、有害信息的政策增多。2009 年，新浪、搜狐、网易等门户网站纷纷加入"微博"阵营，第二年，微信诞生。之后，社交媒体成为网民分享和获取信息的主要载体。因此，2009—2019 年间的政策法规在延续对互联网信息服务，医疗卫生、药品信息服务，互联网新闻信息服务，网络游戏，互联网视听节目的规范外，还将监管领域拓展到了微博客、互联网直播、互联网群组信息、音视频服务等新业态，同时增加了个人信息保护相关规定，政策法规内容不断丰富。2019 年 12 月，国家互联网信息办公室颁布《网络信息内容生态治理规定》在顶层设计层面为网络信息内容治理擘画蓝图。之后，网络内容治理政策不断完善，涵盖数据安全、互联网信息服务算法、互联网信息服务深度合成、互联网宗教信息、网络微短剧、未成年人网络保护、网络暴力信息等领域。

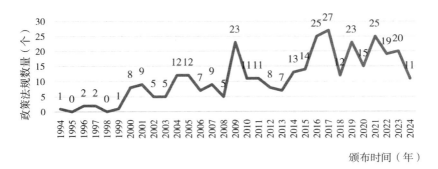

图 3-10　我国网络内容治理政策法规颁布时间[1]

在本书中，网络内容治理客体主要由内容和行为构成。其中，内容即为网络内容，而行为则主要由网络内容主体的生产、传播和消费行为构成。由此，本部分主要从网络内容主体和网络内容两个角度切入，对我国网络内容政策法规展开内容分析。

（1）有关网络内容主体的规定

目前，有关网络内容主体的规定主要集中于事前、事中和事后

135

---

① 统计时间为 1994 年 2 月 18 日至 2024 年 6 月 30 日。

三个环节。

在事前环节,"许可""备案"和"实名"是三大关键词。纵观342 项政策法规,涉及"许可""备案"和"实名"的文本数量分别达192 个、168 个和 53 个。由此可见,许可制度、备案制度和实名制度是网络内容主体准入的重要制度。其一,对经营性互联网信息服务实行许可制度。例如,网络剧、微电影的制作和播出应分别取得《广播电视节目制作经营许可证》和《信息网络传播视听节目许可证》;① 从事网络出版服务应取得《网络出版服务许可证》;② 通过互联网站、应用程序、论坛、博客、微博客、公众账号、即时通信工具、网络直播等形式向社会公众提供互联网新闻信息服务,应当取得《互联网新闻信息服务许可证》;③ 从事互联网宗教信息服务应取得《互联网宗教信息服务许可证》。④ 其二,对非经营性互联网信息服务实行备案制度。⑤ 如危险物品从事单位在本单位网站发布危险物品信息、互联网电子邮件服务提供者提供电子邮件服务,须取得互联网信息服务增值电信业务经营许可或办理非经营性互联网信息服务备案手续。⑥⑦ 值得注意的是,在中华人民共和国境内从事

---

① 关于进一步完善网络剧、微电影等网络视听节目管理的补充通知[EB/OL].[2019-11-30]. http://www. sarft. gov. cn/art/2014/3/21/art _113_4860. html.

② 网络出版服务管理规定[EB/OL].[2019-11-30]. http://www. miit. gov. cn/n1146290/n4388791/c4638978/content. html.

③ 互联网新闻信息服务许可管理实施细则[EB/OL].[2019-11-30]. http://www. cac. gov. cn/2017-05/22/c_1121015789.htm.

④ 互联网宗教信息服务管理办法[EB/OL].[2019-11-30]. https://www. gov. cn/gongbao/content/2022/content_5678093.htm.

⑤ 互联网信息服务管理办法[EB/OL].[2019-12-01]. https://flk. npc. gov. cn/detail2. html? ZmY4MDgwODE2ZjNjYmIzYzAxNmY0MTE4ZTQ3NjE2ZjE.

⑥ 互联网危险物品信息发布管理规定[EB/OL].[2019-12-01]. http://www. cac. gov. cn/2015-02/16/c1114390709.htm.

⑦ 互联网电子邮件服务管理办法[EB/OL].[2019-12-01]. http://www. miit. gov. cn/n1146295/n1146557/n1146624/c3554669/content. html.

互联网信息服务的 App 主办者也应按照相关规定履行备案手续，未履行备案手续的，不得从事 App 互联网信息服务；① 具有舆论属性或者社会动员能力的算法推荐服务提供者也需通过互联网信息服务算法备案系统履行备案手续。② 其三，对互联网用户实行实名制。如《网络安全法》第 24 条明确规定网络运营者不得为不提供真实身份信息的用户提供服务。此外，包括《网络游戏管理暂行办法》《微博客信息服务管理规定》《即时通信工具公众信息服务发展管理暂行规定》等在内的 53 项政策法规规定包括网络游戏经营者、微博客信息服务提供者、即时通信工具服务提供者、互联网论坛社区服务提供者等在内的互联网信息服务提供者须要求用户提供真实身份进行实名注册。

在事中环节，相关条款集中于对互联网信息内容提供商、互联网信息平台和互联网用户职责的明确。其一，《互联网等信息网络传播视听节目管理办法》《互联网文化管理暂行规定》《网络出版服务管理规定》《互联网新闻信息服务许可管理实施细则》等明确要求相关互联网信息内容提供商建立相应的编辑责任制，保障发布内容的合法性。其二，以《网络信息内容生态治理规定》《关于进一步压实网站平台信息内容管理主体责任的意见》《互联网群组信息服务管理规定》《互联网信息搜索服务管理规定》《互联网直播服务管理规定》等为代表的相关政策法规对包括互联网群组信息服务提供者、互联网信息搜索服务提供者、互联网直播服务提供者、即时通信工具服务提供者、互联网论坛社区服务提供者、微博客服务提供者、跟帖评论服务提供者等在内的互联网信息平台责任予以明确。其职责主要集中于以下七点：①落实主体责任职责，应以弘扬社会主义核心价值观，培育健康、向上文化为己任，健全管理制度机制，明确平台行为边界；②完善平台规范，通过制定行为细则、内

137

① 关于开展移动互联网应用程序备案工作的通知[EB/OL].［2024-06-20］. https://www.gov.cn/zhengce/zhengceku/202308/content_6897341.htm.

② 互联网信息服务算法推荐管理规定[EB/OL].［2024-06-20］. https://www.cac.gov.cn/2022-01/04/c_1642894606364259.htm.

容审核规范等方式为用户行为监督、网络内容监管提供指南，同时完善内容生产扶持政策，鼓励并引导用户生产高质量信息内容；③坚持主流价值导向，优化算法推荐服务，积极传播健康、向善的网络内容，传播正能量；④对网络信息内容进行实时巡查，发现有发布和传播非法、不良信息的，应立即予以删除，并向国家相关部门报告；⑤对互联网用户发布内容和日志信息予以记录保存；⑥建立用户信息保护制度，在收集和使用用户个人信息时应保证合法，并采取相应措施保证个人信息安全；⑦畅通投诉举报渠道，健全完善受理处置反馈机制，明晰处理流程与时限，及时处理公众投诉与举报。其三，互联网用户的职责主要在于禁止发布和传播违法和不良信息，并依法对网络内容生产、传播和消费中的违法行为予以举报。

在事后环节，相关条款主要集中于对网络内容主体违法行为的惩罚。笔者对 342 份政策文本进行编码发现，在网络内容治理中，执法部门主要通过约谈、警告、通报批评、限期改正、暂停更新、删除信息、警示整改、责令改正、罚款、限制功能、限制服务、暂停业务、网上行为限制、行业禁入、停止服务、停业整顿、停止联网、关闭网站、下架应用程序、暂停商业收益、限制提供服务、没收违法所得、没收违法活动设备、吊销许可证、吊销营业执照、取消备案、注销备案、不予换发许可证、给予治安管理处罚、承担民事责任、追究刑事责任等手段对网络内容生产者或网络内容平台服务者予以惩处。同时，通过警示整改、警示提醒、警示沟通、降低信用等级、纳入黑名单、入驻清退、暂停发布、暂停私信功能、暂停信息更新、限制发布、拒绝发布、删除信息、限制功能、停止广告发布、关闭注销账号、禁止重新注册、限期改正等手段对用户予以惩罚。

（2）有关网络内容的规定

在 342 个政策法规文本中，共有 257 个含有"内容"二字。通过深入分析可知，有关网络内容的规定主要集中于对违法内容的列举和对网络内容建设方向的引领。自 1997 年《计算机信息网络国际联网安全保护管理办法》首次以"九不准"形式明确网络内容监管对象以来，经过 20 余年的发展，有关违法内容的界定从未间断。包括《网络信息内容生态治理规定》《网络出版服务管理规定》《专网及定向传播视听节目服务管理规定》《互联网信息服务管理办法》等在内的政策法规以"八不准""九不准""十不准"等形式对违法内容予以明确。通过词频统计（图 3-11），不难发现，政府对危害国家统

图 3-11 有关违法内容的关键词

一、泄露国家秘密、破坏民族团结、损害社会稳定、宣扬邪教、淫秽、色情、赌博、暴力、谣言等予以坚决打击。由此可知，当前网络内容监管的重点在于以下四类：其一，涉及国家安全、社会稳定的网络内容；其二，有关民族、宗教的网络内容；其三，淫秽、色情、暴力、血腥、赌博等影响未成年人健康成长的网络内容；其四，网络谣言等虚假内容。此外，包括《文化部关于推动数字文化产业创新发展的指导意见》《文化部关于网络音乐发展和管理的若干意见》《关于进一步加强网络剧、微电影等网络视听节目管理的

通知》《关于推动网络文学健康发展的指导意见》《国家广播电视总局办公厅关于进一步加强网络微短剧管理 实施创作提升计划有关工作的通知》等在内的 36 个文件对网络内容的建设方向予以明确。其中，"文化""数字""创新""积极""健康""社会主义""社会效益""优秀"等词出现频次较高(图 3-12)。可见，网络内容建设应朝着积极、健康、向上、向善、重品质，符合民族精神和时代精神的方向发展。

图 3-12 有关网络内容建设方向的关键词

3.4.2 网络行业协会规范初见成效

行业规范作为行业内的"法律"，在规范会员行为，调整会员关系方面起着不可忽视的作用，与网络内容政策法规、网络内容平台规范互为补充，共同构成网络内容治理的规则保障体系。目前，在我国网络内容治理体系中发挥重要作用的网络行业协会主要由中国互联网协会、中国网络视听节目服务协会、中国互联网上网服务行业协会、中国网络空间安全协会、中国网络社会组织联合会、中国信息协会等构成。笔者对上述 15 个行业协会官网展开调研，共发现 68 条与网络内容相关的行业规范(表 3-9)，网络行业协会规范初见成效。

表 3-9 主要网络行业协会行业规范

序号	颁布时间	行业规范名称	颁布协会
1	2002 年	中国互联网行业自律公约	中国互联网协会
2	2003 年	中国互联网协会反垃圾邮件规范	
3	2003 年	互联网新闻信息服务自律公约	
4	2004 年	互联网公共电子邮件服务规范(试行)	
5	2004 年	搜索引擎服务商抵制违法和不良信息自律规范	
6	2004 年	互联网站禁止传播淫秽、色情等不良信息自律规范	
7	2005 年	中国互联网网络版权自律公约	
8	2006 年	文明上网自律公约	
9	2007 年	博客服务自律公约	
10	2007 年	文明博客倡议书	
11	2011 年	微博客服务自律公约	
12	2011 年	互联网终端软件服务行业自律公约	
13	2011 年	关于抵制非法网络公关行为的自律公约	
14	2012 年	中国互联网协会抵制网络谣言倡议书	
15	2012 年	互联网搜索引擎服务自律公约	
16	2013 年	网络营销与互联网用户数据保护自律宣言	
17	2013 年	互联网终端安全服务自律公约	
18	2014 年	"打造诚信网络 建设信用中国"倡议书	
19	2014 年	抵制移动智能终端应用传播淫秽色情信息自律公约	
20	2014 年	保护移动游戏版权自律倡议书	
21	2015 年	互联网企业社会责任宣言	
22	2016 年	网络诚信自律承诺书	
23	2018 年	个人信息保护倡议书	
24	2019 年	用户个人信息收集使用自律公约	
25	2020 年	平台企业关爱劳动者倡议书	
26	2020 年	中国互联网协会倡议书	

序号	颁布时间	行业规范名称	颁布协会
27	2021 年	互联网平台经营者反垄断自律公约	中国互联网协会
28	2022 年	移动互联网环境下促进个人数据有序流动、合规共享自律公约	
29	2022 年	个人网盘服务业务用户体验保障自律公约	
30	2023 年	App 创新要素知识产权保护自律倡议书	
31	2023 年	加强未成年人保护游戏行业自律倡议	
32	2023 年	加强互联网平台规则透明度自律公约	
33	2023 年	打击利用恶意投诉非法牟利自律公约	
34	2024 年	加强互联网企业廉洁文化建设倡议	
35	2024 年	关于规范涉特种作业信息网络传播行为的倡议	
36	2024 年	政务移动互联网应用程序行业生态服务商自律公约	
37	2024 年	互联网信息服务算法推荐合规自律公约	
38	2012 年	关于抵制色情暴力等有害视听节目的倡议书	中国网络视听节目服务协会
39	2012 年	中国网络视听节目服务自律公约	
40	2013 年	关于开展"讲文明树新风"网络视听公益广告传播的倡议书	
41	2019 年	网络短视频内容审核标准细则	
42	2019 年	网络短视频平台管理规范	
43	2020 年	网络综艺节目内容审核标准细则	
44	2022 年	直播行业自律倡议①	
45	2023 年	关于规范智能电视收费行为的倡议书	
46	2024 年	网络视听协会发布行业倡议：坚决向"唯流量论"说"不"	
47	2024 年	微短剧版权保护倡议书	

---

① 该倡议由中国网络视听节目服务协会、中国网络社会组织联合会、中国演出行业协会与抖音直播联合发起。

序号	颁布时间	行业规范名称	颁布协会
48	2016 年	网络空间安全行业自律公约	中国网络空间安全协会
49	2017 年	维护网络信息安全倡议书	
50	2017 年	网络空间安全行业职业道德准则	
51	2022 年	中国网络空间安全协会个人信息保护自律公约	
52	2024 年	生成式人工智能行业自律倡议	
53	2022 年	互联网行业从业人员职业道德准则	中国网络社会组织联合会
54	2022 年	基于人工智能技术的未成年人互联网应用建设指南	
55	2023 年	互联网用户账号命名要求	
56	2021 年	网络表演(直播)行业保护未成年人行动倡议	中国演出行业协会
57	2021 年	构建清朗网络文化生态自律公约	
58	2021 年	关于加强演艺人员经纪机构自律管理的公告	
59	2021 年	演艺人员面向粉丝进行商业集资行为的公告	
60	2021 年	演出行业演艺人员从业自律管理办法	
61	2021 年	中国演出行业剧场自律与服务公约	
62	2023 年	网络表演经纪机构运营服务要求	
63	2023 年	网络表演 直播与短视频 术语	
64	2024 年	网络表演(短视频)平台运营服务要求	
65	2024 年	沉浸式演艺运营服务要求	
66	2024 年	网络表演(直播)平台运营服务要求	
67	2022 年	网络信息内容生态治理指南	中国互联网上网服务行业协会
68	2022 年	网络游戏风险控制管理指南	

在 68 条行业规范中,中国互联网协会发布 37 条,中国网络视听节目服务协会发布 10 条,中国网络空间安全协会发布 5 条,中

国网络社会组织联合会 3 条，中国演出行业协会 11 条，中国互联网上网服务行业协会 2 条。对以上 68 条行业规范展开文本分析，发现其多以"公约""倡议""规范""服务要求""指南""细则"等形式呈现，分别占 24 项、20 项、6 项、4 项、3 项、2 项。

其中，公约、倡议以引导为主，内容较为简单，主要从行业规范制定目标和自律条款两方面展开。在目标层面，笔者对 24 条公约和 20 条倡议展开内容分析，发现行业规范的制定主要旨在遏制淫秽、色情、虚假等违法和不良信息，规范网络从业者行为，维护公平、合理的市场竞争环境，营造健康、文明、清朗的网络环境，推动网络内容的持续健康发展，涉及垃圾邮件、网络公关、个人信息收集、网络谣言、网络版权、网络诚信、网络安全、网络视听节目、搜索引擎服务、新闻信息服务、违法不良信息、网络信息安全、算法推荐、微博客、微短剧、生成式人工智能、用户数据、互联网企业社会责任等多个领域。在自律条款方面，主要要求网络内容平台做到以下几点：①遵守国家相关政策法规；②坚持正确价值导向，诚信自律，大力弘扬和践行社会主义核心价值观；③反对和抵制损害他人利益的不正当竞争，坚持公平竞争，维护公平交易；④强化自身社会责任意识，履行社会责任；⑤保护用户知情权、隐私权和选择权，加强个人信息保护，尊重知识产权，推进个人数据有序流动；⑥设立举报机制，为网民设立便捷举报通道，及时处理与反馈结果；⑦完善内部管理制度，明确企业内部职责与工作流程；⑧加强技术创新，为用户提供多样化产品与服务，不断优化用户体验，加大算法透明，合理使用算法推荐；⑨关爱平台劳动者，积极组织专业技能培训，健全激励机制，为其提供良好就业环境；⑩加强会员间合作，建立共享互助机制。在此基础上，《博客服务自律公约》《互联网搜索引擎服务自律公约》《互联网终端软件服务行业自律公约》《中国互联网网络版权自律公约》《中国互联网行业自律公约》《中国网络视听节目服务自律公约》《微博客服务自律公约》《加强互联网平台规则透明度自律公约》等 12 个公约进一步规定了"公约执行"，明确了三点：①若会员之间出现争议，则可请公约执行机构予以协调；②会员成员有权向执行机构检举成员违反公约的行为；③若成员违反公约，视不同情况给予内部通报、公开谴责、取消成员资格或向社会公布。

"规范""服务要求""细则""指南"相对于自律公约、倡议书，内容更具针对性和具体性，具有较强的可操作性。随着互联网技术的深入发展和网络内容治理的推进，行业协会规范经历了从抽象化到具体化的阶段。自 2019 年以来，中国网络视听节目服务协会先后颁布《网络短视频内容审核标准细则》《网络短视频平台管理规范》和《网络综艺节目内容审核标准细则》，在行业规范层面对《互联网视听节目服务管理规定》《网络信息内容生态治理规定》和《网络视听节目内容审核通则》有关网络内容规范和平台职责的条款予以补充，对网络短视频、网络综艺节目的内容审核细则予以细化；同时，对网络短视频平台的上传账户管理规范、内容管理规范和技术管理规范予以明确，为短视频平台、网络视频平台内容制作与管理提供了具体的行动指南。中国演出行业协会自 2023 年以来，对网络表演经营机构、网络表演（短视频）平台、网络表演（直播）平台、沉浸式演艺运营的服务要求予以规范，通过团体标准的方式为网络平台提供具体行动指南。中国互联网上网服务行业协会则为网络信息内容生态治理和网络游戏风险控制提供治理指南。

3.4.3 网络内容平台规范初具规模

随着网络内容平台规范制定步伐的加快，网络内容平台规范初具规模。据《中国互联网络发展状况统计报告》显示，近几年，即时通信类 App、网络视频、短视频、网络音乐、网络文学和网络音频类应用成为移动网民最常使用的 App。本部分采用内容分析法，选取网络直播、短视频、网络视频、有声书、网络动漫、网络游戏、网络文学等作为研究对象，采取目的抽样法，对上述领域排名靠前平台予以调研，对其公开发布的用户协议、隐私政策、知识产权声明和与网络内容相关的平台规范予以搜集与梳理，共搜集 26个平台的 180 条规范（表 3-10），旨在对相关网络内容平台规范的具体内容予以分析，了解我国网络内容平台规范在网络内容治理中发挥的具体作用。

表 3-10　相关网络内容平台规范

分类	平台名称	相关协议与规范
网络直播	斗鱼	《斗鱼用户注册协议》《斗鱼用户阳光行为规范》《斗鱼平台内容管理规范》《斗鱼弹幕礼仪规范》《斗鱼直播协议》《斗鱼隐私权政策》《斗鱼平台用户违规管理办法》《斗鱼未成年人个人信息保护规则及监护人须知》
	虎牙	《虎牙主播违规管理办法》《虎牙公会服务协议》《虎牙公会违规管理办法》《虎牙版权保护投诉指引》《虎牙用户服务协议》《虎牙隐私政策》《虎牙直播隐私政策》《虎牙儿童个人信息保护指引》《虎牙平台用户广告行为规范》《虎牙视频及社区管理规范》《虎牙互动规范》
	YY	《用户注册协议》《YY 主播违规管理办法补充条例》《低俗内容管理条例》《YY 官方人员（黑马甲）管理规定》《YY 小视频违规管理办法》《YY 游戏频道违规管理规则》《YY 社区用户违规管理规则》《YY 社区违规管理总则》《YY 社区频道违规管理规则》《隐私权保护政策》《YY 工会违规管理办法》《YY 主播违规管理办法》《YY 直播主播健康分阶梯管理办法》《YY 主播直播违规申诉办法》《频道视频直播管理条例》《YY 公约》《违规频道/人员管理规定》《频道号申请/收回管理规定》
短视频	抖音	《抖音用户服务协议》《抖音隐私政策》《抖音社区自律公约》《未成年人规范》《抖音社区医疗公约》《直播机构合作主播权益保护公约》《抖音基础数据处理规则》《抖音注销须知》《抖音侵权投诉指引》《抖音资讯类账号信息管理规范》《抖音电商创作者管理总则》《抖音电商创作者账号管理规范》《抖音电商内容创作规范》《抖音电商人工智能生成内容管理规则》《抖音电商直播间封面管理规范》《抖音电商政务媒体相关内容宣传规范》《抖音电商头部创作者管理规则》《抖音电商创作者违规与信用分管理规则》《抖音电商创作者内容分发号管理规则》

续表

分类	平台名称	相关协议与规范
短视频	西瓜	《西瓜视频隐私政策》《西瓜视频用户服务协议》
	快手	《快手软件许可及服务协议》《快手直播管理规范》《快手用户资料规范》《快手社区评论规范》《快手直播封面规范》《快手社区管理规范》《儿童个人信息保护规则及监护人须知》《快手隐私政策》
网络视频	爱奇艺	《爱奇艺服务协议》《爱奇艺隐私政策》《爱奇艺(基本功能)隐私政策》《爱奇艺应用权限申请及使用说明》《爱奇艺账号注销协议》《儿童个人信息保护规则》
	腾讯	《腾讯视频系列会员服务协议》《儿童隐私保护声明》《腾讯视频创作平台服务协议》《腾讯视频隐私保护指引》《腾讯视频用户服务协议》《腾讯视频账号注销协议》《腾讯隐私政策》《腾讯文犀·侵权投诉平台隐私保护指引》
	优酷	《优酷基本功能隐私政策》《关于反盗版和防盗链等技术措施声明》《优酷用户服务协议》《优酷知识产权声明》
有声书	懒人	《懒人听书用户使用服务协议》《懒人听书版权政策与版权投诉指引》《用户个人信息保护及隐私政策协议》
	荔枝FM	《荔枝服务协议》《隐私政策》《版权投诉指引》
	喜马拉雅	《喜马拉雅版权声明》《喜马拉雅平台隐私信息保护政策》《喜马拉雅用户服务协议》《喜马拉雅平台儿童隐私保护指引》《喜马拉雅FM举报受理和处置管理办法》《喜马拉雅儿童隐私政策》
网络动漫	看漫画	《法律声明》《隐私政策》《用户协议》
	快看	《家长监护工程-未成年人健康参与网络游戏提示》《快看服务协议》《快看漫画内容上传协议》《实名注册和防沉迷系统》《快看漫画儿童隐私政策》《快看漫画隐私政策》
	腾讯动漫	《腾讯动漫平台服务协议》《腾讯动漫隐私保护指引》《腾讯动漫侵权投诉指引》

续表

分类	平台名称	相关协议与规范
社交类	新浪微博	《微博服务使用协议》《平台公约》《人身权益投诉处理流程公示》《微博投诉操作细则》《微博商业行为规范办法》《微博社区公约》《微博社区娱乐信息管理规定》《微博视频上传注意事项》《微博直播服务协议》《微博直播服务使用协议》《应用运营管理规范》《微博个人信息保护政策》《财经类信息管理规定》《信用历史规则》《微博儿童个人信息保护政策》
	微信	《儿童隐私保护声明》《企业微信用户账号使用规范》《腾讯微信软件许可及服务协议》《微信个人账号使用规范》《微信公众平台服务协议》《微信公众平台认证服务协议》《微信公众平台运营规范》《微信朋友圈使用规范》《微信小程序平台服务条款》《微信小程序平台运营规范》《微信隐私保护指引》《微信视频号运营规范》《微信视频号直播行为规范》《微信视频号视频/直播营销信息发布规范》《微信视频号直播功能使用协议》《微信视频号直播打赏功能使用协议》《微信外部链接内容管理规范》《微信公众号平台文章原创保护指引》《微信公众平台"洗稿"投诉合议规则》《微信视频号禁止发布的营销信息列表》《视频号常见违规内容概览》《微信视频号直播低俗着装认定细则》
	小红书	《小红书用户服务协议》《小红书儿童/青少年个人信息保护规则》《小红书用户隐私政策》《小红书社区公约》《小红书社区规范》《小红书直播服务协议》《小红书社区直播规范》《小红书侵权投诉指引》《热点榜单规则说明》
资讯类	今日头条	《今日头条用户协议》《今日头条社区规范》《今日头条涉未成年人内容管理规范》《今日头条信用分机制》《今日头条禁言机制》《今日头条侵权投诉指引》《今日头条标题创作规范》《今日头条违规与申诉》《今日头条隐私政策》
	一点资讯	《用户协议》《隐私保护协议》

续表

分类	平台名称	相关协议与规范
网络游戏	腾讯游戏	《腾讯游戏儿童隐私保护指引》《腾讯游戏许可及服务协议》《腾讯游戏隐私保护指引》
	网易游戏	《网易隐私政策》《网易儿童个人信息保护规则及监护人须知》《网易游戏隐私政策》
	盛趣游戏	《盛趣游戏用户使用许可及服务协议》《盛趣游戏隐私政策》《盛趣游戏儿童隐私保护指引》
网络文学	起点中文网	《用户服务协议》《隐私政策》
	晋江文学城	《用户注册协议》《隐私政策》
	纵横中文网	《纵横小说用户服务协议》《纵横中文网隐私政策》

对以上 180 条平台规范展开文本分析，发现相关平台规范主要集中于账号注册和注销、用户使用规范、网络内容规范、用户个人信息保护、知识产权和未成年人保护等方面。

（1）账号注册和注销

首先，实行实名制。26 个网络内容平台规则都明确提出对用户实行实名制，要求用户在注册账号时，提供真实、合法、有效的身份证明材料和必要信息，如姓名、电子邮件等；或是以绑定个人手机号或第三方账号（如 QQ、微信账号、微博账号）等方式完成实名认证。若提交材料不准确、不规范，则用户无权使用相关服务。以"一点资讯"为例，"游客"仅可浏览部分内容，若需使用更多功能，必须注册账号，通过提供真实身份信息完成实名制认证。

其次，注册信息必须合法。用户有权自行创建或修改用户昵称、上传个人头像图片。然而，值得注意的是，用户创建账号并非绝对"自由"，其账户名称、昵称和头像信息必须符合国家法律法规和网络内容平台规则规定，不得出现任何侵害国家、社会、公民合法权益的内容，也不得含有侮辱、诽谤、淫秽色情、暴力和违反公序良俗的内容，在注册过程中需遵守法律法规、社会主义制度、国家利益、公民合法权益、公共秩序、社会道德风尚和信息真实性等七条底线。例如，《喜马拉雅用户服务协议》明确指出，若用户名和昵称违反法律或网络道德，出现含有侮辱、诽谤、淫秽或暴力等词语，则公司有权随时限制或拒绝用户使用该账号，直至注销该账号。① 在此基础上，《西瓜视频用户服务协议》②和《今日头条用户协议》③还进一步明确，未经他人明示书面许可不得以他人名义(包括但不限于冒用他人姓名、名称、字号、商标、头像等足以让人引起混淆的方式)开设账号。值得注意的是，抖音还对资讯类账号信息予以规范，要求无相关资质认证的用户，不得使用"某某资讯""某某发布"，也不得使用党政机关、事业单位或地方行政区划名称作为账号昵称。④

再次，账号未经授权不得转让。斗鱼、虎牙、YY、抖音、西瓜、爱奇艺、优酷、看漫画、快看、腾讯动漫、微博、微信、今日头条、一点资讯、腾讯游戏、起点中文网、晋江文学城等平台明确提出用户账号仅限初始注册人使用，未经平台许可或同意，禁止赠与、借用、租用、转让或售卖或以其他方式向他人使用该账号；若违背上述规定，则平台会注销或禁用该账号。如《抖音用户服务协议》明确指出，"公司若有合理理由认为使用者并非账号注册者的，为保障账号安全，有权立即暂停或终止向该注册账号提供服务，并有权永久禁用该账号"。⑤

最后，账号的注销。目前，网络内容平台有关账号注销的规定有二：一是用户拥有主动注销账号的权利；二是用户账号由网络内

---

① 喜马拉雅用户服务协议[EB/OL].[2024-09-10]. https://passport. ximalaya. com/page/register_rule.

② 西瓜视频用户服务协议[EB/OL].[2024-09-10]. https://www. ixigua. com/user_agreement/.

③ 今日头条用户协议[EB/OL].[2024-09-10]. https://www. toutiao. com/user_agreement/.

④ 抖音资讯类账号信息管理规范[EB/OL].[2024-09-10]. https://www. douyin. com/rule/billboard? id=1242800000055.

⑤ 抖音用户服务协议[EB/OL].[2024-09-10]. https://www. douyin. com/draft/douyin _ agreement/douyin _ agreement _ user. html? id = 677390606 8725565448.

容平台注销。对于前者,用户只需按照平台规定流程即可注销账号;对于后者,则主要针对违法的账号予以注销。注销成功后,用户账号将失去网络内容平台的使用权限。

(2)用户使用规范

其一,要求用户遵守《著作权法》《信息网络传播保护条例》《互联网直播服务管理规定》《网络信息内容生态治理规定》等法律法规,按要求文明健康上网,在发布、传播和评论内容时应遵守公共秩序、尊重社会公德、道德风尚和信息真实性,若违反相关规定,则网络内容平台不经事先通知即直接终止为用户提供服务。①② 同时,鼓励用户在权益受到侵犯时通过平台设立投诉渠道予以举报,并承诺对相关投诉予以处理。

其二,为用户在网络内容平台中生产、传播和消费行为提供行动指南。各大平台多以负面清单方式对禁止行为予以列举,对其进行总结,不难发现,目前网络内容平台所禁止的用户行为主要集中于以下几个方面:一是不得发布、复制、传播或储存违反宪法、危害国家安全、损害国家利益、煽动民族仇恨、宣扬封建迷信、谣言、诽谤和法律、行政法规禁止的其他内容。值得注意的是,26个平台都无一例外地强调了这一点。《斗鱼用户阳光行为规范》更是进一步明确,若用户发布以上违法网络内容,则斗鱼平台会直接删除或屏蔽此内容,并给予5级惩罚。③ 二是不得侵犯第三方利益,具体表现为不得侵犯他人知识产权、隐私权、肖像权、名誉权,不得窃取他人商业秘密,也就是说,用户在发布、传播网络内容时应具有合法来源、获得相关授权。三是不得进行任何危害网络安全的行为,代表性的有未经许可进入服务器,未经许可探查、扫

151

① 斗鱼用户注册协议[EB/OL].[2024-09-10].https://www.douyu.com/cms/detail/ptgz/16102.shtml.

② 喜马拉雅用户服务协议[EB/OL].[2024-09-10].https://passport.ximalaya.com/page/register_rule.

③ 斗鱼用户阳光行为规范[EB/OL].[2024-09-10].https://www.douyu.com/cms/detail/ptgz/16118.shtml.

描软件弱点，破坏网络内容平台正常运行，干扰正常网络信息服务行为等。①②③ 四是用户不得从事任何破坏网络内容平台公平性或正常秩序的行为，如刷分、刷单、使用外挂或作弊软件、诱导用户关注、未经许可乱发广告、利用 bug 获得不正当的利益、买粉买赞等数据作假行为。

（3）网络内容规范

在 180 个网络内容平台规范中，包括《YY 用户注册协议》《今日头条用户协议》《微信公众平台服务协议》《抖音用户服务协议》等在内的 72 个文件对网络内容规范予以明确规定。总的来讲，相关规定主要集中在三个方面。一是从宏观层面对信息内容予以界定。《一点资讯用户协议》《微信公众平台服务协议》等平台从宏观层面明确了信息内容即用户使用平台创作、复制、发布和传播的所有内容，包括但不囿于用户账号、头像和用户说明等认证资料，也不局限于文字、图片、视频、图文、字母等发送、回复或自动回复消息和相关链接，以及其他使用账号或平台服务所产生的内容。二是从微观层面对具体网络内容信息予以规定。《微博社区公约》《微博社区娱乐信息管理规定》《财经类信息管理规定》《斗鱼平台内容管理规范》《抖音电商人工智能生成内容管理规则》《今日头条涉未成年人内容管理规范》《快手直播管理规范》《微信视频号视频/直播营销信息发布规范》《微信个人账号使用规范》等文本对娱乐类、财经类、直播内容、人工智能生成内容、封建迷信内容、侵权内容、营销内容、骚扰内容等予以列举。三是肯定网络内容发展应遵循正确方向，并对平台所禁止内容予以列举。一方面，肯定网络内容发展的正确方向。用户在上传与传播网络内容时应自觉遵守宪法、相关

152

---

① 西瓜视频用户服务协议［EB/OL］.［2024-09-10］. https：//www. ixigua. com/user_agreement/.

② 抖音用户服务协议［EB/OL］.［2024-09-10］. https：//www. douyin.com/draft/douyin_agreement/douyin_agreement_user. html？id＝6773906068725565448.

③ 小红书用户服务协议［EB/OL］.［2024-09-10］. https：//agree. xiaohongshu. com/h5/terms/ZXXY20220331001/-1.

法律法规的规定，维护国家利益，遵守公共秩序和社会公德，① 同时，应维护公民合法权益、尊重社会公序良俗，② 推动形成积极健康、向上向善的网络文化。③④ 例如，《抖音电商内容创作规范》鼓励创作者发布真实、专业、可信、有趣的内容，⑤ 同时，《小红书社区规范》则倡导用户发布符合当代社会主流价值观内容。⑥ 另一方面，以负面清单形式列举禁止内容。72 个文件参考了网络内容政策法规有关违法内容的规定，延续了"九不准""十不准"的形式，对平台所禁止的内容予以罗列。笔者利用 ROSTCM6 软件对相关规定进行分词并展开词频统计，发现"国家""平台""严重""违规""未成年""他人""社会""破坏""法律""民族""危害""禁止""不得""暴力""侵犯""安全""色情"等词出现频率较高（图 3-13）。由此可见，各网络内容平台所禁止传播的内容主要集中于违法内容和不良内容两个方面。一是违法内容，主要是指危害国家安全、损害国家荣誉和利益，破坏民族团结的内容，诽谤、侵犯他人名誉权的内容和网络谣言。二是宣扬封建迷信、邪教、赌博、色情、暴力、恐怖的网络内容。

———————

① 一点资讯用户协议 [EB/OL]. [2024-09-10]. https://www.yidianzixun.com/landing_agreement.

② 今日头条用户服务协议 [EB/OL]. [2024-09-10]. https://www.toutiao.com/user_agreement/.

③ 优酷用户协议 [EB/OL]. [2024-09-10]. https://terms.alicdn.com/legal-agreement/terms/suit_bu1_unification/suit_bu1_unification202005142208_14749.html? spm=a2hja.14919748_WEBHOME_NEW.footer-container.5~5~5~5！2~DL~5~A.

④ 微博社区娱乐信息管理规定 [EB/OL]. [2024-09-10]. https://service.account.weibo.com/roles/amusement.

⑤ 抖音电商内容创作规范 [EB/OL]. [2024-09-10]. https://school.jinritemai.com/doudian/web/article/aHHpV15T8p6J? btm_ppre=a4977.b5856.c0.d0&btm_pre=a4977.b31122.c0.d0&btm_show_id=b4fb1934-7399-42f8-b481-a30edf860b30.

⑥ 小红书社区规范 [EB/OL]. [2024-09-10]. https://agree.xiaohongshu.com/h5/terms/ZXXY20221213003/-1.

图 3-13　有关禁止内容的词云图

在文本分析过程中，不难发现，不同于其他网络内容平台仅对禁止内容做出简单罗列，斗鱼、虎牙、YY、微信四个平台对网络内容禁止传播内容作出详细规定，并对各种情况予以举例，斗鱼、YY、虎牙作为直播平台，三者分类基本一致（表 3-11），如《斗鱼平台内容管理规定》《虎牙主播违规管理办法》《YY 主播违规管理办法》将禁止内容归纳为反党反政府言论，违反国家法律法规内容，威胁生命健康，侵害平台或他人合法权益，涉黄、涉毒，歪曲英雄烈士，发表不当言论等方面。

微信则在《微信个人账号使用规范》《企业微信用户账号使用规范》《微信公众平台运营规范》《微信视频号运营规范》四个规范中对网络内容予以分类（表 3-12）。值得注意的是，四个规范的规定并非完全一致，但主要集中于侵权类内容、黄赌毒内容、暴力内容、危害平台安全内容、非法物品类内容、谣言类内容、骚扰类内容等方面。

表 3-11 斗鱼、YY、虎牙关于禁止内容的分类

平台		斗鱼		YY		虎牙
关于禁止内容的分类	严重违规内容	含有下列内容的违法信息,包括但不限于:反对宪法所确定的基本原则的;危害国家安全,泄露国家秘密,颠覆国家政权,破坏国家统一的;损害国家荣誉和利益的;歪曲、丑化、亵渎、否定、不当调侃英雄烈士事迹和精神,以侮辱、诽谤或者其他方式侵害英雄烈士的姓名、肖像、名誉、荣誉的;宣扬恐怖主义、极端主义或者煽动实施恐怖活动、极端主义活动的;煽动民族仇恨、民族歧视,伤害民族感情,破坏国家宗教政策,宣扬邪教和封建迷信的;散布谣言,扰乱经济秩序和社会秩序的;散布淫秽、色情、赌博、毒品、暴力、血腥、凶杀、恐怖或者教唆犯罪的		严禁制作、复制、发布、传播含以下违法违规的信息:反对宪法所确定的基本原则的;危害国家安全,泄露国家秘密,颠覆国家政权,破坏国家统一的;损害国家荣誉和利益的;歪曲、丑化、亵渎、否定英雄烈士事迹和精神,以侮辱、诽谤或者其他方式侵害英雄烈士的姓名、肖像、名誉、荣誉的;宣扬恐怖主义、极端主义或者煽动实施恐怖活动、极端主义活动的;煽动民族仇恨、民族歧视,破坏民族团结的;破坏国家宗教政策,宣扬邪教和封建迷信的;散布谣言,扰乱经济秩序和社会秩序的;散布淫秽、色情、赌博、暴力、凶杀、恐怖或者教唆犯罪的;侮辱或者诽谤他人,侵害他人名誉、隐私和其他合法权益的;法律、行政法规禁止的其他内容	严重违规	严禁制作、复制、发布含有下列内容的违法有害信息,包括:违反宪法确定的基本原则的;危害国家安全,泄露国家秘密,颠覆国家政权,破坏国家统一的;损害国家荣誉和利益的;歪曲、丑化、亵渎、否定英雄烈士的事迹和精神;以侮辱、诽谤或者其他方式侵害英雄烈士的姓名、肖像、名誉、荣誉的;宣扬恐怖主义、极端主义或者煽动实施恐怖活动、极端主义活动的;煽动民族仇恨、民族歧视、破坏民族团结的;破坏国家宗教政策,宣扬邪教和封建迷信的;散布谣言,扰乱经济秩序和社会秩序的;散布淫秽、色情、赌博、暴力、凶杀、恐怖或者教唆犯罪的;侮辱或者诽谤他人,侵害他人名誉、隐私和其他合法权益,情节严重的;含有法律、行政法规禁止的其他内容,情节严重的

155

平台		斗鱼	YY	虎牙
关于禁止内容的分类	严重违规内容	淫秽、色情内容	违反法律法规的行为及内容	上述条款所规定的严重违规情形
		暴力、凶杀、恐怖或者教唆犯罪的内容	使用夸张标题，内容与标题严重不符的	严禁制作、复制、发布含有下列内容的信息，违反者亦构成严重违规：非国家工作人员穿着中华人民共和国国家机关、军队制服（如警服、军服、市场监管制服、法院制服、检察院制服、城管制服、路政制服等）进行娱乐性直播，或者穿着其他国家、地区机关、军队制服进行娱乐性直播，造成或可能造成恶劣社会影响；传播、表演涉及外交、军事、政治、历史、时事（自然灾害、重大事故等）等的内容，造成或可能造成恶劣社会影响
		赌博、毒品内容	发布炒作绯闻、丑闻、劣迹等内容的	传播、表演威胁生命健康的内容
		侵害平台合法权益、妨碍平台正常运营、利用平台漏洞获取非法利益的内容，或诋毁、损害平台形象，发布与本平台相关的不实信息、恶意信息	直播进行不当评述自然灾害、重大事故等灾难的行为或内容	传播、表演涉动植物的违法违规活动和内容

（表中"赌博、毒品内容"行及以下"一般违规或轻微违规情形"跨单元格）

续表

平台		斗鱼	YY	虎牙
关于禁止内容的分类	一般违规内容	法律、行政法规禁止的其他内容	带有性暗示、性挑逗等易使人产生性联想的行为或内容	表演、传播侵犯或宣扬侵犯他人合法权益的内容
		带有性暗示、性挑逗等易使人产生性联想的内容	血腥、惊悚、残忍等致人身心不适的行为或内容	传播、表演带有性暗示、性挑逗等易使人产生性联想的内容
		展现血腥、惊悚、残忍、恶心等致人身心不适的内容	煽动人群歧视、地域歧视等的行为或内容	违法违规传播涉及游戏、影视节目的内容
		与违法违规行为擦边或破坏社会公序良俗的内容	宣扬低俗、庸俗、媚俗内容的	一般违规或轻微违规情形 破坏平台正常秩序，侵害平台合法利益的行为
		侮辱或者诽谤他人，侵害他人名誉、隐私和其他合法权益的内容	可能引发未成年人模仿不安全行为和违反社会公德行为、诱导未成年人不良嗜好等的行为或内容	
		炒作绯闻、丑闻、劣迹，煽动人群歧视、地域歧视，蓄意引战等内容	对严肃政治、军事、英烈等内容的娱乐化直播	一般违规及轻微违规的其他情形
		未获得国家有关部门审批批准、含有禁止内容或其他不宜展示的游戏、影视等内容，如禁播影视、平台负面主播相关内容	反科学、宣扬封建迷信的行为和内容	

157

平台		斗鱼	YY		虎牙
关于禁止内容的分类	一般违规内容	对平台不利、扰乱平台正常经营秩序的内容	宣传禁售商品、虚假广告、诱导下载等行为		一般违规及轻微违规的其他情形
		其他可能对平台网络生态造成不良影响的内容	侵犯他人知识产权或问题作品的行为或内容		
			损害平台利益的行为及内容		

表 3-12   微信关于禁止内容的分类

微信			
《微信个人账号使用规范》	《企业微信用户账号使用规范》	《微信公众平台运营规范》	《微信视频号运营规范》
法律法规禁止的内容	法律法规禁止的内容	侵权、侵犯隐私权及原创争议类内容	国家法律法规禁止的内容
不实信息类内容	侵权类内容	色俗内容	对网络生态造成不良影响的内容
色情及色情擦边类内容	色情及色情擦边类内容	暴恐血腥内容	侵犯他人合法权利的内容
赌博类内容	暴力及犯罪内容	赌博类内容	不实的信息
暴力及犯罪内容	赌博类内容	危害平台安全内容	骚扰、煽动、夸大、误导类的信息
涉黑涉恐内容	危害企业微信安全类内容	涉黑类内容	危害平台安全的内容
侵权类内容	涉黑涉恐类内容	非法物品类内容	有损未成年人身心健康的内容
欺诈信息类内容	非法物品类内容	过度营销类内容	令人极度不适的内容

微信			
《微信个人账号使用规范》	《企业微信用户账号使用规范》	《微信公众平台运营规范》	《微信视频号运营规范》
非法物品类内容	欺诈信息类内容	不实信息类内容	衣着暴露或疑似裸体
危害平台安全内容	不实信息类内容	骚扰类内容	通过虚构事实、编造故事发布"卖惨"内容，或扮丑，以实现吸引用户点赞、转发、关注或推广商品等目的
不良信息类内容	不良信息类内容	煽动、夸大、误导类内容	发表内容添加的描述(含话题)、链接、视频内容文字等与发表实际内容不符，容易造成用户误解或诱导用户观看的内容
其他违法违规内容	其他违法违规及违反行业规范、商业道德、公序良俗的内容	违反国家法律法规禁止的内容	批量发布通过近似的情景、文案、元素等编造的同质化内容，可能侵害他人知识产权、降低其他用户体验或造成骚扰的
		其他涉及违法违规或违反相关规则的内容	含有伪科学、恐怖、猎奇的内容
		违反市场监管法律法规或规范性文件的内容	可能降低用户体验的低质内容
			不规范医疗科普(科学性错误)
		收集用户隐私	不规范医疗科普(片面/夸大描述)

微信			
《微信个人账号使用规范》	《企业微信用户账号使用规范》	《微信公众平台运营规范》	《微信视频号运营规范》
其他违法违规内容	其他违法违规及违反行业规范、商业道德、公序良俗的内容	恶意编辑	不规范医疗科普(不符中医理论)
		宣扬封建迷信类内容	不规范医疗科普(医疗风险)
		公开地图使用不规范	不规范医疗科普(医疗营销)
		第三方商业营销内容违规	不规范医疗科普(医疗引流)
		诱骗点击类内容	《视频号常见违规内容概览》所列的其他违规内容
		网络辱骂内容	

(4)用户个人信息保护

当前,有关用户个人信息保护的规定多从信息收集、信息使用、信息存储、信息保护和信息管理等方面展开。

一是信息收集。①对用户的注册、登录、认证信息予以收集,如用户昵称、身份证信息、手机号码等;若用户使用第三方账号登录平台,则平台会向关联第三方请求获取用户部分信息。②对用户发布信息和用户互动交流信息予以收集,即对用户发布或上传信息,用户的点击、关注、收藏、浏览、分享、点赞、搜索、浏览的信息以及所处地理信息予以收集。值得注意的是,部分网络内容平台对手机中的通讯录信息予以收集。③收集用户设备信息与日志信息和具有安全保障功能信息以保证网络内容平台的安全运行。

二是信息使用。①信息共享。平台在获取用户授权后,会因特定功能需要与关联公司、授权业务合作伙伴共享用户个人信息,以实现程序化广告推送、营销推广活动、功能或服务的共享。②信息转让。若平台取得用户授权,则会向第三方转让用户相关信息;若平台发生合并、收购等重组时，将会把用户相关信息转让给新的公司。③信息公开。若平台取得用户授权，则可披露用户指定信息；若平台发现用户存在违法和违反平台规范的行为，会对用户信息予以公开披露。

三是信息存储。①就存储地点而言，26个网络内容平台都依据法律规定将相关信息存储于境内。②就存储期限而言，平台承诺仅在本平台隐私政策所述目的和法律要求最短时限对信息予以保存；若信息超出保留期限，或是用户注销账号、删除相关信息时，平台会对个人信息进行匿名化处理。值得注意的是，为遵循法律规定，如配合法院判卷、政府执法，平台会对存储时间予以更改。

四是信息保护。有关信息保护的规定主要是向用户介绍网络内容平台在对用户个人信息保护中所采取的措施，主要由技术安全防护、安全体系保证、人员安全管理、信息安全事件处理等方面构成。

五是信息管理。绝大多数文本明确了网络内容平台赋予用户的信息管理权利，主要体现在信息访问、更改、删除及账号注销的权利，改变授权同意范围或撤销授权的权利，投诉举报的权利。值得注意的是，今日头条、抖音、西瓜视频的隐私政策还明确了网络内容平台赋予用户自主控制接收信息的权利，即可自主决定推送资讯和自主订阅所需资讯。

（5）知识产权

26个平台用户协议无一例外地都单列了"知识产权"相关条款，为用户和网络内容平台的知识产权保护提供指导。除此之外，优酷、喜马拉雅、懒人听书、腾讯动漫、虎牙等平台还出台了专门的知识产权声明或版权保护协议，如《优酷知识产权声明》《喜马拉雅版权声明》《懒人听书版权政策与版权投诉指引》《荔枝版权投诉指引》《虎牙版权保护投诉指引》。当前，就笔者所调查的26个平台而言，知识产权相关规定主要集中于三个方面。一是肯定网络内容平台自身所拥有的知识产权。26个平台都明确指出其对所提供服务及与服务相关的全部内容（包括但不限于网页、文字、图片、视频、声音、图表、软件、商标、技术等）享有著作权，未经许可，任何人不得复制、下载、上传、修改、发行相关内容，否则构成侵

161

权。二是肯定用户上传作品的知识产权。26 个网络内容平台都肯定了用户通过平台所上传发布和传播的文字、图片、音视频、软件以及表演内容享有知识产权。三是默认用户发布行为即为对平台的授权。YY、斗鱼、虎牙、一点资讯、今日头条、喜马拉雅、荔枝、抖音、快手、西瓜视频、网易游戏、腾讯游戏、优酷视频、爱奇艺视频等平台在肯定自身知识产权和用户知识产权的同时，还进一步强调用户通过平台上传内容的行为即为授权给平台包括许可使用、复制、展示、传播相关内容的权利。当用户版权受到侵犯的时候，平台可代表用户予以维权和提起诉讼。例如，《虎牙用户服务协议》规定，"用户的发表、上传行为是对虎牙服务平台的授权，用户确认将其发表、上传的信息非独占性、永久性地授权给虎牙，该授权可转授权"。①

（6）未成年人保护

当前，26 个网络内容平台都明确要求未满 18 周岁的未成年人应在监护人指导下注册账号。一旦注册行为生效，则默认监护人已取得同意，若未成年人在网络内容平台中发布违反法律法规、平台规则的内容，则监护人应承担后果。YY、一点资讯、今日头条、喜马拉雅、小红书、微信、快手、快看、懒人听书、抖音、斗鱼、晋江文学城、爱奇艺、盛趣游戏、看漫画、纵横中文网、网易游戏、腾讯动漫、腾讯游戏、腾讯视频、荔枝、虎牙、西瓜、新浪微博等 24 个平台单列"未成年人保护""未成年人行为规范"等条款，强调未成年人保护的重要性。抖音、小红书等平台专门开发青少年模式，通过实名验证、时间限制、功能限制等方式弱化社交功能，预防未成年人沉迷网络，同时，通过推送"教育类""知识类"等优质内容引导青少年树立正确的价值观和人生观。此外，腾讯则专门面向 14 周岁以下儿童提供产品或服务，② 并通过用户行为及语音

① 虎牙用户服务协议 [EB/OL]. [2024-09-10]. https://hd. huya. com/huyaDIYzt/6811/pc/index. html#diySetTab = 5.

② 腾讯隐私政策 [EB/OL]. [2024-09-10]. https://privacy. qq. com/policy/tencent-privacypolicy.

数据构建算法模型，根据用户实时行为判定是否为成年人，若行为特征与实名信息年龄不匹配，则启用人脸验证。① 除此之外，网易游戏、腾讯游戏、微信、微博、小红书、喜马拉雅等平台针对儿童信息保护，分别颁布《网易儿童个人信息保护规则及监护人须知》《腾讯游戏儿童隐私保护指引》《微信儿童隐私保护声明》《微博儿童个人信息保护政策》《爱奇艺儿童个人信息保护规则》《虎牙儿童个人信息保护指引》《快看漫画儿童隐私政策》《快手儿童个人信息保护规则及监护人须知》《盛趣游戏儿童隐私保护指引》《腾讯视频儿童隐私保护申明》《喜马拉雅儿童隐私政策》《小红书儿童/青少年个人信息保护规则》对儿童个人信息的收集、使用、保护、存储、共享、转移、公开等予以明确规定。

3.5 "大数据—人工智能—区块链"并举的技术支撑体系

作为互联网技术与内容的结合体，以文字、图片、音频、视频等形式存在的网络内容都由代码构成，是"0"和"1"的排列组合，具有一定的技术属性。合理有效地使用技术工具能在一定程度上缓解治理主体的治理压力。目前，我国网络内容治理体系初步形成了"大数据—人工智能—区块链"并举的技术支撑体系。

3.5.1 大数据技术效果显现

目前，大数据技术逐步嵌入政府治理和网络内容平台治理中。在政府层面，各级政府充分利用大数据技术对本部门政务信息予以梳理与整合，以门户网站为阵地，向公众进行政务公开。以国家互

---

① 腾讯游戏隐私保护指引[EB/OL].[2024-09-10]. http://game.qq.com/privacy_guide.shtml.

联网信息办公室官网为例，其对网络安全、信息化、网络传播、教育培训、政策法规、国际交流、互动中心、业界动态、网络研究等政务信息予以整合和公开，有利于公民快速便利地了解政府的权力清单、执法动态和政策法规，强化政民互动。同时，对重要的执法数据予以搜集和整合，形成执法数据库。例如，中央网信办和各省委网信办设立互联网违法和不良信息举报中心，在受理网民举报的同时对相关违法不良信息予以搜集，形成数据库。在网络内容平台层面，绝大多数网络内容平台在用户协议中明确其收集用户信息的权利，对用户的注册、登录等认证信息和"点击、关注、收藏、浏览、点赞、分享"等行为数据予以收集，形成网络内容平台数据库。例如，YY直播平台建立了包含涉政、涉黄、涉赌、涉毒等词库，敏感词库总词量达 229406 条。[①] 网络内容平台通过搜集海量数据，形成平台的"智慧大脑"，为平台利用人工智能技术开展内容审查和个性化推荐提供数据基础。值得注意的是，在新冠疫情期间，大数据技术在辟谣领域大放光彩。各级网信办主导的互联网联合辟谣平台，"共青团中央"的"疫情谣言粉碎机"和以新华社"求证"互动平台、腾讯新闻较真平台和微博"抗击肺炎"专区为代表的企业辟谣平台，依托大数据技术实现信息搜集与共享，为用户提供快速查询功能，有利于用户及时辨别消息真伪，缩短了谣言的传播周期，为疫情防控提供了良好的网络生态。

3.5.2 人工智能技术作用初显

当前，人工智能技术在网络内容治理中的应用主要体现在内容审核和算法推荐上。

在内容审核方面，当前以阿里巴巴、百度、网易、腾讯、图普

---

① 欢聚时代公司. YY直播平台内容治理报告（2016）[M]//支庭荣，罗昕，吴卫南. 中国网络社会治理研究报告（2017），北京：社会科学文献出版社，2017：249-261.

等为代表的互联网企业都利用人工智能技术开发了内容安全或内容审核解决方案(表3-13),旨在通过机器的深度学习,建立关键词、图片、视频和音频的数据库,对网络空间中的违法、不良文本、图片、视频和音频予以识别,进行定向打击。在此类解决方案基础上,各网络内容平台可根据自身需求,自主调整审核阈值,自定义文本、图片、视频、音频的黑名单和白名单,通过 API 接口,检测内容的危险等级,对政治敏感、涉黄低俗、低俗辱骂、恶意推广、低质灌水、暴恐违禁、垃圾广告等内容进行有效的识别。内容审核技术可快速筛出高危内容,能大大节省人力成本,提高审核效率,能有效提升网络内容平台的审核效能,故得到广大网络内容平台的青睐。例如,哔哩哔哩、YY、虎牙、快手、知乎等采用了腾讯云内容安全解决方案;映客直播、美拍、来疯等采用了图普科技的 TupuBrain 互联网 AI 云服务。

表 3-13　主要人工智能内容审核方案

方案名称	功能	具 体 措 施
阿里内容安全解决方案	内容检测 API	图片/视频智能鉴黄服务、OCR 图文识别服务、图片/视频暴恐涉政识别服务、图片/视频敏感人脸识别服务、图片/视频不良场景识别服务、图片/视频广告识别服务、图片/视频 Logo 识别服务、文本反垃圾服务、语音反垃圾服务
	OSS 违规检测	OSS 图片/视频鉴黄服务、OSS 图片/视频涉政检测服务
	站点检测	首页检测、全站检测
百度内容审核解决方案	图像审核	色情识别、暴恐识别、政治敏感识别、公众人物识别、广告检测、图文审核、恶心图像识别、图像质量检测
	文本审核	智能鉴黄、暴恐违禁、政治敏感、恶意推广、低俗辱骂、低质灌水
	视频审核	色情识别、暴恐识别、政治敏感识别、违禁品检测、广告检测、自定义视频黑库

3 中国网络内容治理体系的基本框架分析

续表

方案名称	功能	具 体 措 施
网易内容安全解决方案	文本检测	广告文本、涉黄文本、暴恐文本、涉政文本、灌水文本
	图片检测	涉黄图片、涉政图片、暴恐图片、违禁图片、广告图片、OCR、人脸识别、质量检测
	视频检测	涉黄内容、涉政内容、暴恐内容、违禁内容、广告内容、侵权内容、黑屏挂机
	音频检测	涉黄语音、违规语音、推广语音
	智能审核管理系统	数据中心、智能审核平台、规则策略匹配、机器检测
腾讯内容安全	文本内容安全	涉黄检测、涉政检测、涉恐检测、涉毒检测、广告检测、自定义检测
	图片内容安全	涉黄检测、涉恐检测、涉政检测、违法检测、自定义检测
	直播安全解决方案	色情审核、性感识别、色情引流、恶意文本
图普科技	图片识别	智能鉴黄、敏感人物识别、暴恐识别、明星人物识别、广告识别、自然场景识别、低俗内容识别
	文本审核	识别UGC业务场景中出现的色情、涉政、暴恐、敏感、广告、灌水等违法地址的文本内容
	自定义违规视频库	建立敏感数据库,追踪数据库中非法传播的图片和视频副本,提供定制化的识别解决方案
数美天净	智能音频识别	涉政语音识别、娇喘语音识别、国歌识别、色情语音识别、辱骂语音识别、垃圾广告识别、音色标签识别
	智能视频识别	涉政视频识别、色情视频识别、暴恐视频识别、广告视频识别、垃圾广告识别、Logo水印识别
	智能图片识别	涉政图片识别、色情图片识别、暴恐图片识别、垃圾广告识别
	智能文本识别	涉政文本识别、色情文本识别、辱骂文本识别、违禁文本识别、广告导流、垃圾内容识别

以腾讯云的直播安全解决方案为例(图 3-14),网络直播平台根据自身发展需求,自主定制直播安全解决方案。腾讯云对直播内容予以截图,从性感识别、色情识别、色情引流等角度对截图进行打分,将可疑图片反馈给内容审查人员,同时,对用户予以警告,极大地提升了网络直播内容的审核效率。

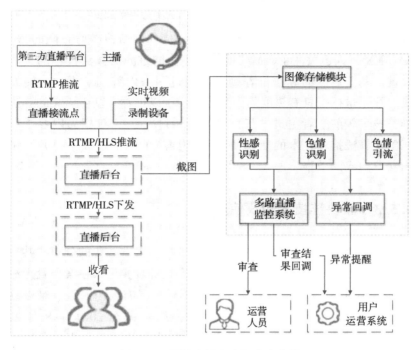

图 3-14 腾讯直播安全解决方案①

在算法推荐层面,各大平台基于人工智能算法对用户提供"个性化推荐"服务。2012 年,今日头条开启第一版信息推荐算法。之后,越来越多的平台通过推荐算法向用户推送信息。当前,各大平台对用户的发布、浏览、上传、转发、分享、点赞数据予以搜集,

---

① 直播安全解决方案[EB/OL].[2020-01-25]. https://cloud.tencent. com/solution/live-security.

并将其导入内部数据库，通过深度学习，绘制用户画像，根据用户喜好向其推荐相关内容。目前，在具体实践中，算法推荐技术主要由基于内容的算法推荐、基于协同过滤的算法推荐、基于热度的算法推荐①和基于语义的算法推荐技术②构成。其中，基于内容的算法推荐主要根据用户在平台的浏览痕迹，将具有相同关键词的内容向用户予以推送。基于协同过滤的算法推荐主要根据用户的发布、上传、浏览、转发行为匹配到与之具有相似习惯和兴趣的用户，并将相似用户的浏览内容向其予以推荐。例如，新浪微博右侧的"@XX 等 X 万人也关注了@ YY"即为基于协同过滤的算法推荐的具体表现。基于热度的算法推荐则主要通过网络内容的点击率、转发量、评论量挖掘具有热度的内容向用户予以推荐。基于语义的算法推荐技术较前三者更进一步，主要是通过"语义"对相关内容予以匹配。算法推荐技术的使用便利了"内容"的精准投放，提升了用户获取内容的效率。

3.5.3 区块链技术初获使用

区块链技术是一个由多节点共同维护、去中心化的分布式共享记账技术。在此账本中，链上每一次变化都真实记录在案，且无法更改，任何一个节点都有一份完整备份，③ 具有自由开放、难以篡改、数据高度可信任、容错性强等特点。④ 截至 2024 年 8 月 27日，互联网信息办公室先后发布 16 批境内区块链信息服务备案编号，共计 4035 个。其中，区块链技术与网络内容治理的融合集中

---

① 薛永龙，汝倩倩. 遮蔽与解蔽：算法推荐场域中的意识形态危局[J].自然辩证法研究，2020(1)：50-55.

② 孙少晶，陈昌凤，李世刚，等."算法推荐与人工智能"的发展与挑战[J]. 新闻大学，2019(6)：1-8, 120.

③ 王清，陈潇婷. 区块链技术在数字著作权保护中的运用与法律规制[J]. 湖北大学学报(哲学社会科学版)，2019(3)：150-157.

④ 姚前. 中国区块链发展回顾与前瞻[M]//朱烨东，姚前. 中国区块链发展报告(2019). 北京：社会科学文献出版社，2019：1-17.

体现在数字版权保护、数字资产保护和政务区块链上。2018 年，汇桔网发布全国首张区块链版权登记证书，标志着数字版权与区块链融合的开始。之后，区块链在数字版权中的运用脚步加快。例如，"北京云"市级融媒体平台依托区块链技术促成新闻版权联盟链，可实现版权的确权与存证、侵权的监测与跟踪、一键取证和诉讼等功能。2019 年 7 月，人民网推出"人民版权"平台。在此平台中，人民网基于其积累的舆情数据采集与分析能力，依托区块链技术，推动政府监管部门、权威媒体、出版集团、互联网法院、版权中心等共同构成"联盟链"，打造版权保护的全产业链，利用区块链的不可篡改性，实现版权的认证、取证、交易、维权、诉求全流程线上化。① 在数字资产保护方面，阿里云和宏链科技分别推出数据资产共享和数据资产保护系统，基于区块链技术将数字资产与签名相连，实现数据"指纹"和元数据上链，通过对海量数据的安全存储，达到用户隐私保护的效果。在政务层面，百度推出政务解决方案，基于百度超级链，明确各部门数据确权，打通各部门之间信息资源；同时，通过智能合约，授权信息的公开上链，提高审批效率。

---

① "人民版权""人民云链"问世［EB/OL］.［2020-02-03］. http://yuqing. people. com. cn/n1/2019/0712/c209043-31231654. html.

4 中国网络内容治理体系面临的困境

随着互联网技术和网络内容的深入发展，我国基本建立了以政府、企业、行业协会和网民为治理主体，以网络行为和网络内容为治理客体，以政策法规、行业规范、平台规范为治理规则，以人工智能技术等为技术保障的网络内容治理体系。值得注意的是，我国网络内容治理的目标旨在加强和创新互联网内容建设、营造良好的网络信息内容生态和健全完善网络综合治理体系。综合治理强调全局性、整体性、协调性和关联性，需把握治理体系各内部要素之间的内在联系，推进其协同发展，实现治理主体、治理规则体系、治理技术体系的优化配置。然而，在网络内容治理体系的建设过程中仍面临着诸多困境，如治理目标存在冲突、治理主体协同性较弱且效能不足、协同治理机制有待完善、治理规则保障体系尚待优化、治理技术保障体系亟须升级等问题，阻碍了网络内容治理体系的完善。

4.1 网络内容治理目标存在冲突

我国网络内容治理目标仍存在着冲突，集中体现在经济效益与社会效益相矛盾、内容安全与内容发展需平衡、秩序维护与权益保护相对立等方面。

4.1.1 经济效益与社会效益相矛盾

值得注意的是，除去个人为实现自身价值在社交平台上所发布的音频、视频和图片等网络内容不具备商品属性，以网络内容生产企业、专业内容生产者为代表的网络内容生产者所提供的网络内容多以盈利为目的。这意味着，在网络内容平台中所传播的大多数网络内容兼具商品属性和意识形态属性。网络内容的双重属性使其兼具市场价值与精神价值，既有市场交换、实现生产再生产的产业经济功能，又有教育人民、引导舆论的教化功能。我国加强和创新互联网内容建设目标的实现离不开网络内容生产企业和网络内容平台竞争力的提升。然而，在对网络内容生产企业和网络内容平台企业竞争力的评价中，企业的经济实力和所生产内容质量占据较大比重。也就是说，我国网络内容治理目标的实现既需要推动网络内容企业实现一定的经济效益，也需要鼓励网络内容平台企业和网民创造更多优质网络内容。然而，经济效益与社会效益存在着冲突。在实现网络内容治理目标的过程中，为扩大市场占有率，实现经济效益，某些社会责任意识较弱的网络内容企业极易忽视精神价值，甚至淡化网络内容的教化功能，粗制滥造网络内容和服务，一味迎合用户；网络内容平台企业则受经济利益驱使，放任网络内容平台中的不良网络内容。这样一来，网络内容的质量和品质很难得到提升，不利于网络内容教育功能的实现，离网络内容社会效益目标的实现具有一定的差距。由此，在完善治理目标时，应以实现网络内容的经济效益与社会效益的统一为导向，推动网络内容朝着双效统一的方向发展。

171

4.1.2 内容安全与内容发展需平衡

一直以来，安全与发展的平衡与统一是网络治理的价值追求之一。在网络治理中，网络空间安全的维护和网络内容的发展同等重要，不可偏废。在网络内容治理体系中，"加强和创新互联网内容建设"和"营造良好的网络信息内容生态"两个目标分别代表着"发展"与"安全"。然而，"安全"与"发展"属于平衡木的两端，重视"安全"多一点，则会导致"发展"受限。当前，平台基于数据资源优势与技术赋权，在规制能力与治理效率上具有政府难以比拟优势。为实现维护网络内容安全的目标，政府部门不可避免会将部分职能让渡给网络内容平台，让其承担用户准入与内容审查相关工作。尽管网络内容平台参与网络内容治理责无旁贷，但作为推动我国网络内容产业进步的中流砥柱，其竞争力和服务水平的高低也同样影响着我国网络内容的发展。为保证网络内容安全目标的实现，网络内容企业不得不分散精力，对网络内容平台中所传播的网络内容予以实施巡查与控制，然而，网络内容平台企业在内容审查中不具备专业性，稍有不慎，则错将违法内容认定为合法，会受到政府部门的约谈与处罚。这样一来，为避免受罚，网络内容平台不得不采取"一刀切"形式对疑似违法而事实上并未违法内容予以删除，易打击用户生产积极性，不利于网络内容的繁荣。同时，为实现网络内容安全的目标，政府开展治理时对所有"耽美文化""腐文化""丧文化"采取一刀切态度，在一定程度上打击了网络内容创作者积极性。若为激发网络内容活力而降低网络内容生产者门槛，则易导致网络违法不良内容的广泛传播与泛滥，会形成网络内容活跃有余，而安全不足。虽说网络内容安全是网络内容发展的基础和保障，但网络内容发展也是网络内容治理体系的价值追求。只有推动我国网络内容建设，提升网络内容国际竞争力，才能增强我国网络内容国际传播能力，推动文化产业的繁荣。网络内容安全与网络内容发展互为补充，不可分割，在网络内容治理体系建设中，内容安全与内容发展的冲突不可偏废，应实现二者的统一，做到"管而不死、活而不乱"。

4.1.3 秩序维护与权益保护相对立

我国网络内容治理体系将"建设良好网络生态"放在较为重要的位置。良好生态的建立除秩序维护外，还应保护公民权益，具体表现在保护公民的言论自由、信息自由、分享和表达知识和思想的权利。一直以来，网络秩序维护和公民权益保护的平衡问题困扰着世界各国。以美国为例，1996 年，美国颁布《通信规范法》，迈出了惩治互联网色情内容的第一步；然而，该法在 1997 年 Reno v. ACLU 一案中被美国最高法院裁定为违反宪法中言论自由条款，认为其限制了成年人的某些权利。① 同样，在 20 世纪 90 年代，当澳大利亚企图通过互联网立法对网络空间予以监管，反对派即指出互联网监管会危害公民言论自由权和信息访问权。② 在我国网络内容治理体系建设中，秩序维护与权益保护的冲突集中体现在两点：一是秩序维护与言论自由的冲突；二是秩序维护与隐私保护的冲突。

就秩序维护与言论自由的冲突而言，在我国网络内容治理体系建设中，网络内容治理主体为实现维护网络空间秩序的目标，会严格控制网络内容生产企业、网络内容平台企业和用户的准入。同时，秩序维护目标的实现要求网络内容平台对网络空间中所传播内容予以严控。

就秩序维护与隐私保护的冲突而言，在网络内容的生产、传播和消费活动中，网民的注册信息、访问、浏览、发布、转发、点赞、评论等行为所产生的一系列数据都被网络内容平台记录在案。健全网络综合治理体系的目标要求治理主体与治理主体之间实现信息共享。网络内容平台之间、网络内容平台与政府之间在共享用户个人数据时，必然会存在信息共享与隐私保护之间的冲突。同时，网络内容平台为加强和创新互联网内容建设，会对网民行为数据予以搜集和分析，利用算法根据网民个人喜好推送相关内容。信息的搜集与共享与网络内容治理相辅相成，完善、全面的用户信息有利于快速准确追责，加快网络内容的治理效率；然而，信息的搜集与

173

① Lucchi N. Internet content governance & human rights[J]. Social Science Electronic Publishing, 2014, 47(4): 809-856.

② Weckert J. What is bad about internet content regulation[J]. Ethics and Information Technology, 2000(2): 105-111.

共享会在一定程度上造成用户信息泄露，侵犯隐私权。"秩序维护"和"隐私保护"分属秩序和隐私两个维度，存在着辩证统一的关系，两者之间应找到平衡点。

4.2 网络内容治理主体协同性较弱且效能不足

我国网络内容治理主体协同性较弱且效能不足主要体现在各大治理主体间协同效果不足、政府治理碎片化消解内部协同效力、企业责任意识较弱且权责不对等、协会独立性较弱且治理效能欠佳、网民信息素养参差不齐且参与效果有限。

4.2.1 各大治理主体间协同效果不足

当前，政府、企业、行业协会和网民之间的共治意愿不足，导致治理资源未优化配置，协同效果不足。

（1）治理主体共治意愿不足

政府、企业、行业协会和网民作为我国网络内容治理体系中的主要利益相关者，尽管在网络内容治理中存着某些共同治理目标，但在具体实践中，治理主体共治意愿不足。例如，政府代表着整体利益和社会利益，其主要利益诉求在于健全网络综合治理体系，净化网络空间生态，规范网络内容活动秩序，推动网络内容的健康发展，提升我国网络内容的竞争力与影响力。网络内容平台作为市场主体，其主要目的在于扩大市场占有率，实现经济利益最大化，内容审核并非其主营业务及擅长领域，若管得过严，则容易流失用户，若过于宽松而加速违法不良内容的传播，则会受到政府部门的约谈与处罚。鉴于此，平台虽具备强大的技术与资源优势，但其治理意愿有限。同时，行业协会兼具"私益性"和"公益性"双重属性，一方面代表着会员企业的利益，另一方面代表着整个网络内容行业的利益。行业协会所具有的双重属性派生出多重角色，使其身兼网络内容治理者、网络内容企业利益代表者、政府协助者数职。不同角色具有独立的权利义务和利益诉求，交错在一起，也会形成利益冲突，① 治理能力的不足导致其参与意愿有限。值得注意的是，网民代表着个人利益，其主要利益诉求在于维护自身权益，实现个人价值。大部分网民只会在切身利益受到侵犯时采取举报、监督等治理行动。治理主体间存在的角色与利益冲突在一定程度上消解了政府、企业、行业协会和网民之间的治理合力，不利于多主体的协同发展。

（2）治理资源未优化配置

当前，网络内容平台作为网络内容和网民的集散地，其对用户在平台上的浏览、发布、转发、下载等行为数据予以记录，掌握了大量的网络内容和用户行为信息。值得注意的是，几大主要网络内容平台通过"技术筛选+人工审核"的方式，搜集了海量的违法不良内容和违法行为数据。同时，国家网信办和各级网信部门设立互联网违法和不良信息举报中心，公安部门设立网络违法犯罪举报网站，中国互联网协会设立 12321 网络不良与垃圾信息举报受理中心和互联网信息服务投诉平台，同样搜集了大量违法不良内容和违法行为。然而，政府部门、网络内容平台和行业协会间并未实现违法不良内容和违法行为数据的共享。在实践中，网络内容平台的技术筛选能力主要取决于其深度学习数据数量，信息数据的阻塞使得各治理主体所获数据无法发挥最大效用。此外，《网络信息内容生态治理规定》要求网络内容平台建立用户账号信用管理制度，根据用户信用状况提供相应的服务。② 以新浪微博为代表的网络内容平台设立了用户信用评分制度，依据用户行为对其予以信用评分，并建立了自有用户信用数据库。然而，平台与平台之间、平台与政府之间仍未实现用户信用数据的互联共通，无法形成信用监管合力，不

175

---

① 郭薇. 政府监管与行业自律——论行业协会在市场治理中的功能与实现条件[M]. 北京：中国社会科学出版社，2011：127.

② 网络信息内容生态治理规定［EB/OL］.［2020-01-05］. https://www.cac.gov.cn/2019-12/20/c_1578375159509309.htm.

利于跨平台联动治理的实现。

4.2.2 政府治理碎片化消解内部协同效力

当前,政府治理的碎片化消解了内部协同效力,集中体现在分行业分部门治理导致政出多门、条块分割导致执法协同性不足和属地管理导致治理资源分配不均三个方面。

(1)分行业分部门治理导致政出多门

技术更迭是一个循序渐进的过程,从 Web1.0 时代到 Web2.0时代,网络内容的表现形式从单一文字、图片发展到图、文、音、像俱全,网络内容传播阵地从网站拓展到博客、微博、微信等社交媒体。由于网络新闻、网络游戏、微博、微信、短视频、网络直播等网络内容形式诞生时间有先后,网络内容治理形成分行业、分部门治理特点。例如,文化和旅游部负责网络文化产品、网络游戏等的监管工作;国家网信办负责全国跟帖评论、互联网信息、微博客信息、互联网直播、互联网用户公众账号信息、互联网群组信息、互联网新闻信息等网络信息监管;国家广播电视总局负责互联网视听节目监管;而国家市场监管总局则负责互联网广告监管。分行业、分部门的专业化分工在一定程度上提高了政府治理的局部效率,但碎片化的治理也导致了政出多门、多头执法现象的产生。例如,互联网文化产品、网络出版物、互联网视听节目等存在内容交叉,导致部门与部门之间重复交叉执法现象时有发生,易造成部门之间的相互推诿,提升政府治理成本,不利于跨部门协作的形成。

(2)条块分割导致执法协同性不足

当前,我国网络内容治理中普遍实行"党委、政府"两级领导和中央、省、市、县四级监管机构(图 4-1)。一方面,市互联网信息办公室、文化和旅游局、市广播电视局和省互联网信息办公室、文化和旅游厅、省广播电视局分别是市政府和省政府的重要组成部分,须接受市政府和省政府的监督;另一方面,市互联网信息办公室与省互联网信息办公室隶属于国家互联网信息办公室,文化和旅游局与文化和旅游厅隶属于文化和旅游部,市广播电视局与省广播电视局隶属于国家广播电视总局，各级部门对下一级政府采取"逐级代理制度"，省、市、区部门各自为政形成多层执法。①

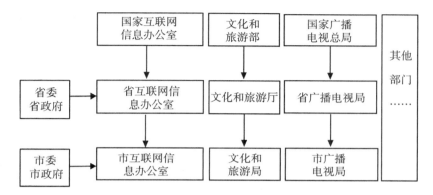

图 4-1　网络内容管理部门组织图（部分）

（3）属地管理导致治理资源分配不均

目前，互联网的发展已突破空间和地域的限制，所有网络内容在互联网上一经发布，则传播到全国各个角落。这意味着，只要网络空间中出现一条违法不良内容，则全网都会受到影响，网络内容治理去边界化趋势越来越明显。然而，目前网络内容治理仍实行属地管理制度。据《网络内容信息生态治理规定》规定，"地方网信部门负责统筹协调本行政区域内网络信息内容生态治理和相关监督管理工作，地方各有关主管部门依据各自职责做好本行政区域内网络信息内容生态治理工作"。② 这意味着地方网信部门仅对本行政区域网络内容信息予以管理。目前，主要互联网企业多集中于北京、上海、深圳和杭州等城市，在 2023 年中国互联网企业 100 强③中，

177

①　周雪光. 中国国家治理的制度逻辑——一个组织学研究［M］. 北京：生活·读书·新知三联书店，2017：197.

②　网络信息内容生态治理规定［EB/OL］.［2020-01-05］. https://www. cac. gov. cn/2019-12/20/c_1578375159509309.htm.

③　《中国互联网企业综合实力指数（2023）》报告正式发布［EB/OL］.［2023-11-10］https://www. isc. org. cn/article/18458024914186240. html.

总部在北京和上海的企业分别达 33 个和 17 个，这意味着，北京、上海、深圳和杭州等地网信办的工作量远远多于其他城市。然而，受地方经济发展水平影响，各地网信部门在人员、技术和要素资源的调配上存在较大差异，形成治理资源分割格局，与网络内容治理去边界化趋势不符。同时，各省市级网信办也设立了违法和不良信息举报中心，而各违法和不良信息举报中心并未形成"违法不良信息数据"的共享，不利于信息资源的流通，导致公共资源的浪费。

4.2.3　企业责任意识较弱且权责不对等

（1）网络内容企业逐利意识强，社会责任意识较弱

在受访的 518 位网民中，仍有 203 位网民不太满意网络内容平台的治理措施。在这 203 位网民中，63.05% 的网民认为网络内容平台逐利意识强烈，社会责任意识淡薄（图 4-2）。

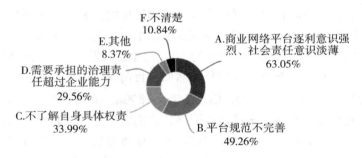

图 4-2　网络内容平台治理效果不显著的原因

目前，我国网络内容生产可分为 UGC（用户生产内容）、PGC（专业生产内容）、PUGC（专业用户生产内容）几种形式。其中，文化企业和互联网企业参与网络内容生产主要通过 PGC（专业生产内容）和 PUGC（专业用户生产内容）两种形式实现。为响应顶层设计号召，以阿里巴巴、腾讯、百度、京东等为代表的互联网企业于 2015 年、2018 年先后签订《互联网企业社会责任宣言》和《中国互联网企业履行社会责任倡议》。2018 年，以腾讯、网易、三七互娱

等为代表的互联网企业签署《互娱行业社会责任宣言》，体现了其在提升企业社会责任意识的决心。然而，在博弈论视角下，每一个理性人都以自身利益最大化为目标，① 企业在市场竞争中为取得一席之地，扩大其市场占有率，不可避免会受经济利益驱使而忽视网络内容的精神价值，甚至淡化其教化功能，粗制滥造网络内容，导致低俗、媚俗和盗版作品充斥市场，偏离网络内容的建设方向。以咪蒙团队（霍尔果斯爆炸糖影视传媒有限公司）为例，其旗下微信公众号"才华有限青年"于 2019 年 1 月 29 日推出名为《一个出身寒门的状元之死》的文章，该文一经发布，收获不少拥趸，获得广泛转发与点赞，阅读量达"10W＋"，然而十几小时后即被质疑造假。当然，咪蒙团队并非个例，以经济利益为导向的微信公众号仍然很多，代表性的有萝严肃、扒爷说、严肃八卦等，这些公众号多以明星娱乐为主题，以明星生活为八卦点，吸引了大量的关注，每篇文章阅读量都在"10W＋"。这些网络内容多为吸引受众关注而"量身定做"，并未起到较好的引导作用，阻碍了网络内容朝着健康的方向发展。

与此同时，不少网络内容平台为增强竞争力，博取眼球，对某些低俗、庸俗、猎奇和造假内容持纵容态度。以快手短视频平台为例，2018 年年初，面对"00 后妈妈"分享"早孕"心得视频的情况，快手不但未对此有违传统世界观的视频予以限流，甚至将系列视频推上"热门"，对良好社会风气的形成造成不良影响。此外，一些网络直播平台为争得一席之地，通过大肆炒作游戏主播或明星和名人的私生活以吸引受众注意，实现"流量变现"，存在较大负面性。据《互联网平台企业社会责任研究报告（2022）》显示，在 37 家细分行业内极具代表性的头部互联网平台企业中，仅阿里巴巴、腾讯、蚂蚁集团总分在 60 分以上，属于四星级领先者，而阅文集团、字节跳动、哔哩哔哩、新浪微博分数则在 30～52 分之间，多为二星级起步者和三星级追赶者，小红书得分则仅为 8.1 分，属于一星级

179

---

① 盛学军，唐军. 经济法视域下：权力与权利的博弈均衡——以 Uber 等互联网打车平台为展开[J]. 社会科学研究，2016（2）：97-103.

旁观者。①这意味着互联网内容平台社会责任的履行仍有较大提升空间。

（2）平台间存在信息壁垒，阻碍治理合力形成

平台兼具"企业"和"市场"双重属性。作为企业，网络内容平台在网络内容市场中的主要目的是实现自身经济利益最大化。当前，各网络内容平台都对用户账户信息，用户生产、传播和消费行为数据予以搜集，形成自有数据库。在此基础上，利用大数据技术和人工智能技术对用户行为数据予以分析，通过用户消费偏好精准定位用户喜好，可通过算法向用户推送其感兴趣内容。在大数据时代，平台掌握数据多少直接影响着其竞争力的强弱；由此，平台自有数据库成为网络内容平台核心竞争力之一。为在市场竞争中取得一席之地，平台之间的治理合作意愿并不强烈，导致平台与平台之间形成"信息孤岛"，阻碍了信息流通，导致违规用户跨平台识别机制缺失，造成治理资源浪费。例如，若用户 A 在抖音上发布了违法不良内容，抖音会依据用户协议以注销账号、限制发布、下线违法内容、扣除信用分等方式对其予以处罚。由于信息的不对称，抖音并未将用户 A 的数据与快手、西瓜等兄弟平台共享；这样一来，用户 A 仍然可以在快手、西瓜注册新账号，继续发布违法不良内容。违规用户跨平台识别机制的缺失不仅不利于违法内容的有效禁止，还增加了平台的治理成本。若平台之间加强交流合作，共享部分用户数据，协同打击信用等级低的用户，则能节省治理成本，推动平台治理合力的达成。值得注意的是，除信息沟通不畅外，平台与平台之间的竞争关系还导致平台之间非法窃取竞争者数据行为的频发，如新浪起诉陌陌非法使用其信息，不利于治理合力的形成。

（3）网络内容平台权责不对等

面对海量的违法不良网络内容和庞大的网民基数，政府治理无

180

---

① 互联网平台企业社会责任研究报告（2022）.［R/OL］.［2023-09-22］. https://down. bootwiki. com/upload/smart/20221122/ca3595d5af11c0ccc64da63b 2850d868.pdf.

法穷尽每一个角落，而网络内容平台作为承载网民和网络内容的主要载体，成为连接网民、网络内容和政府的桥梁。目前，我国网络内容治理主要遵照"政府管平台—平台管用户"模式展开。依照《网络信息内容生态治理规定》，网络内容平台应履行主体责任，通过制定细则和设立举报机制等方式完善账号注册、用户信用管理、内容审核、实时巡查和信息处置等工作，同时，应优化信息推荐机制，培养积极向上网络文化，宣传主流价值导向。① 网络内容平台兼具"企业"和"市场"双重属性，既要作为市场主体参与网络内容市场竞争实现自身利益的最大化，又要作为秩序维护者维护平台内部秩序。这意味着网络内容平台职责的确定需坚持商业自由与公共效益的统一，要求将平台责任内化于市场主体中，使平台责任的施加不会造成过重负担，阻碍创新和竞争。然而，在实践中，网络内容平台职责过多而权力不足。相关规定并未明确网络内容平台职责为平台自律还是行政授权，导致在网络内容监管领域，政府机构和网络平台之间的职责划分的合理性受到质疑。② 同时，网络内容平台作为企业主体，并不具备政府所拥有的行政监管、行政惩罚的权力，权力有限，且无执法权，由网络平台这样一个私人机构来承担本应该由公权力机关来承担的监管职责难以达到监管目标。网络内容平台为免受责罚，往往采取一刀切的方式删除"存疑内容"，导致过度审查，不利于网络内容的繁荣和网民言论自由的表达。

4.2.4 协会独立性较弱且治理效能欠佳

目前，我国行业协会缺乏独立性且法律授权不足，同时，缺乏专门的网络内容监督协会，导致治理效能较低。

---

① 网络信息内容生态治理规定［EB/OL］.［2020-01-05］. https://www.cac.gov.cn/2019-12/20/c_1578375159509309.htm.

② 周学峰，李平. 网络平台治理与法律责任［M］. 北京：中国法制出版社，2018：385.

（1）行业协会缺乏独立性且法律授权不足

第一，行业协会脱钩不彻底，缺乏独立性。自 2015 年《行业协会商会与行政机关脱钩总体方案》和《关于成立行业协会商会与行政机关脱钩联合工作组的通知》发布以来，截至 2019 年 6 月，在 795 家纳入脱钩改革的全国性行业协会商会中，已有 422 家完成脱钩，剩下 373 家拟脱钩。① 然而，我国行业协会诞生于计划经济向市场经济转轨时期，管理上实行"双轨制"，② 受历史因素影响，行业协会因长期依附政府权威而形成"路径依赖"，③ 自主性和独立性不强，受政府影响较大，且脱钩不彻底。值得注意的是，受"资源依赖"影响，脱钩后的行业协会仍面临资源匮乏、人才短缺、内部治理模式滞后等问题。④ 若网络行业协会过于依赖政府，则不利于其明确自身定位，影响了社会治理效能的充分发挥。

第二，法律授权不足。当前，有关行业协会的法规依据主要来源于《社会团体登记管理条例》，该条例虽对社会团体的管辖、成立登记、变更注销、监督管理等作出详细规定，但忽略了行业协会与社会团体的异同，并未明确规定行业协会的职责。⑤ 同时，尽管以《互联网视听节目服务管理规定》《互联网直播服务管理规定》《微博客信息服务管理规定》为代表的政策法规鼓励互联网服务提供者在互联网视听、论坛、群组信息、信息搜索、直播等领域组建全国性社会团体，负责制定行业自律规范，督促互联网信息服务提供者

① 关于全面推开行业协会商会与行政机关脱钩改革的实施意见［EB/OL］.［2019-07-18］. http://www. gov. cn/xinwen/2019-06/17/content_5400947. htm.

② 李斌. 行业协会，"脱钩"才能正名［EB/OL］.［2015-11-30］. http://opinion. people. com. cn/n/2015/1130/c1003-27869061. html.

③ 郁建兴. 改革开放 40 年中国行业协会商会发展［J］. 行政论坛，2018（6）：13.

④ 黄建. 分离与重构：放管服改革视域下的社会组织——以行业协会为例［J］. 中共天津市委党校学报，2019（4）：73-81.

⑤ 傅昌波，简燕平. 行业协会商会与行政脱钩改革的难点与对策［J］. 行政管理改革，2016（10）：36-40.

依法提供服务，接受社会监督，规范行业发展，但这些政策法规并未给予行业协会法律授权。以中国互联网协会和中国网络视听节目服务协会为代表的行业组织在网络内容监管中的法律地位如何、职能边界如何界定、所制定行业规范效力如何等一系列问题仍未解决。受法律授权不足的影响，《中国互联网行业自律公约》《互联网站禁止传播淫秽、色情等不良信息自律规范》等行业准则因缺乏法律强制性保障而约束力不足，使得行业自律效果大打折扣，影响了行业自律效能的充分发挥。

（2）缺乏专门的网络内容监督协会

当前，在网络内容治理中发挥着重要作用的网络行业协会主要由中国互联网协会、中国网络视听节目服务协会、中国网络空间安全协会和中国网络社会组织联合会等构成。这些协会多从宏观角度切入，从规范互联网企业行为、促进视听节目发展、维护网络安全角度为网络内容发展建言献策。然而，专攻网络内容监督、展开违法不良内容特征分析的行业协会仍付之阙如。以英国网络观察基金会（Internet Watch Foundation）为例，其在识别、评估、报告和删除儿童虐待图片中发挥着不可忽视的作用。一方面，英国网络观察基金会通过接受公众举报和投诉、设立并制定互联网内容评级标准、推广内容分级和过滤系统等方式展开行业自律。另一方面，英国网络观察基金会对儿童性虐待内容进行分析，并将相关内容转换为唯一代码形成哈希表（Hash List）；分析儿童性虐待隐秘术语，总结关键词清单（Keywords List）；总结传播儿童性虐待内容的互联网网址（URL List）。值得注意的是，当网络观察基金会发现英国境内网站传输不良内容时，会立即通知相应网络服务商予以删除，同时会将"删除通知"发送给警方，以协助其更好地执法。据《英国网络观察基金会 2018 年度报告》显示，在基金会成立之初，英国境内传输儿童性虐待内容链接占比达 18%，经过多年发展，2018 年，该占比仅为 0.04%。[1] 在调研中，笔者邀请网民对当前行业协会治理效果

183

---

① The Internet Watch Foundation. Annual Report 2018［R/OL］.［2019-09-24］. https：//www. iwf. org. uk/report/2018-annual-report.

予以评价(图4-3),超过一半的网民对行业协会治理效果并不满意,认为其治理效果一般、效果不大或基本无效。面对海量的网络内容和庞大的网民基数,我国需要一个像"网络观察基金会"这样的行业协会,为违法不良内容监管和违法不良内容特征分析做专业指导。

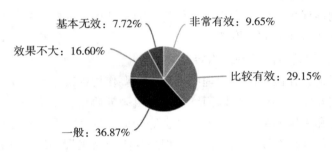

图4-3 网民对行业协会治理效果的评价

4.2.5 网民信息素养参差不齐且参与效果有限

(1)网民信息素养参差不齐且法律意识不强

首先,网民信息素养参差不齐。部分网民仍未掌握网络内容的辨别和使用能力。面对网络内容平台中传播的海量内容,网民无法快速、准确地从中筛选出健康、积极的内容,容易被一些虚假内容蒙蔽双眼。在笔者所展开的问卷调研中,虽说68.92%的网民可以识别绝大多数违法、不良内容,但仍有31.08%的网民信息素养能力较弱(表4-1)。同时,在发布或转发网络内容前,网民总是求证和经常求证的频率仅有63.58%(图4-4),责任意识较弱。

其次,部分网民的法律意识不强。正如霍布斯所言,人的行动出于其意志,而其意志则出于希望和恐惧;因此,当遵守法律比违反法律给其带来更多好处或更少坏处时,人们才会愿意去遵守法律。当违法成本低于守法成本时,网民更偏向于通过侵权行为来获得自身利益。笔者对网民识别违法不良内容的能力和网民发布或转发违法不良内容行为予以交叉分析(图 4-5),发现仍有部分违法不

表 4-1 网民识别违法不良内容能力的频数分布

频数分析结果				
名称	选项	频数	百分比(%)	累积百分比(%)
当您在网络内容平台中浏览网络内容时,您是否能识别违法、不良内容:	能识别出所有的违法、不良内容	81	15.64	15.64
	能识别出绝大多数的违法、不良内容	276	53.28	68.92
	能识别出部分违法、不良内容	119	22.97	91.89
	能识别出少量的违法、不良内容	30	5.79	97.68
	无法识别	12	2.32	100.00
合计		518	100.0	100.0

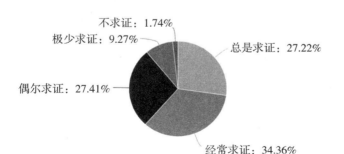

图 4-4 网民发布内容前求证合法、真实性的频率

A. 损害国家利益、危害国家安全的内容
B. 不利于民族团结的网络内容
C. 淫秽色情及色情擦边球内容
D. 暴力、血腥内容
E. 虚假内容(网络谣言、虚假新闻、虚假广告)
F. 侵犯版权的内容
G. 侵犯隐私权的内容
H. 封建迷信内容
I. 欺诈类内容
J. 网络赌博内容
K. 辱骂诽谤内容
L. 违禁物品信息
M. 垃圾邮件等骚扰性的内容
N. 同质化、缺乏原创性的内容
O. 庸俗文化、低文化内容
P. 恶搞内容
Q. 明星八卦内容
R. 以上皆未发布或转发过

类别	能识别出所有违法、不良内容	能识别出绝大多数的违法、不良内容	能识别出部分违法、不良内容	能识别出少量的违法、不良内容	无法识别
A	18.75%		43.75%		37.50%
B	5.56%	16.67%	61.11%		16.67%
C	22.22%		61.11%		16.67%
D	15.38%		69.23%		15.38%
E	4.26%	31.91%	51.06%		12.77%
F	5.71%	35.14%	46.43%		14.29%
G	25.00%		58.33%		16.67%
H	10.00%	35.00%	40.00%		15.00%
I	16.67%	16.67%	41.67%	25.00%	
J	42.86%		28.57%	28.57%	
K	33.33%		50.00%	16.67%	
L	33.33%		33.33%	33.33%	
M	25.00%		50.00%	25.00%	
N	18.75%		71.88%	9.38%	
O	17.65%		64.71%	17.65%	
P	10.00%	35.00%	45.00%	7.50%	
Q	7.14%	35.93%	46.43%	10.71%	
R	5.59%	21.23%	53.35%	17.32%	

图4-5 网民转发违法、不良内容频率图

良内容识别能力较强的网民(能识别所有违法不良网络内容的网民和能识别绝大多数违法不良内容的网民)发布或转发过损害国家利益、危害国家安全的内容,不利于民族团结的内容,淫秽色情及色情擦边球内容,虚假内容,侵犯版权内容,恶搞内容等网络内容;其中,虚假内容、侵犯版权内容、恶搞内容、明星八卦内容等发布频率相对较高。

(2)网民参与网络内容治理效果有限

一方面,网民权利被弱化致参与效果有限。当前,我国网络内容治理主要通过平台管用户的方式对用户行为予以监管。而网络内容平台的私权力主要由用户服务协议赋予。用户在注册页面点击"同意"按钮,则意味着网络内容平台与用户间合同的生效,用户行为应受用户服务协议限制。很多网民并未仔细阅读协议即同意平台为自己设定的各种免责条款,导致网民在网络内容平台中的权利受限。网民相对弱势的地位导致其参与网络内容治理的效果有限。

另一方面,参与意愿转化成参与行动的效果有限。公民长期形成的对社会控制性管理已形成"路径依赖"和麻木,导致"社会管理参与"的"冷漠"。① 一般而言,过度娱乐型和逃避型网民主要以自我为中心,较少考虑网络内容生态和网络安全的维护等关乎国家、社会发展的问题。总体而言,大多数网民只会在切身利益受到侵犯时,才会对网络内容平台中所传播的违法不良内容予以举报;若是相关违法不良内容和网络失范行为并未殃及自身,网民多选择"坐视不管"。调研显示,受调查的 518 名网民参与网络内容治理意愿的平均值为 3.969 分(表 4-2);而受调查者对网民参与网络内容治理的评价仅为 3.255 分(表 4-3)。"实然"和

187

———

① 高建华,陆昌兴.参与式社会管理与社会自我管理:理论逻辑与实践指向——兼论社会主体视域下社会管理体制的构建[J].上海行政学院学报,2016(2):13-22.

"应然"仍存在较大差距，说明网民的参与意愿与网民的实际行动仍然存在差距。

表 4-2 网民参与网络内容治理意愿平均值分布

基 础 指 标						
名　　　称	样本量	最小值	最大值	平均值	标准差	中位数
您是否愿意参与到网络内容治理中来	518	1.000	5.000	3.969	0.951	4.000

表 4-3 网民参与网络内容治理评价平均值分布

基 础 指 标						
名　　　称	样本量	最小值	最大值	平均值	标准差	中位数
您认为目前网民参与网络内容治理的情况如何	518	1.000	5.000	3.255	0.927	3.000

值得注意的是，分别对网民参与网络内容治理意愿与网民对举报通道的了解（表4-4）、网民参与网络内容治理渠道（表4-5）进行交叉分析，发现在非常愿意和比较愿意参与网络内容治理的366人中，仍然有146人不知道政府、行业协会和网络内容平台自设的违法不良信息举报通道，占比达39.89%；同时，有96人从未通过建言献策、担任平台监督员或志愿者、举报违法不良内容、卸载平台、取消网络内容发布者等方式参与网络内容治理，占比达26.23%。这意味着虽说部分网民怀有参与网络内容治理的热情，却并不知道如何参与，参与效果有限。

表 4-4 网民参与网络内容治理意愿与网民对举报通道了解情况的交叉分析

交叉汇总表

选　项	您是否愿意参与到网络内容治理中来:					总 (n=518)
	非常愿意 (n=177)	比较愿意 (n=189)	一般 (n=119)	不愿意 (n=25)	非常不愿意 (n=8)	
A. 12321 网络不良与垃圾信息举报受理中心	45(25.42)	57(30.16)	20(16.81)	3(12.00)	0(0.00)	125(24.13)
B. 中国互联网违法和不良信息举报中心	30(16.95)	36(19.05)	13(10.92)	3(12.00)	1(12.50)	83(16.02)
C. 各网络内容平台自设举报通道	57(32.20)	59(31.22)	24(20.17)	5(20.00)	0(0.00)	145(27.99)
D. 全国各省市自设举报网站	18(10.17)	21(11.11)	3(2.52)	1(4.00)	0(0.00)	43(8.30)
E. 全国各地举报电话	25(14.12)	23(12.17)	4(3.36)	2(8.00)	0(0.00)	54(10.42)
F. 网络违法犯罪举报网站	21(11.86)	21(11.11)	3(2.52)	1(4.00)	0(0.00)	46(8.88)
G. 以上皆不知道	73(41.24)	73(38.62)	70(58.82)	18(72.00)	7(87.50)	241(46.53)

表4-5 网民参与网络内容治理意愿与网民参与网络内容治理渠道的交叉分析

交叉汇总表

选　　项	您是否愿意参与到网络内容治理中来：					汇总 (n=518)
	非常愿意 (n=177)	比较愿意 (n=189)	一般 (n=119)	不愿意 (n=25)	非常不愿意 (n=8)	
A. 对网络内容相关法规的征求意见稿提供建议	25(14.12)	19(10.05)	5(4.20)	2(8.00)	0(0.00)	51(9.85)
B. 担任相关网络内容平台的监督员或志愿者（例如新浪微博监督员、虎牙直播志愿者团队）	10(5.65)	8(4.23)	1(0.84)	0(0.00)	0(0.00)	19(3.67)
C. 成为各省市举报网站的网络举报志愿者	9(5.08)	7(3.70)	1(0.84)	0(0.00)	0(0.00)	17(3.28)
D. 在举报通道对违法、不良内容予以举报	42(23.73)	52(27.51)	20(16.81)	2(8.00)	0(0.00)	116(22.39)
E. 对泄露个人隐私、监督不力的网络内容平台予以卸载	61(34.46)	69(36.51)	38(31.93)	5(20.00)	3(37.50)	176(33.98)
F. 对发布淫秽、色情、庸俗、暴力等违法不良内容的发布者予以取消关注	51(28.81)	71(37.57)	43(36.13)	6(24.00)	3(37.50)	174(33.59)
G. 对优质的网络内容发布者予以关注，并对优质内容予以点赞、评高分	71(40.11)	81(42.86)	35(29.41)	6(24.00)	1(12.50)	194(37.45)
H. 以上皆未做过	45(25.42)	51(26.98)	45(37.82)	15(60.00)	4(50.00)	160(30.89)

4.3 网络内容协同治理机制有待完善

值得注意的是，治理主体之间的协同和整合离不开利益的协调、监督约束和信息共享。然而，在网络内容治理体系的建设过程中仍然面临着利益协调机制较为滞后、监督约束机制较不完善、信息共享机制较为欠缺等问题。

4.3.1 利益协调机制较为滞后

实现自身利益诉求是推动政府、企业、行业协会和网民等网络内容治理主体参与网络内容治理的主要驱动力。只有当政府、企业、行业协会和网民利益诉求得到协调与整合时，我国网络内容治理主体才能更好地发挥治理合力。然而，不同利益相关者利益诉求的不同也导致了我国网络内容治理主体协同性不足，治理资源分配不均等现象。而我国网络内容治理中利益协调机制的滞后则加剧了这种现象。当前，利益协调机制较为滞后主要体现在利益表达机制不足和利益补偿机制欠缺两个方面。

一是利益表达机制不足。目前，以网信部门、广播电视行政部门、文化和旅游行政部门等为代表的政府部门通过在官方网站设立主任信箱、部长信箱、局长信箱、咨询留言、公众留言、电信申诉、常见问题解答等板块为网民提供表达自身利益诉求的渠道。一方面，网民素质良莠不齐，导致网民利益表达雷同、利益表达碎片化、利益表达无效现象时有发生，不利于政府有效快速做出反馈；另一方面，某些部门在回应相关诉求时随意性较强，回答多较为笼统和官方，更有甚者会直接套用固定模板作答；同时，网民相关利益诉求须经过层层政府予以传达，导致沟通渠道过长，降低了利益表达有效性。值得注意的是，企业的利益诉求主要由行业协会传达。然而，当前仍然缺乏一个有效且常态化的利益表达机制来传达行业协会诉求。行业协会或是通过协会领导个人渠道，或是向相关

191

部门提交建议等方式向政府表达其诉求，不具备稳定性，不利于得到及时反馈。

二是利益补偿机制不规范。在网络内容治理中，个人利益与集体利益的协调、经济利益与社会利益的协调必然会存在利益的受益者和受损者。例如，合法经营的网络内容平台企业会严格依据政策法规规定对网络平台中的不良、违法内容予以实时巡查和惩处，不仅会耗费一定的时间成本和金钱成本，还会因为过于严苛的审查减少部分流量，在一定程度上成为"受损者"；不合规经营的网络内容平台唯点击率和访问量至上，不仅疏于检查，还对"博眼球"的信息予以推送，扩大了影响力，在一定程度上成为"受益者"。当前，对于此种利益失衡，政府主要通过约谈、惩罚等方式予以打击，但缺乏对合法经营网络内容平台企业的补偿与激励。

4.3.2 监督约束机制较不完善

监督约束机制主要是网络内容治理主体为监督和约束其治理行为而采取的一系列措施。健全的监督约束机制能帮助网络内容治理主体快速有效地发现问题并及时纠正错误。推动政府、企业、行业协会和网民之间的相互监督，能更好地约束和规范其治理行为，有利于维护其协同治理的稳定性，提高我国网络内容治理效率。当前，在我国网络内容治理中，仍存在监督机制欠缺、评价机制缺失、追责机制不足等问题。

一是监督机制欠缺。目前，在网络内容治理领域，相关政府部门、企业和行业协会纷纷设立违法和不良信息举报中心为网民提供举报渠道，取得了一定成效。然而，此种监督主要是针对网络内容的监督，企业、行业协会和网民对政府的监督机制仍不理想。首先，公众监督机制不完善。尽管政府开放信息活动逐步深入，但政府所公布的信息存在一定的滞后性。信息的滞后和碎片化，不利于公民快速全面地掌握与网络内容发展相关的信息，降低了监督效率，甚至会导致监督无效。与此同时，当前仍然缺乏一套具体、可行的公众监督制度来引导网民如何正确地参与监督，直接影响了公众对网络内容监督的积极性。其次，行业协会监督机制不完善。由于行业协会兼具"公益性"和"私益性"两种属性，一方面受政府影响较大，另一方面是企业的"俘获服从者"，行业协会自身地位不高，导致其监督作用甚微。

二是评价机制缺失。评价机制主要是解答为何评价、评价什么、怎样评价的问题，以激励网络内容治理主体积极参与网络内容治理，一道形成治理合力。尽管我国网络内容治理主体已意识到治理评价的重要性，但仍未提出具体可行的网络内容治理评价方案，导致治理评价机制的缺失。目前，仍然缺乏一个科学、有效、可操作性强的治理评价机制，无法科学、合理地量化政府、企业、行业协会和网民在网络内容治理中的具体作用。这样一来，监督者很难判别网络内容治理主体的治理效果，无法快速准确地找出其在治理过程中的不足。

三是追责机制不足。追责机制是网络内容治理主体发现网络内容生产、传播和消费主体的违法和失范行为后所实施的追惩和问责机制，是一种硬性约束。完善和健全的追责机制可以对网络内容平台、网民造成威慑，规范其市场竞争行为和网络行为。然而，我国的追惩机制仍不完善。尽管相关政策法规和网络内容平台规范对违法行为的惩罚予以了规定，但规定多较为抽象且模棱两可，操作性不强，留下了自由裁量空间。同时，仅有少量平台规范根据用户违法行为的严重程度制定不同的惩罚措施，但绝大多数平台规范的追责仍然较为模糊。

4.3.3　信息共享机制较为欠缺

在我国网络内容治理体系中，网络内容治理主体涉及政府、企业、行业协会和网民。政府各职能部门、网络内容生产企业、网络内容平台企业、行业协会和网民在网络内容治理中各有分工，权限各不相同，其所掌握的信息各异。然而，面对海量的网络内容，单个治理主体无法面面俱到，这就要求各治理主体之间形成联动，发挥治理合力。然而，信息共享机制的不完善阻碍了治理主体间的协同发展。

一是信息公开不够。当前，各级政府部门响应国家政策法规号召，先后进行政务公开，将与网络内容相关的政策法规、行政执法信息、权力清单等公之于众。然而，公开内容仍不全面，不少网民普遍关注的事项并未公开；同时，信息公布不及时，存在滞后性。此外，各大网络内容平台掌握着大量的数据，却因相互竞争关系，仅供内部使用。企业与企业之间、企业与政府之间形成信息孤岛，导致信息碎片化，不利于政府、企业、行业协会之间的信息共享，阻碍了网络内容治理效率的提升。例如，以新浪微博为代表的网络内容平台先后设立信用评分制度，依据用户行为进行信用评分。信用评分制度作为衡量用户信用程度的重要依据，在网络内容平台治理中发挥了一定的作用。然而，当前各网络内容平台仅在平台内部推行此制度，并未将各自的"黑名单"信息予以共享，不利于网络内容平台的联动治理。值得注意的是，目前仍有部分省份的互联网协会和网络视听节目服务协会并未设立官方网站向公众公布信息。

二是信息标准不一且缺乏制度指导。虽然政府、行业协会和网络内容平台构建了各自的信息系统。然而，不少基层政府和省市级行业协会的信息系统主要由外包公司搭建，因外包公司不同而标准各异，导致政府、行业协会和网络内容平台在搭建过程中并未遵循统一信息标准。同时，在网络内容治理领域，并未像水利部门那样颁布专门的信息资源共享管理办法，缺乏制度层面的指导。网络内容治理主体并未在信息共享目录编制、信息更新、共享服务环节等流程达成一致。

三是缺乏信息共享渠道与平台。一方面，政府、网络内容平台、行业协会和网民之间的信息共享渠道仍未完全建立，各网络内容治理主体之间并不知道应通过何种渠道、何种形式来实现各自的信息共享。另一方面，政府、网络内容平台、行业协会和网民缺乏一个兼具信息上传、分享与查询功能的数据共享平台，不利于治理主体信息资源的整合与流动，影响了多元治理主体协同治理合力的发挥。

4.4 网络内容治理规则保障体系尚待优化

我国网络内容治理规则保障体系尚待优化，网络内容政策法规较不完备、网络内容行业规范较不完善且网络内容平台规范较不合理。

4.4.1 网络内容政策法规较不完备

其一，政策法规的制定相对滞后。随着互联网技术的全面推进，技术与内容的交融日益广泛和深入，科学技术已渗透到内容创作、生产、传播、消费各个层面与环节，[①] 技术变迁在催生新型业态的同时，也改变了网络内容发展的技术环境，引发网络内容领域生产关系的深刻变革，为网络内容政策法规的完善提出新的挑战。例如，数据挖掘技术和爬虫技术与新闻服务的结合催生了新闻聚合服务器(news aggregator)，深化了报刊出版商和新闻聚合服务商之间的矛盾；生成式人工智能与出版行业的融合将人工智能创作物著作权问题提上议程。同时，随着数字化经济的深入发展，用户的发布、点赞、转发、分享、下载等行为都被平台记录在案，并成为其提高服务和审核内容的依据。平台凭借对数据的强大掌控力和算法优势，对网络内容管理和控制能力逐渐增强，但也极易引发数据垄断风险。由此，如何在法律层面明确数据确权、共享与保护原则也成为网络内容治理立法亟须解决的问题。

其二，交叉立法、重复立法等立法浪费现象严重。在横向上，部门与部门之间互不隶属，彼此独立，在制定政策法规时不可避免会各有侧重。由于政出多门，不同法规、政策之间缺乏关联与支

195

---

① 陈名杰. 科技催生文化产业新业态 推动文化与科技深度融合发展［EB/OL］.［2020-02-10］. http://theory. people. com. cn/n1/2017/0126/c40531-29049797. html.

持，对整体性问题把握不够，易导致立法内容交叉。① 例如，《互联网文化管理暂行规定》将网络音乐娱乐、网络游戏、网络动漫等纳入互联网文化产品的范畴，而《网络出版服务管理规定》同样将"文学、艺术、科学等领域内具有知识性、思想性的文字、图片、地图、游戏、动漫、音视频读物等原创数字化作品"纳入网络出版物的范畴。文化和旅游行政部门与出版行政部门所颁布法规存在交叉，导致其管制对象的重复与交叉。在纵向上，地方网络内容法规多为对中央法规的照搬照抄，缺乏地区差异性，实践与操作性不够强。交叉立法和重复立法的现象导致政策内容存在"打架"现象，一方面加剧了部门权责不清的现象，另一方面降低了政府的执法效率。

其三，政策法规结构较不合理。主管部门在制定政策法规时，多从便于管理的角度出发。政策法规内容主要集中于网络内容主体准入、网络内容主体职责和行政处罚等方面。"不得""应当"等约束性词汇出现频次较多。在 342 项政策法规中，包含"不得"和"应当"的文本分别达 224 个和 204 个，其中，"应当"共出现 3467 次，"不得"共出现 1288 次。激励性规定不足，而禁止性规定有余。如《网络信息内容生态治理规定》《互联网直播服务管理规定》等都明确了互联网信息服务提供商需配备专业人员、开展内容实时监控和保护个人信息安全的责任，而有关网络内容主体权利的规定相对较少。

其四，政策法规内容界定较不清晰。当前，有关违法内容的界定多以"八不准""九不准""十不准"形式呈现，具体规定并非完全一致。此外，相关条款用词抽象、笼统，并未明确违法内容的判断和分类依据，在实施过程中主要靠执法人员主观决断，无形中加大了执法的随意性。②

---

① 李龙亮. 立法效率研究[J]. 现代法学，2008(6)：51-59.
② 北京市互联网信息办公室. 国内外互联网立法研究[M]. 北京：中国社会科学出版社，2014：176.

4.4.2　网络内容行业规范较不完善

一方面，行业规范相关规定较为笼统，可操作性不强。行业规范与政策法规、平台规范同属网络内容治理规则的一部分。一般而言，政策法规多在顶层设计层面对网络内容治理予以宏观指导。行业规范上承政策法规，下接平台规范，作为连接二者的桥梁，应结合行业发展规律，在政策法规相关条款的基础上予以适当拓展和延伸，对具体细则予以明确。例如，澳大利亚原互联网行业协会（Internet Industry Association）所颁布《内容服务规则》（Content Services Code）是依据《广播服务法》（Broadcasting Services Act）附录7"内容服务"相关要求而制定，是对相关法律条款的具体补充，从内容评估与分类、投诉处理、删除机制、网络安全、限制访问系统、聊天服务等方面明确澳大利亚网络内容服务商的职责与功能，指导其更好履行法律义务。① 尽管相关行业规范涉及淫秽、色情不良信息，数据和个人信息保护，网络视听，网络短视频，网络空间安全和网络版权等多个领域，但多以自律公约、倡议书形式确立，且相关规定过于原则、抽象和笼统，操作性不强。当前，仅有《网络短视频平台管理规范》《网络短视频内容审核标准细则》和《网络综艺节目内容审核标准通则》在《互联网视听节目服务管理规定》《网络信息内容生态治理规定》等法规基础上，从平台账户管理规范、内容管理规范、技术管理规范等角度对短视频平台具体职责予以明确，并对短视频内容和网络综艺节目内容审核标准予以罗列，为短视频内容和综艺节目内容的审核提供了明确的标准。然而，其他行业规范规定多较为笼统，并未对相关政策法规予以补充和延伸，导致可操作性较弱。

另一方面，网络内容行业规范惩戒性规定不完备。目前，在笔

197

---

① Internet Industry Code of Practice. Content Services Code［EB/OL］.［2019-09-24］. https://www. commsalliance. com. au/__data/assets/pdf_file/0020/44606/content_services_code_registration_version_1_0. pdf.

者所分析的 68 个网络内容行业规范中，公约和倡议分别达 24 项和 20 项，占 64.7%。这些自律公约和倡议书主要从道德层面倡导协会会员遵守相关法律法规，增强自身自律意识和社会责任意识，共同建设和维护良好的网络生态，虽在一定程度上起到了正向激励的作用，但惩戒性规定仍不完备。尽管以《博客服务自律公约》《互联网搜索引擎服务自律公约》《互联网终端软件服务行业自律公约》《中国互联网网络版权自律公约》《中国互联网行业自律公约》《中国网络视听节目服务自律公约》为代表的 12 个公约明确规定若成员违反公约，视不同情况基于内部通报、取消成员资格或向社会公布；然而，这些公约并未明确惩戒原则、惩戒标准、惩戒程序，并未提供具体而完备的惩戒指南。

4.4.3 网络内容平台规范较不合理

首先，权利性规定不足，义务性规定有余。平台规范的制定旨在为网络内容平台展开内容治理提供行动指南与依据。值得注意的是，网民作为网络内容的生产者、传播者和消费者，在网络内容建设和治理中同样发挥着重要作用。这意味着平台规范在明确网民义务的同时，还应赋予其一定权利，激发网民的参与积极性。目前，在笔者所调查的 180 个网络内容平台规范中，权利性规定不足、义务性规定有余问题仍普遍存在。当前，网络内容平台规范主要涉及账号、用户行为规范、网络内容规范、用户个人信息保护、知识产权、未成年人保护等内容，且多通过明确用户义务形式予以展现。就自身职责而言，平台主要通过"服务"一词的表述来替代其应履行的"义务"，弱化相关职责。① 以知识产权相关规定为例，超过一半的网络内容平台在规则中强调用户通过平台上传内容的行为即为授权给平台包括许可使用、复制、展示、传播内容的权利。此类格

---

① 周文泓，张玉洁，陈怡. 我国个人网络信息管理的问题与对策研究——基于商业性网络平台政策的文本分析[J]. 图书馆学研究，2018(16)：48-62，47.

式条款在没有对价的情况下强迫用户免费授权，不利于用户版权利益的实现，① 在一定程度上会打压用户的创作热情。同时，在用户个人信息保护方面，仅在信息管理方面赋予个人信息访问、更改、删除及账号注销的权利，而信息收集、信息使用、信息存储和信息保护等方面的规定主要是为平台展开信息收集、信息使用和信息存储提供依据，但并未明确告知平台在收集、使用和存储信息的具体流程，用户无法判断平台在收集和使用信息时是否合规。例如，《斗鱼隐私政策》规定"我们只会共享必要的个人信息"，② 而信息必要与否全凭平台判断。此外，26 个网络内容平台都在服务协议中明确了免责条款，明确平台在特殊情况可免于承担责任，要求用户对自身行为负责。

其次，平台规范仍不完备，且未形成统一标准。一方面，大多数平台规范仍不完善。在笔者所调查的 26 个网络内容平台中，仅有以 YY、虎牙、斗鱼为代表的网络直播平台和以新浪微博、微信为代表的社交平台的平台规范较为完备，覆盖用户协议、社区公约、信用规则、内容管理、隐私保护等多种形式和多个方面。其中，微信平台规范达 22 条、抖音 19 条、YY 直播平台 18 条、新浪微博 15 条，而网络视频平台、有声书平台、网络动漫平台、网络游戏平台和网络文学平台的平台规范多以用户服务协议、隐私保护政策、知识产权申明等形式展现，且平台规范数量多在 6 条以下。另一方面，平台与平台之间并未形成统一标准。尽管当前各大平台的用户协议在格式上实现了统一，都从账号注册、用户个人信息保护、用户使用规范、网络内容规范、知识产权、未成年人保护等方面制定协议，但在用户使用规范、网络内容规范标准上仍未形成统一。部分网络内容规范是对政策法规"九不准""十不准"规定的照

---

① 谭钧豪. 文学网站用户服务协议的僭越行为及其规范[J]. 出版发行研究，2018(7)：69-71，80.

② 斗鱼隐私政策[EB/OL].［2024-09-10］https://www.douyu.com/cms/ptgz/202008/06/16154.shtml#yinsi.

搬，部分网络内容规范则根据网络内容平台治理经验予以分类。这意味着，同样的"不良信息"无法在各个平台得到统一对待，与行政法中平等原则相悖。① 平台之间标准不一阻碍了平台与平台之间的合作与联合，减缓了平台之间协同治理进程。

最后，用户协议的部分格式化条款违反了契约合意性。当前，几乎所有网络内容平台用户协议都以"格式条款"形式显现，且在标准化模式下呈现同质化。② 一般而言，用户协议篇幅较长，多在3000~10000 字。若在协议内嵌入其他规范，则字数可达 20000 字，这将耗费用户大量的阅读时间。以《抖音用户服务协议》为例，协议共 12170 字；同时，《抖音隐私政策》和《抖音社区自律公约》嵌入其中，分别达 11124 字和 1074 字，这意味着用户需阅读 24368个字，若按每分钟阅读 400 字计算，则需使用 1 小时。值得注意的是，用户在注册账户时常常心情急切，几乎不可能仔细浏览协议内容，都是直接点击"同意"按钮。很多网友并不知道同意协议即意味着免费授权平台知识产权。同时，绝大多数网络内容平台在用户协议中明确平台有权视具体情况决定服务和功能的设置来修改、补充和变更协议，利用"修改条款"与"将来条款"消弭了用户事前阅读协议价值，③ 这种规定违反了契约合意性，在无形中将隐性风险强加给了用户。④

---

① 付士成，郭婧滢. 社交媒体治理视角下的互联网法律监管与行业自治[J]. 天津法学，2017(3)：57-64.

② 胡安琪，李明发. 网络平台用户协议中格式条款司法规制之实证研究[J]. 北方法学，2019(1)：53-62.

③ 宁红丽. 平台格式条款的强制披露规制完善研究[J]. 暨南学报(哲学社会科学版)，2020(2)：1-14.

④ Hillman R A, Rachlinski J J. Standard-form contracting in the electronic age [J/OL]. [2020-02-05]. https://poseidon01. ssrn. com/delivery. php? ID = 527000067124026066080117064067107108007003024042071075093073113070116101029061096034126124017103013093122116105016019090076000106000121124065082028068125126088028066121028093092025071067118122085087118081008070013066121027116121087010064023 007&EXT=pdf.

4.5 网络内容治理技术支撑体系亟须升级

合理有效地使用技术手段能在一定程度上缓解和释放政府、行业协会与网络内容平台的治理压力。当前，我国网络内容治理技术支撑体系亟须升级，集中表现在大数据技术利用深度不够、人工智能效用未充分释放、区块链技术功效发挥不足等方面。

4.5.1 大数据技术利用深度不够

当前，为顺应技术更迭趋势和政府政务公开号召，政府逐渐意识到利用信息技术参与网络内容治理的重要性，通过互联网站定期向公众公布与网络内容相关的政策法规、行政执法信息、权力清单等，并通过微博、微信、抖音等社交媒体增进与网民的沟通与交流；同时，对相关政务信息和执法数据予以收集，形成自身数据库。然而，这些大数据技术的利用还停留在数据挖掘和处理信息的阶段，并未实现信息与信息之间的共享与共通，不利于形成大数据治理合力，难以对网络内容展开智慧化和精准化的治理。例如，政府各部门虽掌握着一定的数据资源和信息资源，但并未推动部门与部门间信息共享，形成"信息孤岛"，未能实现信息的深度融合和合理使用；同时，各网络内容平台企业掌握着网络内容的生产、传播和消费数据，然而受平台与平台间竞争关系的影响，很少有平台愿意共享自身数据，平台与平台间信息流通闭塞。政府与政府之间、平台与平台之间、政府与平台之间并未形成信息的流动，无法对海量数据予以整合与分析，造成了信息的浪费。值得注意的是，部分网络内容平台将主要精力致力于增强数据的"大"，未对数据予以筛选和清理，难以保证数据"质量"。而人工智能技术和区块链技术的使用离不开海量数据做支撑，由此，国家应在顶层设计层面确保数据资源共享共通，形成网络内容治理的一体化大数据平

201

台，为政府、企业开展网络内容治理提供客观依据。

4.5.2　人工智能效用未充分释放

目前，阿里、百度、腾讯、网易等互联网企业纷纷研发内容安全系统或内容审核解决方案，采用人工智能技术对网络内容平台中所传播的文本、图片、音频、视频等予以识别，筛选低俗、低质、垃圾、敏感、暴恐、色情的内容。值得注意的是，各系统或解决方案在识别违法不良内容时主要根据关键词库、特征库和图片库予以筛选，而这些特征库正确率的高低直接与互联网企业数据样本量的多少挂钩。然而，各互联网企业"深度学习"信息资源库不同，导致不同系统的关键词、特征库算法各异。内容审核技术标准不统一会阻碍平台与平台之间的信息共享和协同审查。例如，YY、虎牙采用的是腾讯云内容安全解决方案，而映客直播、美拍等采用了图普科技的 TupuBrain 互联网 AI 云服务，不同的内容审核系统存在着标准不一的问题，不利于统一的违法不良内容数据库的构建。与此同时，人工智能内容审核技术仅仅掌握在少数互联网巨头手中，其他中小型网络内容平台若需使用该技术，须支付一定报酬予以购买。目前，仅仅各类网络直播、短视频、社交平台的头部平台购买了此类技术，一些小的平台囿于资金压力，并未购买相应技术。同时，在智能算法推荐领域，人工智能技术面临着伦理风险。智能算法推荐技术的初衷在于根据用户偏好和使用习惯为其量身打造浏览内容，旨在帮助用户在海量信息中快速匹配到感兴趣的信息。然而，在实际使用过程中，大多数网络内容平台受经济利益驱使一味迎合用户喜好，使之形成"信息茧房"。这样一来，用户沉浸在自身的"认知世界"里。若是用户自身偏好低俗、庸俗作品，则平台会自动向其推送此类作品，形成恶性循环，不利于社会主义核心价值观和正能量思想的引导。这意味着，在使用人工智能技术时，在尊重工具理性的基础上还应兼顾价值理性，实现工具理性与价值理性的统一。

4.5.3 区块链技术功效发挥不足

当前，虽然区块链技术与网络内容治理开始融合，但融合深度仍不够，区块链技术的性能未得到充分发挥。在互联网信息办公室公布的 16 批 4035 个区块链信息服务备案标号中，绝大多数技术应用于金融、医疗、数字藏品等领域，与网络内容治理相关的仍不多见，且大部分是数字版权与区块链技术的结合。区块链技术在网络内容治理中的使用仍停留在表面，且使用范围小，其性能未得到充分释放。区块链技术在推进网络内容治理主体多元协同、违法网络内容追责、平台与用户信用评级等方面具有一定的契合性，然而在实际操作过程中，区块链技术在这些方面的效能未得到有效发挥。例如，区块链技术作为一个多节点共同维护、去中心化的分布式共享记账技术，使得搭建一个多方参与且各方不可私自篡改的数据库①成为可能，而这正好与我国网络内容治理主体多元协同发展的要求相符。在我国网络内容治理中，政府、企业、行业协会和网民受自身利益诉求冲突、资产权属不明、个人隐私保护等因素影响，仍未形成主体之间信息资源共享与整合。而区块链技术可为政府、企业、行业协会和网民分别设置节点，各节点可将自身资源分别上链，通过分布式共享记账技术予以整合，既能实现信息资源的整合流通，也保证了各自资源的隐私。区块链技术具有的不可篡改性和可追溯性意味着区块链技术可在保护用户隐私的同时对其发布、浏览、转发、点赞、分享行为予以全程监控，这样一来，网民在链上的所有行为都会形成"证据"，便于根据信息流动轨迹追究相关主体的责任。此外，区块链技术可给予所有网络内容平台和用户唯一的数字身份，通过共同维护的"信用账本"记录网络内容平台和用

203

---

① Zhang Y，Wen J. The IoT electric business model：Using blockchain technology for the internet of things［J］. Peer-to-Peer Networking and Applications，2017，10(4)：983-994.

户的信用评级，在此账本上，用户可对网络内容平台予以评分，而网络内容平台同样可依据用户表现予以评分，且二者相互独立，互不影响；值得注意的是，区块链技术的使用可在保护用户个人隐私的前提下保障用户黑名单在各个平台之间的共享，可有效解决用户黑名单跨平台识别机制缺失的问题。然而，由于区块链技术与网络内容治理融合不足，这些设想还未在实践层面落地，未能充分发挥区块链的功效。

5 中国网络内容治理体系的完善对策

综合我国网络内容治理体系的基本框架和面临困境，发现其与利益相关者理论、协同治理理论和整体性治理理论有一定的契合性。基于此，本章在理论指导下，明确了我国网络内容治理体系的完善原则和优化路径，并对优化路径中的具体措施予以分析。

📚 5.1 我国网络内容治理体系的完善进路

我国网络内容治理体系的完善应坚持整体性、协同性、高效性原则，构建一个跨地域、跨部门、跨层级、跨功能的网络内容综合治理体系。在完善网络内容治理体系的过程中，应实现治理主体多元，建立并完善涵盖责任分担机制、信息公开与共享机制、利益协调机制、监督约束机制的协同治理机制，构建网络内容协同治理信息共享平台，推动治理流程的全过程全要素整合和治理规则体系与技术保障体系的优化升级。

5.1.1 我国网络内容治理体系的完善原则

结合整体性治理理论、协同治理理论和网络内容自身特点，在优化我国网络内容治理体系时应坚持整体性原则、协同性原则和高效性原则。

（1）整体性原则

整体性治理理论强调目标一致、决策协同、信息共享，注重部门与部门之间的合作与协同，着眼于通过中央集权、利用数字技术整合并协调各网络要素。总体来讲，整体性治理理论以满足公众需求与利益为目标，注重推动政府与社会组织之间的协同与合作，强调以信息技术为手段，通过整合和协同运作调动各方力量和资源，为公民提供一站式服务；同时，整体性治理理论倡导推进治理层级、治理功能、公私部门之间的整合与协同。① 在我国网络内容治理体系中，治理主体内部、治理主体与治理主体之间存在碎片化，加重了网络内容政府管理部门、网络内容平台、行业协会、网民参与网络内容治理的负担，减弱了多元治理主体的治理效能，不利于网络空间的清朗。而整体性治理理论所倡导的以公民问题为导向、推动部门间合作共赢、重视信息技术手段等核心观点对解决网络内容治理中的碎片化问题具有一定的适用性。坚持整体性原则，主要应做到以下几点：其一，推进治理层级的整合，即网络内容政府部门、网络内容相关行业协会自上而下各部门之间的整合，即跨层级治理；其二，推进治理功能的整合，即网络内容各治理主体内部功能的整合，以及网络内容政府部门、行业协会、网络内容平台和网民各治理主体之间的功能整合，具体而言，即将所有治理主体的功能予以归类，并将其拉入网络内容治理的"系统桌面"，② 根据网络内容治理的需要，对这些功能予以整合和重组，形成治理功能合力，即跨功能；其三，推进公私部门的整合，即推进网络内容政府部门、行业协会、网络内容平台和网民之间的整合，具体来讲即推进各治理主体之间的资源整合，即跨部门；其四，互联网的无边界性打破了地区与地区之间的壁垒，互联网的流动性模糊了属地管理的特征，以斗鱼为例，若甲地区的某用户在斗鱼中发布违法不良内

---

① Leat D, Seltzer K, et al. Towards holistic governance: The new reform agenda[M]. New York: Palgrave, 2002: 29.

② 方堃，李帆，金铭. 基于整体性治理的数字乡村公共服务体系研究[J]. 电子政务，2019(11)：72-81.

容，其影响的不仅仅是甲地区，更影响到了全国所有观看此内容的网民，由此，还需推进网络内容治理的跨地域整合。由此可见，整体性原则要求网络内容治理体系做到跨层级、跨功能、跨部门、跨地域的整合。

（2）协同性原则

辩证唯物主义认为，"世界上的一切事物处于普遍联系之中"。协同治理理论认为整个社会由若干个子系统构成，子系统之间相互联系、相互影响，通过协同与整合使得整个系统效率实现最大化。协同治理理论强调了治理主体间共担责任、相互问责的重要性，并明确了治理主体可通过面对面对话、信任构建、过程承诺、社会学习等方式形成协同；其中，原则性参与、共同动机和联合行动能力为治理主体展开协同治理的主要动力。值得注意的是，主体之间的共同动机和联合行动能力的形成离不开制度或机制的保障，需保证广泛包容性、机会和资源平等、过程透明，为治理主体之间的协同治理创造条件。我国网络内容治理体系效能的发挥与各要素之间的协同程度紧密相关。值得注意的是，各治理主体利益诉求各异、资源分配不同、所处地位悬殊且面对面交流不足，缺乏利益协调、信息共享和监督约束。对此问题，协同治理理论中所提出的协同动力、协同制度等论述具有一定的适用性。坚持协同性原则，主要应做到以下几点：其一，协同性原则要求各治理主体建立并完善责任分担机制、信息公开与共享机制、利益协调机制和监督约束机制，从明确职责、推动信息交流与共享、推进利益表达和利益补偿，完善监督机制、评估机制、问责机制等方式为治理主体的面对面对话、信任构建和过程承诺提供条件和动力。其二，协同性原则要求推动各治理主体的有序协同和配合联动，明确治理主体的权力边界和角色定位，保证治理主体之间相互配合，各司其职，解决治理主体间权责不清、职责交叉的问题。

（3）高效性原则

2018年，《中共中央关于深化党和国家机构改革的决定》指出，深化党和国家机构改革要坚持"优化协同高效"原则。网络内容治理体系作为国家治理体系的重要构成，其优化与完善同样应坚持高效性原则，降低网络内容治理成本，提升网络内容治理效率。与此同时，互联网具有开放性的特征，降低了网络内容生产、传播和消费的门槛，人人都可以成为网络内容的生产者、传播者和消费者。一方面，互联网突破了时间和空间的限制，人人都可以根据自身需求在特定时间访问世界各地网络内容；另一方面，人人都可以发布和传播网络内容，网络空间信息海量且传播迅猛，无序言行易生成，且传播隐蔽，如果信息反馈链条过长，则会影响网络内容治理的执行效率。① 网络内容作为"内容"与"技术"融合的产物，其生产、传播和消费数据都存储在网络内容平台中。2019 年，习近平总书记在中央全面深化改革委员会第九次会议指出，要"逐步建立起涵盖领导管理、正能量传播、内容管控、社会协同、网络法治、技术治网等各方面的网络综合治理体系"，② 强调了技术手段的重要性。由此，网络内容的治理离不开技术治理。在完善我国网络内容治理体系的过程中，高效性原则应主要体现在两个层面：一方面，应简化政府、企业、行业协会和网民的治理程序，通过简政放权的形式，适当赋予企业、行业协会和网民相应的权利，激发其活力，有效减少政府的自由裁量空间，提升网络内容治理效率。例如，采取负面清单制度赋予网络内容企业足够的私法自治权利，让其自主决定是否进入法律并无具体规定的"法律沉默空间"。另一方面，应结合网络内容的技术属性和互联网技术发展趋势，推动政府、企业、行业协会等网络内容治理主体充分利用大数据、区块链和人工智能等技术拓展网络内容治理方式，推动网络内容治理朝着智能化、智慧化方向发展，提升网络内容治理的精准度；与此同时，可搭建网络内容协同治理信息共享平台，为治理主体之间的信息共享提供技术支撑，提升网络内容治理主体协同治理效率。

---

① 谢新洲. 以创新理念提高网络综合治理能力 [EB/OL]. [2020-03-20]. http://www.cssn.cn/dzyx/dzyx_llsj/202003/t20200311_5099841.shtml.

② 习近平主持召开中央全面深化改革委员会第九次会议 [EB/OL]. [2019-10-11]. https://www.gov.cn/xinwen/2019-07/24/content_5414669.htm.

5.1.2 我国网络内容治理体系的优化路径

2018年，习近平总书记在全国网络安全和信息化工作会议中强调，要"提高网络综合治理能力，形成党委领导、政府管理、企业履责、社会监督、网民自律等多主体参与，经济、法律、技术等多种手段相结合的综合治网格局"。① 此外，习近平总书记在中央全面深化改革委员会第九次会议中指出，要"逐步建立起涵盖领导管理、正能量传播、内容管控、社会协同、网络法治、技术治网等各方面的网络综合治理体系"。② 2019年12月，国家互联网信息办公室颁布《网络信息内容生态治理规定》，指出"网络信息内容生态治理，是指政府、企业、社会、网民等主体，以培育和践行社会主义核心价值观为根本，以网络信息内容为主要治理对象，以建立健全网络综合治理体系、营造清朗的网络空间、建设良好的网络生态为目标，开展的弘扬正能量、处置违法和不良信息等相关活动"。③ 在党和国家系列政策法规的指导下，参照整体性、协同性和高效性原则，可以总结出，我国网络内容治理体系应是一个跨地域、跨部门、跨功能、跨层级的综合治理体系。同时，我国网络内容治理体系的优化须遵循"主体整合—机制创新—平台搭建—流程再造—规则优化—技术升级"的路径(图5-1)。

第一，整合治理主体。治理主体是网络内容治理的中流砥柱，是网络内容治理的核心力量。完善的网络内容治理体系应整合网络内容治理主体各方力量，明确各治理主体内部和治理主体之间的权力边界，充分发挥各自优势，在各自轨道各司其职，形成协同效应，实现跨部门、跨领域、跨功能、跨层次的合作。因此，网络内

209

---

① 大力提高网络综合治理能力[EB/OL]. [2018-10-11]. https://www.cac.gov.cn/2018-04/22/c_1122722885.htm.
② 习近平主持召开中央全面深化改革委员会第九次会议[EB/OL]. [2019-10-11]. https://www.gov.cn/xinwen/2019-07/24/content_5414669.htm.
③ 网络信息内容生态治理规定[EB/OL]. [2020-01-05]. https://www.cac.gov.cn/2019-12/20/c_1578375159509309.htm.

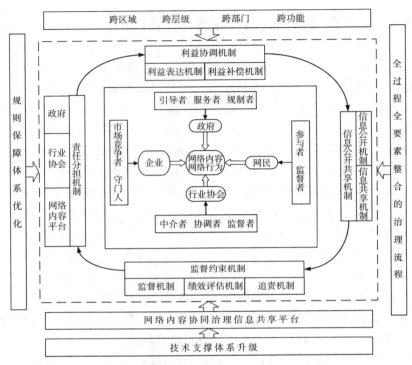

图 5-1　我国网络内容治理体系优化路径图

容治理体系的完善应依据各治理主体优势，具体问题具体分析，明
确其角色定位，如政府应履行好引导者、服务者和规制者职责；网
络内容企业应扮演好市场竞争者和守门员角色；行业协会应扮演好
中介者、协调者和监督者角色；网民则应履行好参与者和监督者职
责，做好自律与监督工作。

　　第二，创新协同治理机制。治理主体之间的协同与整合离不
开外力的推动。若将治理主体比作网络内容治理体系的"骨架"，
协同治理机制则为网络内容治理体系的"血液"，只有保障血液的
畅通，才能保障治理主体协同治理的顺利运行。健全的协同治理
机制应由责任分担机制、信息共享机制、利益协调机制和监督约
束机制构成。其中，责任分担机制应在制度层面分别赋予政府、

网络内容企业、行业协会和网民相应的职权；信息公开与共享机制则应为政府、行业协会、网络内容平台和网民之间的信息共享提供指南和保障，以加速信息资源的快速流通，为治理主体的协同提供信息支撑；利益协调机制则应由利益表达机制和利益补偿机制构成，通过利益表达机制为治理主体的面对面对话与过程承诺提供保障，并通过利益补偿机制平衡主体之间的利益；监督约束机制则应由监督机制、绩效评估和追责机制构成，通过监督、追责与绩效评估给予治理主体一定反馈，让其不断完善自身治理措施。

第三，搭建网络内容协同治理信息共享平台。网络内容协同治理信息共享平台是我国网络内容治理体系的枢纽，其主要功能在于为治理主体提供共享信息资源的渠道。从基础设施层、数据资源层、平台管理层、应用功能层和主体层搭建网络内容协同治理信息共享平台，涵盖整合和统一信息资源、实现信息统一管理与共享共用、为网络内容协同治理提供决策辅助、实现网络内容治理的协同联动等功能，能更好更快地加速跨区域、跨层次、跨部门和跨层级的治理资源的快速流通，提高网络内容治理效率。

第四，构建全过程全要素整合的治理流程。网络内容治理体系内部要素的协同和整合除须推动治理主体的协同与整合外，还需实现网络内容治理全流程全要素的整合与协同。网络内容治理体系的完善须完成网络内容治理流程的再造，从生产、传播和消费环节切入，充分调动各治理主体和治理要素，实现网络内容治理事前、事中和事后的联动。

第五，优化规则保障体系。治理规则保障体系是网络内容治理主体开展网络内容治理的主要依据和"武器"。只有不断推进规则保障体系的优化，才能使得"武器"更加精准和锋利，为网络内容的治理提供保障。

第六，升级技术支撑体系。技术支撑体系是推动网络内容治理体系完善的主要支撑，应加快人工智能技术、大数据技术和区块链技术的研发，推动技术支撑体系的升级。

211

5.2 推动网络内容治理主体多元协同

首先，对我国网络内容多元治理主体的演化博弈予以分析和仿真，在此基础上明确我国网络内容治理主体的角色定位，使其找准自身位置，在正确的位置充分发挥各自资源优势，形成治理合力。

5.2.1 网络内容多元治理主体演化博弈分析

在我国网络内容治理中，政府、企业、行业协会和网民发挥着不可忽视的作用。政府、企业、行业协会和网民是有限理性主体，在各自利益诉求驱使下，通过选择参与治理、不参与治理，合规运营、违规运营，参与监督、不参与监督等策略参与网络内容治理。基于我国网络内容多元治理主体的演化博弈分析，我们能更直观地分析网络内容多元治理主体间博弈状态，探索适合我国多元治理主体协同发展的路径。

（1）我国网络内容多元治理主体演化博弈模型的构建

假设 1：政府部门有两种策略可供选择，一是参与治理，二是不参与治理。其中，政府参与治理的成本为 C，可表示为 $C = C_0 + (1 - a)/b$。在公式中，C_0 为政府部门开展网络内容治理的成本；a 为行业协会参与网络内容治理的可能性；b 为常数，代表政府部门治理能力。同时，政府参与治理时，会得到形象提升，收益为 L。值得注意的是，政府参与治理有两种策略可供选择，一是积极治理，二是消极治理。其中，积极治理代表着政府能发现企业的违规行为，而消极治理则代表政府无法发现企业的违规行为。政府积极治理有利于净化网络空间，会为政府带来良好的社会影响，收益为 Q；消极治理会节省一定的人员、技术成本 U_1，但造成了不良社会影响，导致政府损失 W。此外，若政府不参与治理，则节省了成本 U_2，却会受到公众指责，造成损失 X。其中 $X > W > 0$，$U_2 > U_1 > 0$，$C > 0$，$Q > 0$。

假设2：企业也有两种策略，一是合规运营，一是违规运营。合规运营主要指网络内容生产企业和网络内容平台企业响应国家政策法规号召，生产积极向上的网络内容，并对网络内容平台中所传播的违法、不良内容予以监督和删除；违规运营主要指网络内容生产企业和网络内容平台企业受经济利益的驱使，生产低俗、庸俗甚至违法内容，并对网络内容平台中所传播的违法、不良内容放任自流。值得注意的是，只要政府参与治理，则会对企业的运营产生成本 R。正常情况下企业的基本收益为 M，若是合规运营，则会耗费一定成本 N_1，同时也会带来社会声誉 S_1，政府奖励 K_1（若政府参与治理，不论是积极治理、消极治理，都会予以合规运营企业相应奖励，若不参与治理，则不予以奖励）。此外，由于企业合规运营为网民提供了良好的环境，使得网民获得收益 P，也会为政府治理节省成本 E_1。若是违规运营，可获得收益 H，但会损失社会声誉 S_3，并为网民带来损失 G。若因政府积极治理，被政府发现违规运营，则企业会被政府约谈，进行整改会损失 S_2，还需支付罚款 K_2。

假设3：网民有参与监督和不参与监督两种策略选择。网民的基本收益为 N，若是参与监督，则成本为 V。若网民参与监督，且政府进行积极治理，则网民会获得满足感，带来收益 T_1，同时，也会给政府节省治理成本 E_2。同时，若网民参与监督，但政府消极治理或不参与治理，网民会感到失望。若是政府消极治理，网民心理损失为 Y_1；若政府不参与治理，则网民心理损失为 Z_1。若网民不参与监督，政府积极治理，会为其带来收益 T_2；政府消极治理，网民心理损失为 Y_2；政府不治理，网民的心理损失为 Z_2。其中，$Z_1 > Z_2 > 0$，$Y_1 > Y_2 > 0$，$T_1 > T_2 > 0$，$E_1 > E_2 > 0$。

假设4：x、y、z 分别为企业合规运营、网民参与监督、政府

213

参与治理的概率，而 $1-x$，$1-y$，$1-z$ 分别表示企业违规运营、网民不参与监督、政府不参与治理的概率。同时，政府积极治理的概率为 p，政府消极治理的概率为 $1-p$。其中，$0 \leq x \leq 1$，$0 \leq y \leq 1$，$0 \leq z \leq 1$，$0 \leq p \leq 1$。

（2）我国网络内容多元治理主体演化博弈模型求解

基于以上假设，我们可以得到本书所构建的博弈模型支付矩阵（表 5-1）。

表 5-1　政府、企业和网民三方的支付矩阵

企业和网民		政　府		
		政府参与治理（z）		政府不参与治理（$1-z$）
		政府积极治理（p）	政府消极治理（$1-p$）	
企业合规运营（x）	网民参与监督（y）	$M-R-N_1+S_1+K_1$ $N-V+T_1+P$ $-C+L+Q-K_1$ $+E_1+E_2$	$M-R-N_1+S_1+K_1$ $N-V-Y_1+P$ $-C+L-W-K_1$ $+U_1+E_1+E_2$	$M-N_1+S_1$ $N-V-Z_1+P$ $-X+U_2$
	网民不参与监督（$1-y$）	$M-R-N_1+S_1+K_1$ $N+P+T_2$ $-C+L+Q-K_1$ $+E_1$	$M-R-N_1+S_1+K_1$ $N+P-Y_2$ $-C+L-W-K_1$ $+U_1+E_1$	$M-N_1+S_1$ $N+P-Z_2$ $-X+U_2$
企业违规运营（$1-x$）	网民参与监督（y）	$M-R+H-S_3-S_2$ $-K_2$ $N-V+T_1-G$ $-C+L+Q+K_2+E_2$	$M-R+H-S_3$ $N-V-Y_1-G$ $-C+L-W$ $+U_1+E_2$	$M+H-S_3$ $N-V-Z_1-G$ $-X+U_2$
	网民不参与监督（$1-y$）	$M-R+H-S_3-S_2$ $-K_2$ $N-G+T_2$ $-C+L+Q+K_2$	$M-R+H-S_3$ $N-G-Y_2$ $-C+L-W+U_1$	$M+H-S_3$ $N-G-Z_2$ $-X+U_2$

对于政府部门来说,其选择"参与治理"与"不参与治理"策略的期望收益分别为 B_{Z_1} 和 B_{Z_2},平均期望收益为 B_Z:

$$B_{Z_1} = xy[p(-C+L+Q-K_1+E_1+E_2)+(1-p)(-C+L-W-K_1+U_1+E_1+E_2)]+x(1-y)[p(-C+L+Q-K_1+E_1)+(1-p)(-C+L-W-K_1+U_1+E_1)]+(1-x)y[p(-C+L+Q+K_2+E_2)+(1-p)(-C+L-W+U_1+E_2)]+(1-x)(1-y)[p(-C+L+Q+K_2)+(1-p)(-C+L-W+U_1)]$$

$$B_{Z_2} = xy(-X+U_2)+x(1-y)(-X+U_2)+(1-x)y(-X+U_2)+(1-x)(1-y)(-X+U_2)=-X+U_2$$

$$B_Z = zB_{Z_1}+(1-z)B_{Z_2}$$

对于网民来说,选择"参与监督"与"不参与监督"策略的期望收益分别为 B_{W_1} 和 B_{W_2},平均期望收益 B_W:

$$B_{W_1} = xz[p(N-V+T_1+P)+(1-p)(N-V-Y_1+P)]+x(1-z)(N-V-Z_1+P)+(1-x)z[p(N-V+T_1-G)+(1-p)(N-V-Y_1-G)]+(1-x)(1-z)(N-V-Z_1-G)$$

$$B_{W_2} = xz[p(N+P+T_2)+(1-p)(N+P-Y_2)]+x(1-z)(N+P-Z_2)+(1-x)z[p(N-G+T_2)+(1-p)(N-G-Y_2)]+(1-x)(1-z)(N-G-Z_2)$$

$$B_W = yB_{W_1}+(1-y)B_{W_2}$$

对于企业来说,选择"合规运营"与"违规运营"策略的期望收益分别为 B_{Q1} 和 B_{Q2},平均期望收益 B_Q:

$$B_{Q_1} = yz[p(M-R-N_1+S_1+K_1)+(1-p)(M-R-N_1+S_1+K_1)]+y(1-z)(M-N_1+S_1)+(1-y)z[p(M-R-N_1+S_1+K_1)+(1-p)(M-R-N_1+S_1+K_1)]+(1-y)(1-z)(M-N_1+S_1)$$

$$B_{Q_2} = yz[p(M-R+H-S_3-S_2-K_2)+(1-p)(M-R+H-S_3)]+y(1-z)(M+H-S_3)+(1-y)z[p(M-R+H-S_3-S_2-K_2)+(1-p)(M-R+H-S_3)]+(1-y)(1-z)(M+H-S_3)$$

215

$$B_Q = xB_{Q_1} + (1-x)B_{Q_2}$$

根据复制动态方程,当某单一策略适应度比群体平均适应度高时,此策略会增长。[①]

政府的复制动态方程为:

$$F(z) = \frac{\mathrm{d}z}{\mathrm{d}t} = z(B_{Z_1} - B_Z) = z(1-z)(B_{Z_1} - B_{Z_2}) = z(1-z)[x(-K_1 + E_1 - pK_2 + 1) + E_2y + p(Q + K_2 + W - U_1) - C + L - W + U_1 - U_2]$$

网民的复制动态方程为:

$$F(y) = \frac{\mathrm{d}y}{\mathrm{d}t} = y(B_{W_1} - B_W) = y(1-y)(B_{W_1} - B_{W_2}) = y(1-y)[z(pT_1 + pY_1 - pT_2 - pY_2 - Y_1 + Y_2 - Z_2 + Z_1) + Z_2 - V - Z_1]$$

企业的复制动态方程为:

$$F(x) = \frac{\mathrm{d}x}{\mathrm{d}t} = x(B_{Q_1} - B_Q) = x(1-x)(B_{Q_1} - B_{Q_2}) = x(1-x)[z(pS_2 + pK_2 + K_1) + S_1 + S_3 - N_1 - H]$$

为寻求演化博弈的均衡点,令 $F(x) = 0$,$F(y) = 0$,$F(z) = 0$,得出 8 个均衡点,分别为 $E_1(0,0,0)$、$E_2(0,0,1)$、$E_3(0,1,0)$、$E_4(0,1,1)$、$E_5(1,0,0)$、$E_6(1,0,1)$、$E_7(1,1,0)$、$E_8(1,1,1)$。此演化博弈均衡为严格的纳什均衡,除开这 8 个渐近点外,其他点都属于非渐近稳定状态。对上述 8 个均衡点展开分析,将 $F(x)$、$F(y)$、$F(z)$ 分别对 x、y、z 求偏导,可得其雅克比矩阵为:

$$J = \begin{vmatrix} x_1 & y_1 & z_1 \\ x_2 & y_2 & z_2 \\ x_3 & y_3 & z_3 \end{vmatrix}$$

其中,$x_1 = (1-2x)[z(pS_2 + pK_2 + K_1) + S_1 + S_3 - N_1 - H]$,

---

① 苏屹,刘艳雪. 区域创新系统中多主体间的动态演化博弈机制及仿真分析[J]. 贵州社会科学,2019(5):100-107.

$y_1 = 0$，$z_1 = x(1 - x)(pS_2 + pK_2 + K_1)$；

$x_2 = 0$，$y_2 = (1 - 2y)[z(pT_1 + pY_1 - pT_2 - pY_2 - Y_1 + Y_2 - Z_2 + Z_1)] + (Z_2 - V - Z_1)$，$z_2 = (y - y^2)(pT_1 + pY_1 - pT_2 - pY_2 - Y_1 + Y_2 - Z_2 + Z_1)$；

$x_3 = (z - z^2)(-K_1 + E_1 - pK_2 + 1)$，$y_3 = (z - z^2)E_2$，$z_3 = (1 - 2z)[x(-K_1 + E_1 - pK_2 + 1) + yE_2 + p(Q + K_2 + W - V_1) - C + L - W + U_1 - U_2]$

当平衡点为$(0, 0, 0)$时，此时的雅克比矩阵为

$$J_1 = \begin{vmatrix} S_1 + S_3 - N_1 - H & 0 & 0 \\ 0 & Z_2 - V - Z_1 & 0 \\ 0 & 0 & \begin{array}{l} p(Q + K_2 + W - U_1) - \\ C + L - W + U_1 - U_2 \end{array} \end{vmatrix}$$

可以看出，此时，雅克比矩阵的特征值为$\lambda_1 = S_1 + S_3 - N_1 - H$；$\lambda_2 = Z_2 - V - Z_1$，$\lambda_3 = p(Q + K_2 + W - U_1) - C + L - W + U_1 - U_2$。以此类推，将8个均衡点代入雅克比矩阵中，得出相应的特征值（表5-2）。

表 5-2　雅克比矩阵的特征值

均衡点	特征值 λ_1	特征值 λ_2	特征值 λ_3
$E_1(0, 0, 0)$	$S_1 + S_3 - N_1 - H$	$Z_2 - V - Z_1$	$p(Q + K_2 + W - U_1) - C + L - W + U_1 - U_2$
$E_2(0, 0, 1)$	$pS_2 + pK_2 + K_1 + S_1 + S_3 - N_1 - H$	$pT_1 + pY_1 - pT_2 - pY_2 - Y_1 + Y_2 - V$	$-p(Q + K_2 + W - U_1) - C + L - W + U_1 - U_2$
$E_3(0, 1, 0)$	$S_1 + S_3 - N_1 - H$	$Z_1 + V - Z_2$	$E_2 + p(Q + K_2 + W - U_1) - C + L - W + U_1 - U_2$
$E_4(0, 1, 1)$	$pS_2 + pK_2 + K_1 + S_1 + S_3 - N_1 - H$	$-pT_1 - pY_1 + pT_2 + pY_2 + Y_1 - Y_2 + V$	$-[E_2 + p(Q + K_2 + W - U_1)] - C + L - W + U_1 - U_2$

均衡点	特征值 λ_1	特征值 λ_2	特征值 λ_3
$E_5(1, 0, 0)$	$S_1 + S_3 - N_1 - H$	$Z_2 - V - Z_1$	$-K_1 + E_1 - pK_2 + 1 + p(Q + K_2 + W - U_1) - C + L - W + U_1 - U_2$
$E_6(1, 0, 1)$	$-(pS_2 + pK_2 + K_1 + S_1 + S_3 - N_1 - H)$	$pT_1 - pY_1 - pT_2 - pY_2 - Y_1 + Y_2 - V$	$-[-K1 + E_1 - pK_2 + 1 + p(Q + K_2 + W - U_1) - C + L - W + U_1 - U_2]$
$E_7(1, 1, 0)$	$-(S_1 + S_3 - N_1 - H)$	$-(Z_2 - V - Z_1)$	$-K_1 + E_1 - pK_2 + 1 + E_2 + p(Q + K_2 + W - U_1) - C + L - W + U_1 - U_2$
$E_8(1, 1, 1)$	$-(pS_2 + pK_2 + K_1 + S_1 + S_3 - N_1 - H)$	$-(pT_1 + pY_1 - pT_2 - pY_2 - Y_1 + Y_2 - V)$	$-[-K_1 + E_1 - pK_2 + 1 + E_2 + p(Q + K_2 + W - U_1) - C + L - W + U_1 - U_2]$

雅克比矩阵中，x_1 即为 $\dfrac{\mathrm{d}F_Q(x)}{\mathrm{d}x}$，

由此，$\dfrac{\mathrm{d}F_Q(x)}{\mathrm{d}x} = x_1 = (1 - 2x)[z(pS_2 + pK_2 + K_1) + S_1 + S_3 - N_1 - H]$

同理，$\dfrac{\mathrm{d}F_W(y)}{\mathrm{d}y} = y_2 = (1 - 2y)[z(pT_1 + pY_1 - pT_2 - pY_2 - Y_1 + Y_2 - Z_2 + Z_1)] + (Z_2 - V - Z_1)$

$\dfrac{\mathrm{d}F_P(z)}{\mathrm{d}z} = z_3 = (1 - 2z)[x(-K_1 + E_1 - pK_2 + 1) + yE_2 + p(Q + K_2 + W - V_1) - C + L - W + U_1 - U_2]$

由演化博弈的稳定性理论可知，当 $\dfrac{\mathrm{d}F_Q(x)}{\mathrm{d}x} < 0$，$\dfrac{\mathrm{d}F_W(y)}{\mathrm{d}y} < 0$，$\dfrac{\mathrm{d}F_P(z)}{\mathrm{d}z} < 0$ 时，所得出结果即为三方博弈稳定点。

一是企业的稳定策略。当 $[z(pS_2 + pK_2 + K_1) + S_1 + S_3 - N_1 - H] = 0$ 时，无论 x 取何值，系统都处于稳定状态。当 $[z(pS_2 + pK_2 + K_1) + S_1 + S_3 - N_1 - H] < 0$ 时，$\dfrac{\mathrm{d}F_Q(0)}{\mathrm{d}x} < 0$，而 $\dfrac{\mathrm{d}F_Q(1)}{\mathrm{d}x} > 0$，$x = 0$ 即为企业的演化稳定策略，即网络内容企业从违规运营向合规运营的策略演化。当 $[z(pS_2 + pK_2 + K_1) + S_1 + S_3 - N_1 - H] > 0$ 时，$\dfrac{\mathrm{d}F_Q(0)}{\mathrm{d}x} > 0$，$\dfrac{\mathrm{d}F_Q(1)}{\mathrm{d}x} < 0$，此时，$x = 1$ 为企业的演化稳定策略，即网络内容企业从合规运营向违规运营演化的策略。

二是网民的稳定策略。当 $[z(pT_1 + pY_1 - pT_2 - pY_2 - Y_1 + Y_2 - Z_2 + Z_1)] + (Z_2 - V - Z_1) = 0$ 时，无论 y 取何值，系统都处于稳定状态。当 $[z(pT_1 + pY_1 - pT_2 - pY_2 - Y_1 + Y_2 - Z_2 + Z_1)] + (Z_2 - V - Z_1) < 0$ 时，$\dfrac{\mathrm{d}F_W(0)}{\mathrm{d}y} < 0$，$\dfrac{\mathrm{d}F_W(1)}{\mathrm{d}y} > 0$，$y = 0$ 即网民的演化稳定策略，即网民从不参与监督向参与监督的演化策略。当 $[z(pT_1 + pY_1 - pT_2 - pY_2 - Y_1 + Y_2 - Z_2 + Z_1)] + (Z_2 - V - Z_1) > 0$ 时，$\dfrac{\mathrm{d}F_W(0)}{\mathrm{d}y} > 0$，$\dfrac{\mathrm{d}F_W(1)}{\mathrm{d}y} < 0$，$y = 1$ 为网民的演化稳定策略，即网民从参与监督向不参与监督的演化策略。

三是政府的稳定策略。当 $[x(-K_1 + E_1 - pK_2 + 1) + yE_2 + p(Q + K_2 + W - V_1) - C + L - W + U_1 - U_2] = 0$ 时。无论 z 取何值，系统都处于稳定状态。当 $[x(-K_1 + E_1 - pK_2 + 1) + yE_2 + p(Q + K_2 + W - V_1) - C + L - W + U_1 - U_2] < 0$ 时，$\dfrac{\mathrm{d}F_P(0)}{\mathrm{d}z} < 0$，$\dfrac{\mathrm{d}F_P(1)}{\mathrm{d}z} > 0$，$z = 0$ 即为政府的演化稳定策略，即政府从不参与治理向参与治理的演化策略。当 $[x(-K_1 + E_1 - pK_2 + 1) + yE_2 + p(Q + K_2 + W - V_1) - C + L - W + U_1 - U_2] > 0$ 时，$\dfrac{\mathrm{d}F_P(0)}{\mathrm{d}z} > 0$，$\dfrac{\mathrm{d}F_P(1)}{\mathrm{d}z} < 0$，$z = 1$ 即为政府的稳定策略，即政府从参与治理向不参与治理的演化策略。

（3）我国网络内容多元治理主体演化博弈仿真分析

　　根据上文的演化博弈模型和演化博弈求解，利用 Matlab R2017 编程对数值进行仿真分析。

　　在图 5-2 和图 5-3 中，横坐标 t 表示时间，纵坐标 x 和 z 分别表示企业策略和政府策略。假定企业初始策略为 $x = 0.5$，并保持初始值不变，随机变动政府和网民策略，分别取值 $y = z = 0.1$，$y = z = 0.3$，$y = z = 0.5$，$y = z = 0.7$，$y = z = 0.9$。不难发现，随着 y 和 z 取值的增大，企业演化策略曲线变化越快，其参与意愿更显著；同时，随着时间的推移，企业的演化策略会收敛于 1，即参与合规经营策略。同时，假定政府初始策略为 $z = 0.6$，并保持初始值不变，随机变动企业和网民策略，分别取值 $x = y = 0.1$，$x = y = 0.3$，$x = y = 0.5$，$x = y = 0.7$，$x = y = 0.9$。同样可以发现，随着 x 和 y 取值的增大，政府演化策略曲线变化加快，其参与意愿更显著。随着时间的推移，政府的演化策略会收敛于 1，即参与网络内容治理。

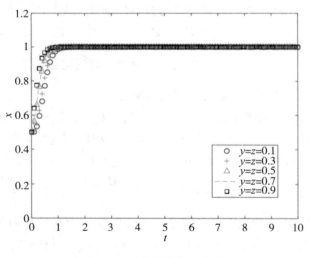

图 5-2　企业演化策略分析

　　进一步就企业对政府参与治理程度 p 的敏感性进行分析。保持企业初始策略 $x = 0.5$ 不变，并保持政府初始策略 $z = 0.5$ 不变，随机变化政府积极参与治理的概率 p，分别赋值 0.1、0.3、0.5 和

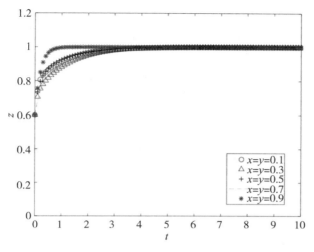

图 5-3　政府演化博弈策略分析

0.7，可以看出，随着 p 值的增大，企业演化策略变化加快，参与意愿更为显著(图 5-4)。这也意味着，当政府积极治理，发现企业违规行为并对其予以惩处能有效推动企业更好地参与网络内容治理。

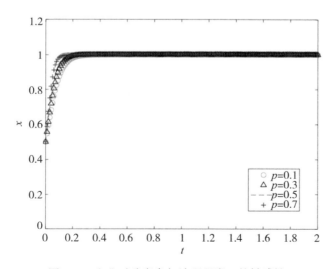

图 5-4　企业对政府参与治理程度 p 的敏感性

　　与此同时，分别就企业和政府对行业协会参与度 a 的敏感性进行分析。在图 5-5 和图 5-6 中，横坐标 t 代表时间，纵坐标 x 和 z 分别代表企业参与策略和政府参与策略。分别给政府和企业的初始策略赋值，政府 $z = 0.5$，企业 $x = 0.5$，保持初始值不变，分别令 $a =$

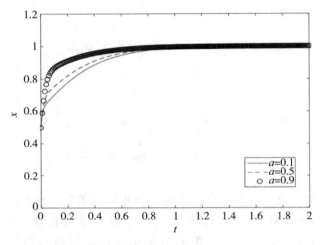

图 5-5　企业对行业协会参与度 a 的敏感性

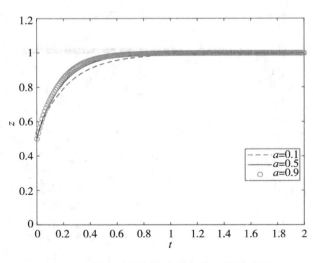

图 5-6　政府对行业协会参与度 a 的敏感性

0.1、0.5 和 0.9，可以看出，随着 a 值的增大，政府和企业的参与意愿愈来愈显著。由此可见，行业协会的参与能较大激励政府和企业更加积极地参与网络内容治理。

依照相同方式，分别就企业对网民参与度敏感性（图 5-7）和政府对网民参与度敏感性（图 5-8）进行仿真，分别设定企业和政府的初始策略为 0.5，即 $x = 0.5$，$z = 0.5$，分别对 y 予以赋值，讨论 $y = 0.3$，$y = 0.5$ 和 $y = 0.7$ 三种情形，可以得出，随着 y 值的增大，企业、政府参与网络内容治理的意愿会更为强烈。也就是说，网民参与监督的意愿越显著，企业和政府参与网络内容治理的意愿越显著。

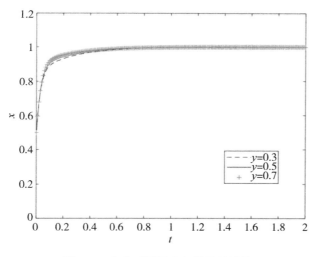

图 5-7　企业对网民参与度的敏感性

在以上仿真的基础上，在保持其他参数值不变的情况下，本书就企业对奖励力度 K_1 的敏感性（图 5-9）和企业对惩罚力度 K_2 的敏感性（图 5-10）展开研究，设定企业的初始策略 $x = 0.5$，分别给 K_1 和 K_2 赋值 10、30 和 50，可以看出，奖励力度和惩罚力度对企业网络内容治理策略的影响较大，若是增加奖励或是增加惩罚，企业会更加偏向于合规运营。

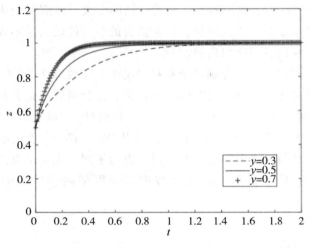

图 5-8　政府对网民参与度的敏感性

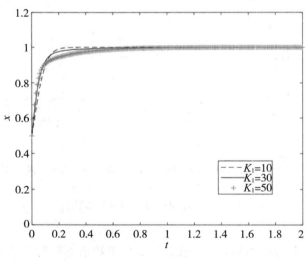

图 5-9　企业对奖励力度 K_1 的敏感性

　　由此可以看出，政府、企业、行业协会和网民的策略相互影响。其中，政府的积极治理能有效推动企业的合规运营，同时，政府对企业所采取的奖励和惩罚措施能有效增强企业合规运营的意

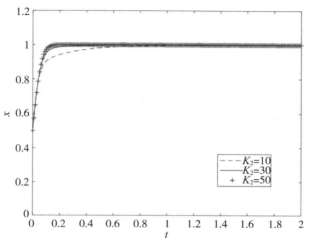

图 5-10　企业对惩罚力度 K_2 的敏感性

愿。此外，随着网民参与意愿的上升，企业、政府积极参与的意愿和企业合规运营的意愿也会获得相应提升。值得注意的是，行业协会的参与度也直接影响着政府和企业的演化博弈策略。因此，要实现政府、企业、行业协会和网民的协同治理，离不开相应的奖励机制和追责机制去激发其参与积极性。当各治理主体具有较高参与意愿时，则各治理主体的策略收敛于1，趋向于共同治理。

5.2.2　明确我国网络内容治理主体角色定位

目前，我国网络内容治理主体主要由政府部门、网络内容生产企业、网络内容平台企业、行业协会、专业用户和普通网民构成。根据利益相关者理论，利用权力/利益矩阵，根据政府部门、网络内容生产企业、网络内容平台企业、行业协会、专业用户、普通用户的利益诉求多少、权力大小对其所处位置予以判断。在图 5-11 中，包括普通网民和专业用户在内的网络用户处于 B 区域，权力较小，但作为网络内容治理的主要参与者，具有较多的利益诉求；以中国互联网协会、中国网络视听节目服务协会等为代表的行业协

225

会处于 C 区域，权力适中，利益诉求适中，在网络内容治理中主要起辅助作用；以国家互联网信息办公室、文化和旅游部、工业和信息化部等为代表的政府管理部门、网络内容生产企业、网络内容平台企业处在 D 区域，权力较大、利益诉求也较大。由此，在我国网络内容治理中，政府处于主导地位，而企业、行业协会和网民则处于辅助地位。

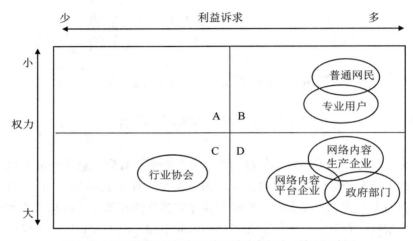

图 5-11　我国网络内容治理利益相关者权力/利益矩阵图

　　根据生态位理论，生物在生态系统中的位置和状态取决于该生物的生理反应、特有行为。[①] 在一定的生态系统中，生物种群多样且功能各异，不同生物凭借其特定功能占据不同生态位置，从而形成差异化生态位置。[②] 同时，各生物物种在生态环境中占有资源的多少决定了生态位宽度的宽窄。若将网络内容治理体系视作生态系

----

　　① 尚玉昌，蔡晓明. 普通生态学［M］. 北京：北京大学出版社，1995：283.

　　② 陈良雨. 高等教育治理主体权责结构的历史嬗变及其评价——基于生态位的分析视角［J］. 河南师范大学学报（哲学社会科学版），2017（2）：146-152.

统，则政府、企业、行业协会和用户可类比为生态系统中的不同生物物种。政府、企业、行业协会和用户功能各异，具有异质性。由此，在完善网络内容治理体系的过程中，应根据各治理主体的特征和功能，合理进行角色定位，使之各在其位、各谋其职。角色规范法理论认为，当社会体系中各角色权利和义务都得以明确界定时，角色冲突会减少到最低限度。①

（1）政府角色定位：引导者、服务者、规制者

政府作为国家意志的代表，具有强大的组织能力和号召能力。在图5-11中，政府权力最大、利益诉求最多，在我国网络内容治理主体中最为强势，作为"元治理"主体毋庸置疑。而作为网络内容治理的元治理主体，政府应扮演引导者、服务者和规制者的角色。

首先，作为引导者，政府应从顶层设计层面明确我国网络内容建设和发展方向，为网络内容生产主体创作网络内容指引方向；同时，政府应加强多元主体协同治理理念的宣传，增强网络内容生产企业、网络内容平台企业和网民的参与意识，并辅以相应的网络素养教育活动提升网民网络素养，引导其积极参与网络内容治理。其次，作为服务者，政府应力求做到以下三点：一是推动政府角色从"划桨"向"掌舵"转变，适当还权于企业、行业协会，将不该管、管不好的职能让渡给企业和行业协会，推动政府的简政放权，简化网络内容生产企业、网络内容平台企业的办事流程。二是推动政府内部各职能部门的合并与确权，一方面借鉴英国、澳大利亚等国组建广播、通信、互联网统一治理机构的经验，合并网络内容治理中职能相同或相近的部门，对我国广播、电视、网络音乐、网络游戏、网络出版、网络直播等实行统一的管理；另一方面，在法律层面合理界定部门与部门之间的权力边界，厘清中央行政部门与地方各级行政部门的权责利，同时也应考虑到基层政府部门与其所属地区政府部门（省政府、市政府等）之间的权力边界，处理好竖井式

227

_____

① 乐国安. 社会心理学［M］. 北京：中国人民大学出版社，2017：121.

管理与属地化管理矛盾。三是清晰界定以网络内容提供商和网络内容服务商为代表的企业、网络内容相关行业协会和网民在网络内容治理中的地位和作用，为网络内容活动的顺利展开提供法律依据，构建多元主体协商对话和相互监督机制，对企业、行业协会和用户之间的利益分歧予以协调，并引导其向着共同的方向发展。最后，作为规制者，政府的主要职责应在于通过行政手段、法律手段、技术手段对网络内容生产者、传播者和消费者的准入及市场行为予以控制，同时，为网络内容生产、传播和消费环节的顺利进行提供制度保障和政策支持。

（2）网络内容企业角色定位：市场竞争者、守门人

在网络内容治理体系中，网络内容生产企业和网络内容平台企业作为网络内容生产和传播中的中流砥柱，是连接网络内容、网民和政府的重要桥梁。其中，网络内容生产企业作为网络内容的主要提供者，主要扮演市场竞争者角色；网络内容平台企业则兼具"企业/市场"双重属性，一是市场竞争主体，二是秩序的维护者。在网络内容治理体系中，网络内容企业应扮演好市场竞争者和秩序维护者的角色。

一是网络内容市场竞争者。作为网络内容生产、传播中的主要市场主体，网络内容生产企业和网络内容平台企业的竞争力直接影响着我国网络内容的国际竞争力；同时，网络内容生产企业和网络内容平台企业所生产和传播的网络内容的好坏直接影响着网络空间环境的清朗与否。由此，作为网络内容市场竞争者，一方面，网络内容生产企业和网络内容平台企业应借鉴国外优秀网络内容提供者、服务者的成功经验，结合自身实际，推动企业与企业之间的合作，为用户提供兼具口碑与经济效益的精品力作和优质服务，提升网络内容企业竞争力，为我国网络内容竞争力提升贡献一份力量。另一方面，网络内容企业应遵照《公司法》有关规定，接受政府和社会监督，承担部分社会责任（图5-12）。网络内容产品不同于一般商品，同时具备商品属性和意识形态属性。双重属性的特征使其兼具市场价值与精神价值，既有市场交换、实现生产再生产的产业

经济功能，也有引导舆论、教育人民、巩固意识形态阵地的教化功能。① 由此，在网络内容企业治理中，网络内容企业的伦理责任和慈善责任至关重要，其肩负着弘扬社会主义核心价值观和传播网络内容正能量的重任。网络内容生产企业应响应政府号召，生产更多积极、向上、充满正能量、健康的网络内容，弘扬社会主义核心价值观。

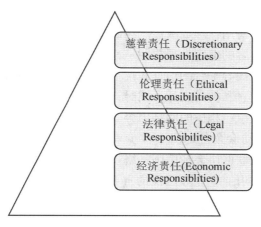

图 5-12 企业社会责任分类图

二是守门人，即秩序维护者。面对海量的违法、低俗、庸俗网络内容和庞大的网民基数，政府监管资源有限、无法穷尽每一个角落，而网络平台企业作为网络内容和网民的集散地，成为连接网民、网络内容和政府的桥梁。鉴于此，我国网络内容平台企业应成为政府参与网络内容治理的主要帮手。充分调动和合理利用网络内容平台的治理功能，能有效缓解政府的治理压力。作为网络内容秩序维护者，网络内容平台企业的职责应集中于四个层面：首先，网络内容平台企业应坚守阵地，按照相关法律法规规定，履行主体职

229

① 柳斌杰：中国文化产业八大政策取向［EB/OL］．［2020-03-02］．http://www.tsinghua.edu.cn/publish/jc/247/2017/20170407111502878422457/20170407111502878422457_.html.

责，制定企业规章制度，加强企业内部审核员培训工作，提升内容审核员的专业技能。同时，网络内容平台企业应加强自身守法意识，实现从"被动守法"到"主动守法"的转变，应加强企业内部培训，增强网络内容平台企业从业人员的知识产权意识，培养其责任感。其次，网络内容平台企业应完善平台规范，明确细化用户行为规范、网络内容、知识产权、个人信息保护、未成年人保护相关条款，为用户更好地使用平台程序提供行动指南。再次，加强网络内容平台对用户的事前准入，加快推进"人工+机器"的内容审核，明确违约处罚，对用户形成威慑。在此基础上，设立网民监督投诉渠道，为网络内容的健康发展提供一个良好的网络空间环境。最后，充分利用网络内容平台的信息和技术优势，为政府的有效监管和科学决断提供信息和技术支撑。同时，应充分利用人工智能算法，多向用户推送健康、积极的网络内容，弘扬正能量。

（3）行业协会角色定位：中介者、协调者、监督者

以中国互联网协会和中国网络视听节目服务协会为代表的行业协会是沟通政府、企业和网民的重要纽带，应积极履行其中介者、协调者和监督者的角色。

首先，作为中介者，我国行业协会兼具私益性和公益性两种属性，既代表着会员企业的共同利益，也代表着整个行业的利益。作为网络内容治理的中介者，一方面，行业协会应完善自身治理结构，加强对协会从业人员专业素养的培养，完善协会自律制度、会员行为规范和监督制度，增强自身治理能力。在此基础上，代表会员企业向政府部门传达诉求，并积极推动有关网络内容建设与发展的学术研究，为政府提供相关领域的研究报告，为政府科学决策提供依据。另一方面，网络内容行业协会应组织系列培训活动，提升网络内容企业从业人员的专业素养与技能，为行业发展提供人才保障和智力支持；同时，响应政府号召，将政府所颁布的与网络内容发展相关政策法规内化于心，在会员企业中进行推广与解读，推动政策法规更好地履行。其次，作为协调者，网络内容行业协会应协调好政府、企业和网民之间的关系。当政府、企业和网民的价值追求存在冲突或矛盾时，行业协会应创造条件促进政府、企业和网民

之间的沟通与协作,作为第三方来调和三者之间的冲突,推动其协同治理。同时,有效调节会员企业之间的纠纷与争议,推动企业间的合作共赢,推动政府、行业协会、企业和网民之间的共生,互相依存、相互作用、协同进化。① 最后,作为监督者,行业协会应制定系列行业规范为网络内容生产企业和网络内容平台企业提供行动指南;承担部分政府职能,如承担网络内容企业社会责任评估、网络内容企业贡献度测评、网络内容治理效果评估等;同时,应推进会员企业之间的互联共通,推动企业之间的信息共享,协助网络内容平台企业统一信用评分评价标准,实现网络内容平台治理合力。

(4)网民角色定位:参与者、监督者

网民身兼网络内容生产者、传播者和消费者数职,基数庞大,遍布全国各地,是网络内容治理体系中最为基础的治理主体。一方面,网民期待从网络空间获得高质量的网络内容,丰富其精神文化生活;另一方面,网民的个人素质和网络行为直接影响着网络内容质量。我国网络内容治理体系的完善要求网民在网络空间中扮演好"参与者"和"监督者"两个角色。

其一,作为参与者,网民是网络内容的主要发布者和传播者,应将网络内容相关政策法规"内化于心",提升自身法律意识、特别是版权意识,自觉遵守政策法规规定;同时,响应政府"弘扬网络正能量"的号召,积极在网络内容平台上发布积极、向上、健康、充满正能量的网络内容;主动加强自身网络素养,养成安全、健康使用互联网的习惯,提高网络内容的辨别和使用能力,自觉规避违法不良网络内容;同时,应增强主人翁意识,主动参与网络内容建设与治理,通过网络内容平台合理表达自身诉求,对政府政策法规的制定和决策服务作出积极反馈,提升自身的治理能力。

其二,作为监督者,网民应提升自身监督意识,充分利用政府、网络内容平台企业所提供的违法、不良信息举报中心对网络内容平台中的违法内容和违法行为予以举报,以达到净化网络,维护

231

网络社群秩序，抵制不正之风的效果，形成良好的监督氛围。与此同时，网民应充分发挥其"众包式消费者反馈特性"，根据自身真实感受，对所浏览网络内容予以客观评价。例如，通过评高分、点赞、打赏、关注、收藏、转发等行为对网络空间中的优质内容予以鼓励，通过网民的整体行为去推动网络内容企业创造更多精品力作。① 此外，网民可发挥"用脚投票"的优势，对泄露个人隐私、监督不力的网络内容平台予以卸载，对发布淫秽、色情、庸俗、暴力等违法不良内容的发布者取消关注，② 主动屏蔽不良内容，倒逼网络内容提供者和网络内容平台提供优质的内容和良好的网络空间环境。

5.3　完善网络内容协同治理机制

应从明确责任分担机制、健全信息公开与共享机制、完善利益协调机制、优化监督约束机制的角度完善我国网络内容协同治理机制，为治理主体的协同提供机制保障。

5.3.1　明确责任分担机制

在明确我国网络内容治理主体角色定位的基础上，还应加强我国网络内容治理主体多元协同的法律保障，在法律层面保证各治理主体各司其职、协同发展。

（1）明确政府的法定职责，推进权力清单制度

一方面，在法律层面明确网信部门、文化和旅游行政部门、广播电视行政部门、电信行政部门等的职权，不仅要合理界定部门与

---

① 李梦琳. 论网络直播平台的监管机制——以看门人理论的新发展为视角[J]. 行政法学研究，2019(4)：123-132.

② 范红霞，邱君怡. "数字守门人"在社交平台上的角色分配与权力流动[J]. 新闻爱好者，2019(6)：8-13.

部门之间的权力边界，还需厘清中央行政部门与地方各级行政部门的权责利，同时也应考虑到基层政府部门与其所属地区政府部门（省政府、市政府等）之间的权力边界，处理好竖井式管理与属地化管理矛盾。例如，针对《互联网文化管理暂行规定》和《网络出版服务管理规定》对文化行政部门管制对象和新闻出版行政部门管制对象界定存在交叉的问题，应进一步优化法律法规，解决交叉立法和重复立法问题，保持法律规定的一致性，为以网信部门、广播电视行政部门、文化和旅游行政部门为代表的网络内容监管部门依法行政提供法律依据。另一方面，在法律的指导下，进一步推进权力清单制度。将各部门的权力数量、种类等具体职责以权力清单的形式向社会公布，自觉接受公众监督，保证政府权力的规范化、明细化和法制化。这样一来，有利于明确各级政府在市场经济中的有形"座位"，使得政府主体坚持"法定职权"原则，实现"法无授权不可为"。

（2）推动网络内容平台治理权责的平衡

网络内容平台作为网络内容和网民的集散地，成为连接网民、网络内容和政府的桥梁。赋予网络内容平台一定的责任，使之承接政府相关职能，能够有效地降低执法成本，推动多元主体形成网络内容治理合力。而网络平台兼具市场竞争主体和市场秩序维护者的双重属性，① 若是赋予其过多监管义务，而忽视其权利，则会分散精力，阻碍其技术创新。例如，网络平台企业并非专业的内容监管机构，要求其对海量复杂的网络内容作出准确的判断仍然较为困难。若是网络平台企业错将合法内容认定为违法，将其删除，则不利于我国网络内容的多元化；若网络平台企业错将违法内容认定为合法，则加速了违法不良内容的传播。由此，在网络内容政策法规的制定中，应根据网络服务提供者在网络内容生产、传播和消费中的具体功能予以分类，并对其职责与义务予以明确规定。在明确其义务的同时，还应赋予其相应的权力，保证网络内容平台治理权责

233

---

① 叶逸群．互联网平台责任：从监管到治理[J]．财经法学，2018（5）：53.

的平衡。

（3）明确行业协会的法定职责

让-马克·夸克将合法性基础归结为"被统治者首肯""社会价
值观念与社会认同"和"与法律的性质和作用相关联"三个方面。[①]
因此，在法律层面肯定行业协会地位，确定其合法性和权力边界，
使其对行业内企业违规、违法行为的处罚有法可依，[②] 能更好地保障
行业规范的有效实施。例如，澳大利亚《广播服务法》（*Broadcasting
Services Act*）在附录5"在线服务"（Online Services）第59条和第67
条分别规定，"受澳大利亚电子安全专员办公室认可的机构或行业
协会可制定适用于互联网活动的行业准则来规范互联网服务提供商
行为""若互联网服务提供商违反行业准则，则会被予以警告"，[③]
从法律层面肯定行业协会及其所制定行业准则的地位和效力，为网
络内容行业自律提供法律保障。我国可借鉴澳大利亚政府在法律层
面赋予行业协会合法性地位的经验，在相关法律法规中肯定以中国
互联网协会、中国网络视听节目服务协会为代表的行业协会的重要
地位，明确其权力边界与职责功能，赋予行业规则一定的约束力。
在法律层面明确《互联网信息服务算法推荐合规自律公约》《互联网
新闻信息服务自律公约》《网络短视频平台管理规范》和《网络短视
频内容审核标准细则》等行业准则效力。

5.3.2 健全信息公开与共享机制

网络内容作为"互联网"与"内容"的结合体，其生产、传播和
消费环节都是在网络内容平台上完成的。网络内容主体的生产、传

234

---

① 让-马克·夸克. 合法性与政治[M]. 佟心平，译. 北京：中央编译出
版社，2002.

② 郭薇. 政府监管与行业自律——论行业协会在市场治理中的功能与
实现条件[M]. 北京：中国社会科学出版社，2011：181-182.

③ Broadcasting Services Act 1992 [EB/OL]. [2018-10-20]. https://
www. legislation. gov. au/Details/C2018C00375.

播和消费行为都在互联网上留下"信息数据"。信息资源成为网络内容治理的重要情报；掌握精密准确的信息资源成为治理主体防范并治理网络内容违法不良内容的关键。在新制度经济学中，信息成本是交易成本的重要组成部分。因此，建立高效、畅通的信息公开与共享机制（图 5-13），加速信息在政府、网络内容平台、行业协会和网民之间的共享共通，能有效降低网络内容治理主体间的沟通成本，提升网络内容治理效率。

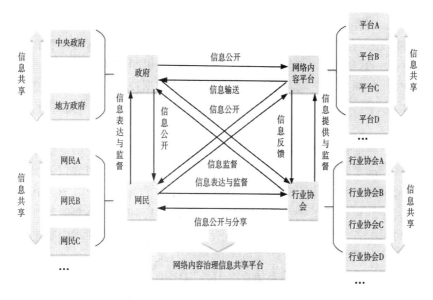

图 5-13 网络内容治理信息共享机制的完善路径

（1）完善信息公开机制

235

其一，推进政府信息公开。一方面，加强网络内容治理相关部门的政务公开，完善中央、地方各级政府部门官网和社交媒体渠道，合理设计板块，及时、高效地向公众公布政府政务信息，如政府权力清单、政策法规、年度报告等内容，让其他治理主体能快速及时了解政府政策导向，明确自身发展方向，同时，更好地对政府实行监督。另一方面，政府可适当向企业、行业协会分享部分信息，如政府开展网络内容生态治理专项活动、整治互联网低俗之风专项行动的部分数据，供企业和行业协会参考，提炼其共性特征，推动政府、行业协会、网络内容平台规范有关违法和不良内容的统一。

其二，推进网络内容平台信息公开。一方面，网络内容平台应在《网络信息内容生态治理规定》的指导下，建立网络内容平台违法违规行为台账管理制度和用户信用管理制度，详细记载平台所惩处的违法违规行为和违法不良网络内容，并明确记录违法违规行为和违法内容的具体领域和地区分布，组织学界和业界专家利用人工智能技术对其进行标记与识别，提取共性特征，形成网络内容和网络行为的"红线"标准，使得网络内容治理更具针对性和精准性；同时，在保护用户隐私的基础上，利用大数据技术，根据用户在网络内容平台中的生产、传播和消费行为绘制用户画像，对其进行信用评级，将信用评分较低的用户划入"黑名单"，并将此类数据与政府、行业协会和其他网络内容平台共享，为全网统一用户黑名单建设标准奠定基础。另一方面，网络内容平台应在官网醒目处设立平台规范栏目，将所有涉及网络内容治理的平台规范予以罗列和展示，让网民快速了解相关规范；同时，让政府和行业协会能更加详细地了解各网络内容平台的具体治理措施，了解不同网络内容平台协议的异同，推进平台协议标准的规范与统一。

其三，推进行业协会信息公开。以中国互联网协会和中国网络视听节目服务协会为代表的行业协会可利用自身优势，在发布相关行业报告的同时，可联合学界对主要发达国家政府部门、行业协会和网络内容平台治理措施予以总结和归纳，形成报告，定期向社会公开，让政府和网络内容平台能迅速掌握国际态势和走向，确定自身发展方向。与此同时，行业协会除介绍行业资讯、推荐作品、宣传专项活动外，还可借鉴英国网络观察基金会（Internet Watch Foundation）发布年报，对行业协会在当年所解决的问题和成就予以回顾，对行业协会相关规范和工作计划予以展示，让政府能够全方位地了解行业协会在网络内容治理中所面临的难点，更加及时地调整和完善政策。

（2）完善信息共享机制

首先，应建立统一的信息共享标准和共享流程。一方面，政府应在《"数据要素×"三年行动计划（2024—2026年）》的指导下，对当前网络内容平台和行业协会的信息公布标准予以摸查，根据现实需求，结合网络内容平台和行业协会的实践经验，征求学界意见，推进信息共享标准的统一化建设，使得政府、网络内容平台和行业协会在公布信息时形成统一术语、代码和标志，推动治理主体之间的信息共享，加大信息系统的兼容性，使信息能够得到最大限度的畅通；同时，统一制定数据库之间、信息系统之间的数据交换格式和数据转换方式。① 另一方面，网络内容管理部门可借鉴其他领域信息共享经验，分阶段规划和统筹信息共享流程。可参照水利部于2020年3月颁布的《水利信息资源共享管理办法（试行）》在制度层面明确各治理主体在信息共享中的权责，明确信息共享的目录编制、信息更新、共享服务环节等具体途径和流程，并制定信息共享校核机制，保障网络内容治理信息共享的可持续性，实现网络内容治理信息协同共享。在美国，奥巴马政府于2013年和2015年先后通过《改善关键基础设施的网络安全行政令》和《改善私营领域网络安全信息共享行政令》，建立公私部门间自愿性信息共享计划，并建立"信息分享和分析组织"，推动网络安全信息的共享。我国可对此予以借鉴，明确信息共享计划，建立专门的信息共享组织，提高信息共享效率。

其次，应积极构建网络内容信息共享与互动平台。政府应联合网络内容平台、行业协会建立统一的网络内容治理信息共享与互动平台。在此平台中分别构建网络内容政府监管信息数据库、网络内容平台治理数据库和行业协会治理信息数据库，推动政府、行业协会和网络内容平台快速发布一手资料；同时，建立网络内容违法和不良内容数据库、网络内容违法和失范行为数据库、网民信用数据库，最大限度地实现各治理主体间的信息共享，为实现治理主体的

237

---

① 陈玉梅，曾月欣. 我国应急协作中的信息共享问题及对策建议[J]. 科技管理研究，2017（9）：191-195.

协同一致、快速联动提供有力的保障。

5.3.3 完善利益协调机制

协同治理理论和整体性治理理论都强调了治理主体之间的协同与整合，而利益协调则为推动治理主体协同合作与整合的内在驱动力。完善利益协调机制，化解治理主体之间的利益冲突与矛盾，有利于增强网络内容治理的整体凝聚力，提升网络内容协同治理效能。

（1）建立畅通的利益诉求表达机制

在行动者网络理论中，各结点间的"桥梁"作用显著，可增强结点与结点间的联系，提升网络运行效能。[1] 将其类比至网络内容治理体系中，"桥梁"即意味着政府、网络内容企业、行业组织和网民之间的沟通。有效畅通的利益诉求表达机制则是治理主体实现沟通的主要基础。只有当利益诉求得到有效表达，治理主体才能快速掌握不同利益诉求，第一时间了解并处理利益冲突，为网络内容治理决策提供充足的信息，提升网络内容治理的决策水平。因此，政府、网络内容企业和行业协会应开辟多样的利益表达通道。一方面，政府部门在官网设立主任信箱、局长信箱、部长信箱和常见问题解答等板块的同时，还应充分利用"两微一端"、抖音等新媒体，向行业协会、网络内容企业和网民广泛征集意见，并借助大数据、云计算等互联网技术分析判断相关诉求；同时，需完善信息公开制度、听证制度、协商制度拓宽利益诉求的表达通道。在此基础上，更加注重利益诉求的反馈工作，提升政府管理人员素养，认真筛选并审视其他治理主体利益诉求，具体问题具体分析，快速、高效、科学地反馈、回复并处理相应诉求。另一方面，行业协会和网络内容企业应充分利用技术优势和信息优势，搭建专门的利益诉求表达平台，推进政府、行业协会和网络内容企业之间面对面对话，保障

---

[1] 赵静. 乡村旅游核心利益相关者利益协调机制研究[D]. 西安：西北大学，2019：86.

对话渠道畅通无阻，让政府能更准确更迅速地了解行业发展需求和网络内容企业的利益诉求。

（2）优化利益补偿机制

在网络内容治理中，个人利益与集体利益的冲突、经济利益与社会利益的冲突必然会形成利益的受益者和受损者。例如，合规经营的网络内容平台会因过于严苛的审查而减少平台流量，成为"受损者"；不合规经营的网络内容平台唯点击率和访问量至上，在一定程度上扩大了自身影响力，成为"受益者"。同样，对于网络内容提供者，当其发布明星八卦、吸引眼球的低俗庸俗内容时，能获得较高的阅读量和点击量；而当其按照网络内容平台规范发布积极向上、正能量的网络内容时，其所获得的关注会较少。若是不对合规经营的网络内容平台企业和发布正能量内容的网络内容提供者给予一定的利益补偿，则不利于正确价值导向的引导，会影响网络内容治理的科学性、公平性和有效性，不利于平衡网络平台之间、网络内容提供者之间的利益关系。其一，政府应建立严格的利益补偿机制，对利益补偿应遵循的原则、受益者应承受的责任、受损者应承受的补偿等作出明确规定，使得利益补偿的执行有依据可循，对不合规经营的网络内容平台和发布低俗庸俗内容的网络内容提供者予以处罚，对弘扬正能量的网络内容平台和网络内容提供者予以精神或经济补偿，推动网络内容企业和内容发布者朝着积极向上的方向发展。其二，可设立网络内容治理专项基金，对弘扬正能量、推动中华文化传承、积极履行企业社会责任的网络内容企业予以资金资助，推动健康网络内容的生产与传播；同时，对发布和传播正能量内容，积极监督举报的网民予以奖励，促进利益的整体协调。

5.3.4 优化监督约束机制

监督约束机制主要是网络内容治理主体为监督和约束其治理行为而采取的一系列措施。健全的监督约束机制能快速有效地帮助网络内容治理主体发现并纠正错误。优化监督约束机制可从完善监督机制、明确追责机制、优化评价机制等角度展开。

（1）完善监督机制

首先，应丰富监督渠道。当前，以国家网信办、中国互联网协会和新浪微博、微信等为代表的政府部门、行业协会和企业纷纷设立了举报通道，如 12321 网络不良与垃圾信息举报受理中心（www.12321.cn）、中国互联网违法和不良信息举报中心（www.12377.cn）、全国各省市举报网站和网络平台举报通道。然而，据笔者调查，当前绝大多数网民仅知道各网络内容平台自设的举报通道，而对政府、行业协会所设立的中国互联网违法和不良信息举报中心、12321 网络不良与垃圾信息举报受理中心等仍不了解。对此，政府、行业协会等可顺应移动互联网发展趋势，开辟多种形式的举报渠道，保证公民网络诉求能快速、有效传达于政府主体，使得其操作性更强；同时，可充分利用大数据、人工智能技术，简化监督流程，设置"一键举报"通道，使得监督举报像"分享朋友圈"那样容易。不容忽视的是，监督举报通道的宣传工作同样重要。只有明确国家现有举报通道，网民才能更好更快地参与监督举报。其次，完善监督保障机制。一方面，严格保护监督者个人信息，谨防泄露，解决其参与监督举报的后顾之忧；同时，政府、网络内容平台、行业协会应加快其处理效率，高效快速地给予监督者反馈，加强监督者参与的积极性。另一方面，完善监督激励机制，对积极参与监督的网民给予一定的物质或精神奖励。例如，新浪微博通过提供网费补贴和赠送微博会员的方式对微博监督员予以激励；同时，对有效举报量排名前十的微博监督员给予包括手机、笔记本在内的物质奖励。政府、行业协会和网络内容平台可通过协商，统一标准，制订监督激励计划，并向网民公开。

（2）建立绩效评估机制

网络内容治理体系的优化与完善需要政府、网络内容企业、行业协会和网民各在其位、各司其职，并实现主体之间的联动。网络内容治理应坚持以效果为导向，建立一套科学、系统、权威、可操作的网络空间生态评价指标体系。① 首先，政府部门应在顶层设计层面明确构建网络内容治理绩效评价体系的重要性，广泛征集学界、业界意见，了解网络内容平台、行业协会、网民参与网络内容治理的具体诉求和困境，在制度层面确定构建网络内容治理绩效评估的具体方案。其次，行业协会可集合自身优势，加强与高校合作，通过问卷调查、实地访谈等方法调查影响网络内容治理效果的影响因素，借助科学手段，明确网络内容治理绩效评价体系的具体指标，合理量化各治理主体在网络内容治理中的具体作用，激励其各司其职，在各自的职责范围内，达到治理效果的最大化。如治理主体参与度、治理能力、治理客体发展现状、治理工具、治理机制、网络内容企业社会责任评价、网民信用等级评价等都可纳入其中。最后，在网络内容细分领域，如网络游戏、网络视听、短视频等领域推广实行网络内容治理绩效评估的试点。在实践中检验网络内容治理绩效评估方案的可行性，对暴露出来的问题及时修正，不断完善指标体系，并积极推进最终方案的落地，推动网络内容治理绩效评估的常态化。

（3）完善追责机制

追责机制主要用于事后追惩，即网络内容治理主体发现网络内容生产者、传播者和消费者的违法和失范行为后所实施的追惩和问责机制，是一种硬性约束。首先，政府部门应在顶层设计上明确网络内容监管部门、网络内容企业、相关行业协会和网民在网络内容治理中的具体职责，以权力清单形式明确各治理主体的权责和义务；同时，各治理主体在失职状态下应承担的后果也应以政策法规的形式明确规定，明确追责程序和追责的具体惩罚。其次，网络内容平台应完善相关平台规范，对网络内容生产者、传播者和消费者应遵守的行为规范予以明确，根据网络内容主体违法和失范行为的严重程度予以分级，并有针对性地制定惩罚措施；值得注意的是，相关违法、失范行为一经查处，须严格按照平台规范实施，形成一

241

---

① 谢新洲．加强网络内容建设 营造风清气正的网络空间［EB/OL］．［2019-03-20］．http://news.gmw.cn/2019-02/26/content_32561971.htm.

定的威慑力。最后，政府、网络内容平台应充分利用大数据、人工智能、区块链等技术手段，对网络内容平台中的违法不良内容的生成信息流予以抓取，形成"证据"，帮助其更加准确、快速地追踪到"相关责任主体"，避免因事后信息痕迹消失或刻意隐匿而导致相互之间推诿责任。①

5.4 打造网络内容协同治理信息共享平台

在网络内容治理主体明确各自角色的基础上，应通过明确责任分担机制、健全信息公开与信息共享机制、完善利益协调机制、优化监督约束机制等推动主体与主体之间的协同，此外还离不开网络内容协同治理信息共享平台在技术层面和中观层面为治理主体的协同和资源的整合提供支撑。

5.4.1 协同治理信息共享平台的构建原则

首先，应坚持整体性原则。在网络内容治理中，政府部门、网络内容企业、行业协会和网民都参与其中。加速治理信息在各治理主体之间的流通，能有效提升网络内容协同治理效能和治理能力，形成网络内容协同治理联动机制，让各治理主体快速、有效地获取所需信息，迅速治理网络空间中的违法、不良网络内容。网络内容协同治理信息共享平台旨在为政府部门、网络内容平台、行业协会和网民提供一个信息共享的集成平台，为政府决策、网络内容平台治理、行业协会自律和网民自律提供信息支撑。网络内容协同治理信息共享平台的构建须坚持整体性原则。一方面，政府应广泛征求学界和业界的意见，在顶层设计层面明确协同治理信息共享平台的构建框架，并在制度层面统一信息格式标准，保证平台的整体性。

242

① 陈堂发. 突发危机事件中谣言追责的理性问题——基于区块链技术支撑的讨论[J]. 人民论坛·学术前沿，2020(5)：15-21.

另一方面，在设计协同治理信息共享平台时，应对信息平台结构、信息平台功能等予以全局性考量，使得信息共享平台各层面功能相互促进、相互推动，达到整体统一。

其次，应坚持协同性原则。网络内容协同治理信息共享平台旨在为网络内容政府管理部门、网络内容平台、行业协会和网民提供一个交换信息、共享信息的资源库，以打破各治理主体之间的"信息壁垒"，实现主体与主体之间"治理信息"的互联互通，提升治理主体协同共治的效率，由此协同治理信息共享平台的构建应坚持协同性原则。一方面，应保障各信息资源库间信息交换的顺利进行，并保证各治理主体之间的业务协同；另一方面，应保证网络内容协同治理信息共享平台各要素之间的协同。

最后，应坚持信息共享与隐私保护相统一的原则。我国《网络安全法》《儿童个人信息网络保护规定》明确强调了个人信息保护的重要性，因此，构建网络内容协同治理信息共享平台在推进信息共享的同时，还应注重隐私保护，做到信息共享与隐私保护的统一。这就要求在构建网络内容协同治理信息共享平台时，应明确规定各治理主体在信息共享时应保护未经授权使用的个人信息；同时，对信息收集、信息使用、信息的监督管理等予以明确规定，为网络内容协同治理信息共享平台搜集并处理信息提供法律依据，推动信息自由流通与个人隐私保护的平衡与统一。

5.4.2 协同治理信息共享平台的主要功能

网络内容协同治理信息共享平台的构建旨在统一与规范各网络内容治理主体信息资源标准，为其提供信息上传与共享的集成平台，加速信息流通，打破主体之间的"信息壁垒"，为治理主体的协同联动提供信息支持，提升网络内容治理体系的治理效率与治理能力。由此，其主要功能应包括整合和统一信息资源、实现信息的统一管理与共享共用、为网络内容协同治理提供决策辅助、实现网络内容治理的协同联动。

其一，整合和统一信息资源。通过统一信息上传与共享标准，汇集并整合政府政务信息资源、网络内容平台信息资源和行业协会信息资源，形成涵盖国内外政策法规、平台规范、行业规范、违法不良网络内容、违法失范网络行为、知识产权、学术研究、信用信息等的数据库，为网络内容治理主体决策提供海量的数据支持。

其二，实现信息统一管理与共享共用。网络内容协同治理信息共享平台旨在将所有治理信息资源汇集形成数据资源库，实现多元主体对治理信息的统一管理。在此基础上，建立信息检索系统，使得各网络内容治理主体通过分项检索或多项检索的方式快速获取所需数据，实现部门之间的信息联动。

其三，为网络内容协同治理提供决策辅助。在整合和统一信息资源、实现信息统一管理和共享共用的基础上，组织学界对网络内容治理中常见的违法不良内容、违法失范行为进行分析，联合制定网络内容和网络主体行为"红线"，为网络内容协同治理提供依据；同时，对主要发达国家行业协会年报、网络内容平台规范、网络内容政府部门治理措施予以总结与分析，上传至数据资源库中。这样一来，便于各治理主体对网络内容治理信息有个总体把握，为网络内容协同治理提供决策辅助。

其四，实现网络内容治理的协同联动。在信息共享平台中设置"一键举报""一键分享"等按钮，在第一时间将各治理主体的治理信息向相关治理主体分享。例如，当网络内容平台对相关违法不良内容予以查处时，将此链接和相关信息分享在信息共享平台，一键分享给政府部门，可让政府部门在第一时间对相关责任人予以惩处。

5.4.3　协同治理信息共享平台的框架设计

网络内容协同治理信息共享平台是为顺应整体性治理、协同治理趋势，充分利用大数据技术、人工智能技术、5G 技术、区块链技术等互联网技术，满足网络内容政府管理部门、网络内容平台、行业协会和网民协同治理需要所构建的网络内容协同治理信息集成平台。网络内容协同治理信息共享平台主要由基础设施层、数据资源层、平台管理层、应用功能层、主体层五个层面构成(图 5-14)。

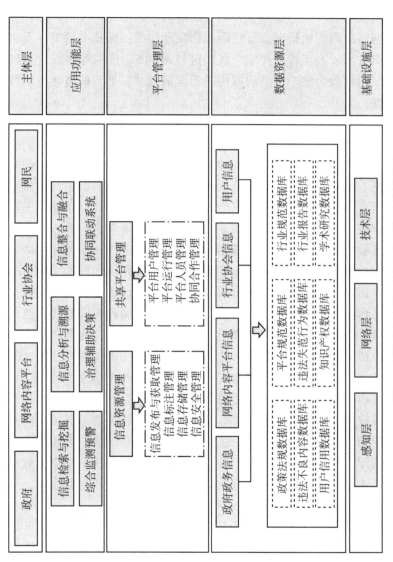

图5-14 网络内容协同治理信息共享平台框架设计图

主体层　应用功能层　平台管理层　数据资源层　基础设施层

政府　网络内容平台　行业协会　网民

信息检索与挖掘　综合监测预警　信息分析与溯源　治理辅助决策　信息整合与融合　协同联动系统

信息资源管理　共享平台管理

信息发布与获取管理　信息标注管理　信息存储管理　信息安全管理

平台用户管理　平台运行管理　平台人员管理　协同合作管理

政府政务信息　网络内容平台信息　行业协会信息　用户信息

政策法规数据库　违法不良内容数据库　用户信用数据库

平台规范数据库　违法失范行为数据库　知识产权数据库

行业规范数据库　行业报告数据库　学术研究数据库

感知层　网络层　技术层

245

第一，基础设施层。基础设施层是网络内容协同治理信息共享平台的基础，主要由感知层、网络层和技术层构成。其中感知层主要是检测终端、传感设备、移动智能终端、桌面终端和其他感知设备；网络层则为通信网、互联网和物联网构成；而技术层则主要由大数据技术、人工智能技术、区块链技术和5G技术等构成。基础设施层建设能为整个网络内容协同治理信息共享平台的搭建提供技术支撑。

第二，数据资源层。数据资源层是整个网络内容协同治理信息共享平台的信息宝库，囊括了网络内容主体生产、传播和消费的所有信息，并涵盖各网络内容治理主体所采取的一系列治理措施的具体信息。在数据资源层，政府政务信息资源、网络内容平台信息资源、行业协会信息资源和用户个人信息资源共同构成信息共享平台的数据资源库。其中，政府政务信息资源应囊括中央、地方各级网络内容政府部门所颁布的政策法规、权力清单、专项整治活动案例、相关司法案例等；网络内容平台信息资源则应包括网络内容平台基本信息，用户协议，平台规范，平台治理违法不良内容相关资源，平台治理违法失范行为案例，违法不良网络内容和违法失范行为案例、用户的发布、传播和消费数据等信息；行业协会信息资源主要由协会会员基本信息、行业协会工作年报、行业发展报告（我国互联网内容发展报告、主要发达国家互联网内容发展报告）、相关学术研究等构成。在数据资源层，可通过信息共享交换平台积累并汇集政府、网络内容平台、行业协会和用户相关信息资源，对其进行重组和重构，经过统一的信息加工、处理和转换，形成政策法规数据库、平台规范数据库、行业规范数据库、违法不良内容数据库、违法失范行为数据库、行业报告数据库、知识产权数据库、用户信用数据库和学术研究数据库等。

第三，平台管理层。平台管理层主要由两部分组成，一是信息资源管理，二是共享平台管理。其中，信息资源管理涵盖信息发布与获取管理、信息标准管理、信息存储管理、信息安全管理四个板块，旨在为各治理主体信息的发布与获取提供便利条件；同时，制定统一的信息标准，并做好信息存储管理，保障信息安全。共享平台管理则涉及平台用户管理、平台运行管理、平台人员管理和协同合作管理，旨在为信息共享平台的顺利运转创造良好的环境。

第四，应用功能层。应用功能层主要由信息检索与挖掘、信息分析与溯源、信息整合与融合、综合监测预警、治理辅助决策、协同联动系统等板块构成，主要是为各治理主体提供信息检索、信息分析、信息整合的条件，便于其更好地综合监测预警，为协同治理决策提供辅助，让治理主体可快速抽取并整合各项治理资源与要素，在最短时间内做出应对；同时，能快速链接其他主体，在最短时间内完成最大任务。

第五，主体层。主体层即为网络内容协同治理信息共享平台的建设者和使用者，主要由网络内容政府管理部门、网络内容平台、行业协会和网民构成。

5.5　构建全过程全要素整合的治理流程

目前，我国网络内容活动主要由网络内容生产、传播和消费三个环节构成，相应地，我国网络内容治理过程主要由事前治理、事中治理和事后治理三个阶段构成。网络内容生产、传播和消费是一个完整的生命周期，也是一个系统的循环过程；同时，整体性治理和协同治理理论都强调了治理过程的整体性和协同性，我国网络内容治理体系的完善离不开全过程全要素整合的治理流程。而网络内容协同治理信息共享平台的搭建为事前、事中和事后环节的打通提供了桥梁。根据我国网络内容治理体系的完善需要，重塑治理流程，实现管理内容、管行为、管主体相统一，提升网络内容治理效能。

如图 5-15 所示，在事前环节，仍然延续网络内容平台对用户的实名认证。若用户拒绝实名认证，则无法获取发布网络内容的资格；若用户申请实名认证成功，则获得发布网络内容权限。当用户取得发布权限后，则进入网络内容生产环节，网络内容一经发布即可在网络空间予以传播，进入网络内容传播环节。

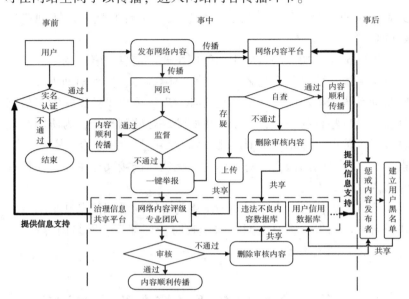

图 5-15　全过程全要素协同的治理流程图

　　在事中环节，一方面，网络内容平台根据《网络安全法》《网络信息内容生态治理规定》等法律法规和自身平台规范，通过人工智能技术深度学习敏感词库、关键词库对可疑内容予以筛选；在此基础上，组织内容审核员对可疑内容予以判定，若明确内容违法，则应立即予以删除，同时，将此内容一键分享到网络内容协同治理信息共享平台，归入"违法不良内容数据库"。若内容审核员无法判定可疑内容是否违法，则将此内容一键分享至网络内容协同治理信息共享平台，由共享平台中的专业评级团队（由行业协会组织）对该内容予以评估和打分，若审核通过，则予以放行；若审核不通过，则专业团队有权对该内容予以删除，同时，将其归入"违法不良内容数据库"。另一方面，网民对网络空间中所传输的网络内容予以监督，若网民发现违法、不良内容，则可通过网络内容平台中的"一键举报"功能予以举报，此时，系统应同时提醒网络内容平台和网络内容协同治理信息共享平台中的专业团队，网络内容平台或网络内容协同治理信息共享平台可依法依规对此内容予以处置，并将其上传至"违法不良内容数据库"。海量治理数据的汇集有助于更好地进行风险监测预警，为协同治理决策提供辅助，推动治理主体的协同联动与部署。

在事后环节，主要由管"网络内容"和"网络行为"向管"主体"倾斜，网络内容平台应根据用户生产、传播和消费所产生的数据信息，追溯网络内容发布源头，依法依规对网络用户予以惩处，或是封号，或是将要监管户纳入"黑名单"，并将用户黑名单分享到网络内容协同治理信息共享平台。反过来，网络内容协同治理信息共享平台中的用户信用数据库可为网络内容平台在事前的实名认证和事中的内容审核提供信息依据；同时，网络内容协同治理信息共享平台可利用大数据技术、人工智能技术和区块链技术对违法不良网络内容和用户黑名单展开深度学习，提炼其共性，绘制"黑名单用户行为画像"，监控黑名单用户异动，协助政府开展事前的防控。这样一来，事前、事中、事后环节形成闭合的环形，互相作用、互相协作。

除此之外，部分治理应贯穿全过程。例如政府需完善政策法规、加强网络素养教育、对网络内容企业准入市场予以审核；网络内容平台则需加强自身自律意识、完善平台规范、提升审核技术；行业协会需积极组织行业颁奖活动、撰写行业报告、研究违法不良内容"红线"、组织学术研究；网民则需提升自身网络素养，积极参与网络内容治理。这些治理措施应贯穿事前、事中和事后全过程，为实现网络内容治理流程的全过程全要素协同提供支撑。

249

📚 5.6 优化治理规则保障体系

可从完善我国网络内容政策法规，优化行业规范，健全网络内容平台规范等角度推动治理规则保障体系的优化升级。

5.6.1　完善网络内容政策法规

分析比较中外网络内容政策法规，借鉴国外相关经验，比对我国网络内容政策法规现状，提出我国网络内容政策法规的完善措施。

（1）中外网络内容政策法规对比

当前，以美国、英国、新加坡、澳大利亚、德国、日本和韩国为代表的主要发达国家都十分重视对网络内容的治理，先后颁布系列政策法规以规范本国网络内容发展(表 5-3)。总体来看，这些网络内容政策法规涵盖儿童保护、版权保护、个人信息和隐私保护、网络安全保护等多个领域。

表 5-3　主要发达国家网络内容政策法规

国家	相关政策法规
美国	《通信规范法》《儿童在线隐私保护法》《儿童互联网保护法》《爱国者法》《数字千年版权法》《电子通信隐私法》《1996 年电信法》《1997 年数据隐私法》
英国	《1978 年儿童保护法案》《1988 年版权、设计与专利法》《1998 年数据保护法》《2003 年通信法》《2010 年数字经济法》《反色情出版物法》《反恐怖主义法》《隐私和电子通信条例》《在线社交媒体平台行为准则》
新加坡	《网络安全法》《内部安全法》《广播法》《通信法》《滥用电脑和网络安全法》《互联网操作规则》《防止网络虚假信息和网络操作法》
澳大利亚	《广播服务法》《出版物、电影和电子游戏分级法》《加强网络安全法》《隐私法》《信息自由法》《刑法》《版权法》
德国	《基本法》《联邦数据保护法》《联邦信息安全法》《多媒体法》《电信服务法》《广播电视国家协议》《青少年媒体保护州际协议》《阻碍网页登录法》《网络执行法》

续表

国家	相关政策法规
日本	《打击利用异性交友网站引诱未成年人法》《买春儿童、儿童色情行为处罚条例及儿童保护关联法》《预防因提供私人性图片而受害的法案》《个人信息保护法》《规范互联网服务商责任法》《青少年网络规范法》
韩国	《信息通信网络利用促进及信息保护法》《电子通信事业法》《与儿童、青少年性保护相关的法律》《青少年保护法》《个人信息保护法》

对比分析美国、英国、新加坡、澳大利亚、德国、日本、韩国与我国网络内容政策法规，可以发现其在颁布形式、网络内容主体和网络内容相关规定方面存在着差异。

就颁布形式而言，主要体现在两个方面。一是立法切入点不同。以美国、英国为代表的主要发达国家在制定网络内容政策法规时主要从未成年人健康上网、个人信息保护、网络安全、版权保护等网络内容发展中所面临的重点问题切入；而我国网络内容立法则主要从分领域、分行业的角度入手，分别对互联网文化、互联网广告、互联网电子邮件、互联网电子公告、网络出版、网络游戏、微博客、即时通信工具公众信息、互联网危险物品信息、互联网地图和地理信息、互联网新闻信息、互联网视听节目、网络文学等领域制定具体规定。尽管此类密集型立法方式在一定程度上为网络内容各领域的健康发展提供了详细的指导，但分领域分行业的立法阻碍了网络文字、图片、音频和视频的深入融合，不利于网络内容向纵深发展。二是管理主体存在差异。例如，英国通信管理局（The Office of Communications）和澳大利亚通信与媒体管理局（Australian Communications and Media Authority）都是顺应媒介融合趋势，在通信、广播、电信等部门基础上合并而成，实现对广播、通信、互联网等的统一管理；而我国网络内容政策法规涉及政府主体众多，虽已成立中央网络安全和信息化委员会办公室对网络信息内容予以治

251

理，但网络内容的治理仍涉及文化和旅游、新闻出版、广播电视等多个行政部门。

就网络内容主体层面而言，中外网络内容立法差异主要体现在对网络服务提供者的界定和对其义务的规定方面。以美国、英国、德国、新加坡等为代表的主要发达国家根据网络内容主体在网络内容生产和传播环节中的具体功能明确其职责。例如，美国《数字千年版权法》(*Digital Millennium Copyright Act*)将网络服务提供者分为暂时性数字网络通信服务(transitory digital network communications)、系统缓存服务(system catching)、根据用户指示在系统或网络中存储信息服务(information residing on systems or networks at direction of users)和信息定位服务(information location tools)四类;① 德国的《多媒体法》(*Informations-und Kommunickationsdienste-Gesetz*)同样对网络服务提供者责任具体问题具体分析，指出内容提供商业务主要以节目和广告为主，需对内容合法性负责；而网络服务提供商则旨在为第三人传送内容提供通道;② 新加坡《互联网操作规则》(*Internet Code of Practice*)分别对互联网接入服务提供商或经销商(internet access service provider or reseller)和互联网内容提供商(internet content provider)的具体职责予以详细规定。③ 相比较而言，尽管我国《信息网络传播权保护条例》将"提供网络自动接入服务""存储从其他网络服务提供者获得的作品、表演、录音录像制品""提供信息存储空间""提供搜索或链接服务"等四种形式予以列举，且"网

---

① Digital Millennium Copyright Act. § 512. Limitations on Liability Relating to Material Online. [EB/OL]. [2020-02-04]. https://1. next. westlaw. com/Link/Document/FullText? findType = L&pubNum = 1000546&cite = 17USCAS512&originatingDoc = I8B784490CFC711DE89F0CC6BC455EA95&refType = LQ&originationContext = document&transitionType = DocumentItem&contextData = (sc. Search).

② 刘兵. 关于中国互联网内容管制理论研究[D]. 北京：北京邮电大学，2007：46.

③ Infocomm Media Development Authority. Internet Code of Practice [EB/OL]. [2019-02-01]. https://www. imda. gov. sg/-/media/imda/files/regulation-licensing-and-consultations/content-and-standards-classification/policiesandcontent-guidelines_internet_internecodeofpractice. pdf? la = en.

络服务提供者"一词在我国《信息网络传播权保护条例》《互联网信息服务管理办法》《关于加强网络信息保护的决定》《网络安全法》中数次出现，但我国网络内容立法并未对"网络服务提供者"的具体内涵、外延、类别和特定义务予以规定。① 值得注意的是，日本、新加坡和欧盟等国家和地区同我国一致，明确要求互联网信息服务商须承担"内容检查""通知删除""发现报告""记录留存""举报受理"等职责。② 不同的是，欧盟《数字化单一市场版权指令》（*Directive on Copyright in the Digital Single Market*）豁免了进入市场不足 3 年且年营业额在 1000 万欧元以下的内容分享平台事前获取权利许可的义务，对其继续适用"避风港"规则中的"通知—删除"义务。③

就网络内容层面而言，当前以美国、新加坡、德国、澳大利亚等为代表的主要发达国家与我国一致，主要通过列举负面清单的形式对违法内容予以规定。例如，澳大利亚《广播服务法》（*Broadcasting Services Act*）对禁止内容（prohibited content）和潜在禁止内容（potential prohibited content）予以列举；新加坡《互联网操作规则》（*Internet Code of Practice*）则对危害公共利益、道德、秩序、安全和民族和谐的违法内容予以明确；德国《青少年媒体保护州协议》则从民族、违宪、暴力、战争、色情等角度对不良内容予以规定。值得注意的是，澳大利亚在界定禁止内容时，与分级制度相结合，例如，"被分级委员会评为 RC 或 X18+级的；被分级委员会评为 R18+级，且内容访问不受限制"④等为禁止内容。这种与分级制度相结合的方式在某种程度上使得违法内容的界定更为明晰。

---

① 涂龙科. 网络内容管理义务与网络服务提供者的刑事责任[J]. 法学评论，2016(3)：66-73.

② 马志刚. 中外互联网管理体制研究[M]. 北京：北京大学出版社，2014：131.

③ 魏露露. 互联网创新视角下社交平台内容规则责任[J]. 东方法学，2020(1)：27-33.

④ Broadcasting Services Act 1992［EB/OL］.［2018-10-20］. https://www. legislation. gov. au/Details/C2018C00375 .

（2）完善我国网络内容政策法规的具体措施

完善的网络内容政策法规是网络内容健康发展的前提，而网络内容政策法规的制定应建立在本国国情和经济发展总目标的基础之上。鉴于此，不同国家的网络内容政策法规都带有本国特有"烙印"。当前，我国网络内容政策法规制定的核心在于实现网络内容生产、传播、消费资源的优化配置，使得网络内容生产关系能够适应网络内容生产力的发展。由此，提升政府治理效率、实现各方主体权益上的平衡是我国网络内容政策法规制定中的主要价值取向。在此引导下，针对我国网络内容政策法规面临困境，结合主要发达国家经验，可从加快重点领域立法、完善网络内容服务者相关规定、明确违法内容判定标准等三个角度予以完善。

一是加快重点领域立法，弥补立法空白。尽管我国紧跟技术发展步伐，针对性地为网络游戏、微博客、即时通信工具公众信息、互联网直播、互联网视听节目等新业态制定系列政策法规，但此类政策法规仅从网络内容主体准入及责任角度切入。事实上，在网络内容生产和传播过程中，网络内容主体著作权侵权、隐私权侵权，网络内容低俗化、庸俗化、同质化、淫秽色情信息、虚假信息屡禁不止是网络内容健康发展所面临的主要障碍。同时，平台数据的垄断会导致算法共谋、数据封禁、数据隐私等危机，由此，我国网络内容政策法规不仅需要《微博客信息服务管理规定》《互联网文化管理暂行规定》《互联网广告管理办法》《网络暴力信息治理规定》等分行业政策法规在框架上和顶层设计上为我国网络内容发展擘画蓝图，还需加快互联网著作权保护、数据共享等重点领域的立法。我国在制定网络内容政策法规时应基于《数据安全法》《个人信息保护法》，明确数据的确权、使用、共享和保护原则，为平台数据的流通共享提供法律支持。同时，进一步完善《著作权法》，使得著作权保护顺应互联网发展趋势，对互联网新闻聚合服务、人工智能著作权问题等做出及时回应。

二是完善网络内容服务者相关规定。一方面，在法律层面明确"网络服务提供者"内涵和外延，并根据其具体功能对其分类。借鉴德国《网络执行法》赋予网络内容服务者判断和处置其控制领域内容的权力,① 并细化网络内容服务者处理违法内容的流程,为网络内容平台参与治理提供具体的程序指导。另一方面,在科学划分网络服务供者的基础上,摒弃以往对网络服务供者职责一刀切的办法,明确不同种类网络服务提供者的具体职责,推进《互联网平台分类分级指南》和《互联网平台落实主体责任指南》的正式出台。在赋予网络内容平台一定义务的同时,可借鉴欧盟《数字化单一市场版权指令》给予新兴中小型网络内容平台一定的空间,适当豁免其"事前审核义务",有效激活网络内容平台活力。同时,应根据不同网络内容平台在网络内容治理中的具体表现设计有梯度的责任机制,例如,对明知故犯、纵容违法不良内容传播的网络内容平台应予以重罚;在审查义务方面,对因能力有限而审查失误的网络内容平台予以相对较轻的惩罚。这样一来,可以有效解决网络内容平台为规避惩罚而采取"一刀切"措施删除一切可疑内容的行为,在一定程度上保障了网民的言论自由和网络内容的繁荣。

三是明确违法内容的判定标准。面临海量的网络内容信息,若是以正面列举方式对合法内容予以规定,则无法穷尽。因此,以负面清单形式对违法内容予以列举的方式较为合理。明确违法内容的判定标准,首先应对"八不准""九不准""十不准"等有关违法内容规定予以统一,确定统一的违法内容负面清单。在前文所搭建的网络内容协同治理信息共享平台基础上,新闻出版、广播电视和网信办等行政部门可联合行业协会和学界对"违法不良内容数据库"的海量信息展开研究,分析其共性特征,确定统一的违法内容负面清单;同时,协同制定相应解释基准规定,对条款中涉及的国家安全、国家秘密、民族团结、社会稳定、淫秽、色情、赌博、暴力、谣言、诽谤等概念的内涵和外延进一步细化,② 或是借鉴澳大利亚有关禁止内容的界定经验,引入分级制度,通过内容分级量化禁止

255

① 孙禹. 论网络服务提供者的合规规则——以德国《网络执行法》为借鉴[J]. 政治与法律,2018(11):45-60.

② 尹建国. 我国网络有害信息的范围判定[J]. 政治与法律,2015(1):102-113.

内容的判定标准。

5.6.2 优化网络内容行业规范

一方面，明确行业规范具体细则，增强可操作性。当前，英国网络观察基金会（Internet Watch Foundation）、互联网服务提供商协会（The Internet Services Providers' Association）、移动带宽集团（Mobile Broadband Group）和独立移动设备分类机构（The Independent Mobile Classification Board）分别在《R3 安全网络协议》（*Safety Net Agreement regarding Rating，Reporting and Responsibilities*）、《行业守则》（*Code of Practice*）①、《英国移动内容自律行业守则》（*UK Code of Practice for the Self-regulation of Content on Mobiles*）和《移动设备内容自我监管行业守则》等的指导下对网络服务提供者、网络内容、移动内容予以监管。② 同时，澳大利亚《互联网产业实践规则：网络和移动内容》（*The Internet Industry Codes of Practice-Internet and Mobile Content*）从澳大利亚境内存储内容、澳大利亚境内存储内容访问，澳大利亚境外存储内容访问三个方面对商业内容服务商、互联网服务提供商、内容存储商和移动运营商等的职责予以明确，确保其采取合理措施，推动澳大利亚网络内容的发展。③ 我国相关行业协会可借鉴英国、澳大利亚行业规范制定经验，根据相关法规要求，结合我国网络内容平台规范，针对网络内容各领域企业操作的具体要求和实践，细化行业规范中的具体条款，使行业规范更具操作性和实践性。例如，在制定"抵制违法和不良信息""禁止传播淫

① Code of Practice.［EB/OL］.［2019-12-30］. http://web. mit. edu/activities/safe/labeling/uk/codenew. html.

② 何波. 英国互联网内容监管研究及对我国的启示［J］. 世界电信，2016(4)：47-54.

③ Internet Industry Codes of Practice. Codes for Industry Co-Regulation in Areas of Internet and Mobile Content［EB/OL］.［2019-09-24］. https://www. commsalliance. com. au/__data/assets/pdf_file/0003/44607/Internet-Industrys-Code-of-Practice-Internet-and-mobile-content-ContentCodes10_4. pdf.

秽、色情等不良信息自律规范"时，不仅要明确网络内容企业的权利和义务，还应通过具体细则列举淫秽、色情信息的具体表现形式，为网络内容平台规范治理淫秽色情内容提供具体的指导与参考；同时，也应提供具体解决办法，如网络内容平台企业应怎样处理投诉、如何履行删除义务、采取何种措施限制访问等，使得行业规范更具可操作性。值得注意的是，《网络信息内容生态治理规定》明确指出各级网信部门应建立网络内容平台违法违规行为台账管理制度，但并未确定具体操作指南。鉴于此，中国互联网协会、中国网络视听节目服务协会可联合其他网络行业协会展开实地调研，推动产学研合作，共同探索平台违法违规行为台账制度的具体解决办法，推进该条款更好更快落地。

另一方面，进一步完善相关惩戒规定。自律机制的完善离不开防止机会主义或搭便车行为的外在制裁手段。[①] 对于自律意识较高和社会责任意识强的协会会员，正向激励有着较大推动作用；而对于自律意识和社会责任意识较弱的协会会员，还离不开惩戒措施的约束。完整的惩戒规定应涵盖惩戒主体，违规行为，惩戒方式、程序等内容。鉴于此，行业协会应会同学界专家，完善相关惩戒规定。其一，可借鉴其他领域协会经验，丰富网络内容领域的行业规范惩戒条款。当前，中国互联网金融协会的《自律惩戒管理办法》、中国资产评估协会的《资产评估职业行为自律惩戒办法》和中国支付清算协会的《自律惩戒实施办法》多从警告、约谈、警示、通报批评、公开谴责、暂停或取消会员资格等方式明确自律惩戒标准，同时明确惩戒的实施机构和回避规定、惩戒程序、惩戒申诉机构和回避规定。相关网络行业协会可借鉴其经验，结合网络内容平台治理现状及特征，制定网络内容领域的《自律惩戒管理办法》，从惩戒方式、违规行为分级、惩戒程序、惩戒申诉等方面明确惩戒措施，完善惩戒条款。其二，加大声誉机制约束。在内部通报基础上，将失信会员信息上传至网络内容协同治理信息共享平台失信系

---

① 王湘军，刘莉. 从边缘走向中坚：互联网行业协会参与网络治理论析[J]. 北京行政学院学报，2019(1)：61-70.

统，让会员企业一处失信、处处受限，通过声誉惩罚扩大①提升会员企业的违规成本，增强惩罚效能。

5.6.3 健全网络内容平台规范

首先，推进权利条款与义务条款的平衡。网络内容平台应参照相关法律法规，坚持经济效益与社会效益的统一、内容安全与内容发展的统一和秩序维护与权益保护的统一，制定平台规范时，在考虑平台治理效率的同时，还应兼顾用户权利。给予用户一定的权利，能更好地激发其创作热情和监管热情，能有效推动加强和创新互联网内容建设、建立良好网络生态和健全网络综合治理体系的目标。一方面，网络内容平台在制定规范时应充分结合自身治理实践，对用户在账号申请、行为规范、网络内容规范、知识产权保护、未成年人保护等方面的义务予以明确规定，为用户更好参与网络内容生产、传播和消费提供行动指南，让其明白什么能做、什么不能做，指导其健康安全用网。另一方面，网络内容平台应以激发用户创作热情、加强和创新互联网内容建设为目标，在制定义务条款的同时，应给予用户充分的权利。例如，在知识产权相关规定中，应根据用户自身需求，提供版权授权的"套餐"，充分尊重用户的版权，而不应该通过"一刀切"的方式直接将所有版权授予网络内容平台；在用户个人信息保护方面，除告知用户网络内容平台展开信息收集、信息使用、信息存储的要求外，应将不同用户权益分别列出，给予用户自由取舍的自由；② 在此基础上，在平台规范中明确规定信息的获取方式和范围，保证用户的知情权。同时，在免责条款上，可保留必要的条款，但不应一味推卸责任，将所有责任全部推卸给用户。

---

① 李季刚. 论中国食品安全治理中行业协会自律机制的优化[J]. 北京交通大学学报(社会科学版)，2020(1)：131-143.

② 刘琼，黄世威. 网络视频直播平台管理规章的取向——基于 8 个移动直播平台用户协议的文本分析[J]. 当代传播，2019(2)：81-85.

其次，丰富平台规范内容，推动平台之间形成统一标准。对于仅有用户服务协议和隐私政策的网络内容平台，可借鉴以 YY、虎牙、斗鱼为代表的网络直播平台和以新浪微博、微信为代表的社交平台的成功经验，丰富本平台的规范表现形式及内容，除制定用户服务协议、隐私政策外，可结合自身治理实际，扩充平台规范的内容和种类。以西瓜视频为例，其可借鉴 YY 直播、虎牙直播和斗鱼直播的相关经验，制定专门的内容管理规定、主播管理规定、社区服务规定、行为规范办法、信用规则、投诉处理流程等规范，为调节主播、普通用户关系、规范其行为提供明确的依据与指南。值得注意的是，社区或公会的管理模式、信用工具在新浪微博的治理中发挥着重要作用，在一定程度上分流了网络内容平台治理压力，提高了网络内容治理效能，值得借鉴。在此基础上，推动平台与平台之间制定统一标准。以中国互联网协会、中国网络视听节目服务协会等为代表的行业协会可广泛征集业界和学界意见，组织专家学者制定网络内容平台规范标准，为各网络内容平台规范的制定提供指导；同时，应组织专家对违法不良网络内容和违法失范网络行为的概念和内涵展开研究，制定违法不良内容分级标准和违法失范行为惩罚等级，实现平台规范标准的统一，为各网络内容平台实现协同治理奠定基础。

　　最后，优化用户协议格式条款，确保契约的合意性。尽管绝大部分用户不会认真阅读用户服务协议，但国内外司法判例大多默认"点击同意"即为合约的生效。虽然在缔结合约的过程中，部分网络内容平台会通过加粗重点内容的方式对用户予以提示，但收效仍不显著。优化用户协议格式条款，确保契约合意性成为保护用户合法权益的关键。一方面，充分发挥相关行业协会的力量，召集学界专家对《德国民法典》中的"灰名单"与"黑名单"制度予以研究，对我国主要的网络内容平台用户协议展开内容分析，分别标注"绝对无效条款"和"推定无效条款"，制定网络内容平台用户协议格式条款黑名单和灰名单，要求网络内容平台按照要求删除相关条款。例如，"平台有权视具体情况决定服务及功能的设置及其修改、补充

259

和变更协议"即应纳入"灰名单";而"在任何情况下,公司均不对任何间接性……特殊性或刑罚性的损害承担责任"即应纳入"黑名单"。另一方面,可制定网络内容平台用户协议评价体系,从用户体验、司法案例个数、专家评价等角度对用户协议进行打分,从外部激励网络内容平台不断优化协议格式条款,确保契约的合意性,更好保护用户权益。

5.7 升级治理技术支撑体系

优化治理技术支撑体系需加强对大数据技术、人工智能技术和区块链技术的研发,推进前沿技术与网络内容治理的融合。

5.7.1 深化大数据技术在内容治理的使用

充分利用大数据技术,对政府政务资源、网络内容平台信息资源、行业协会信息资源和用户个人信息资源予以收集,为网络内容协同治理信息共享平台数据资源层的搭建提供技术指导,推进政府与政府之间、政府与平台之间、政府与行业协会之间、行业协会与平台之间的信息共享,打破信息壁垒,形成网络内容治理的"信息大脑"。网络内容治理主体可通过"信息大脑"对网络内容、网络行为和网络内容治理的海量数据予以整合和分析,把握其内在关联,作出整体性决策,制定适合网络内容发展的规则。同时,网络内容平台可通过大数据技术对用户画像进行精准定位,根据用户行为数据对其予以评级,提升平台监管效率。值得注意的是,在使用大数据技术的过程中,不能一味求"数量"而忽视"质量",数据的清洗同样重要。当前,网络内容平台成为网民和网络内容的集散地,各网络内容平台都掌握着大量的网络内容数据和网民行为数据,特别是违法不良网络内容和网民违法失范行为数据,只有将其汇集、清洗和挖掘整合到一起才能充分发挥大数据的效用。由此,搭建网络内容协同治理信息共享平台，推动违法不良网络内容数据库、用户黑名单数据库、平台黑名单数据库的建设显得十分必要。在此基础上，建立违法内容和违法行为的监测、分析和评估的大数据模型，可为网络内容治理提供客观数据，便于科学决策，提升政府和平台的治理效率。

5.7.2 拓展人工智能在内容治理中的应用

当前，人工智能技术在网络内容治理中的运用主要体现在文字识别、图片识别、视频识别和反垃圾服务等方面。网络内容平台对海量的违法不良文字、图片、音频、视频展开深度学习，根据算法对网络空间中所传播的不良内容予以筛选和删除。同时，通过智能推荐算法技术将积极向上和弘扬正能量的网络内容向用户予以推荐，引导网络内容朝着健康的方向发展。然而，这些只是人工智能技术的一小部分。作为互联网与内容的结合体，网络内容具有技术属性，将人工智能嵌入网络内容治理，拓展其在内容治理中的应用，能够极大地提升网络内容治理效率。除利用深度学习技术完善网络内容审核技术以筛选违法不良内容外，政府部门和行业协会可利用人工智能技术打造智能办公系统，简化政府内部、行业协会内部的办公流程，提升政府和行业协会的治理效率。同时，网络内容政府监管部门和网络行业协会可引进网络内容平台的内容审核技术，利用语言识别技术、图像识别技术以及自然语言处理等提升数据处理效率，简化治理流程。① 此外，可发挥人工智能和大数据技术的联动作用，构建立体式的防控机制，推动平台之间共享违法不良内容数据和用户黑名单行为数据，分析并提炼违法不良内容和信用级别较低用户的共性，并进行深度学习，绘制"用户黑名单画像"，对平台中的用户行为展开"技术巡逻"，若发现用户行为与

261

---

① 胡洪彬. 人工智能时代政府治理模式的变革与创新[J]. 学术界，2018(4)：75-87.

"黑名单画像"匹配，则可加强对该用户的关注，将违法行为扼杀在摇篮中。值得注意的是，拓展人工智能在内容治理中的应用时应坚持工具理性与价值理性的统一，在利用人工智能推进精细化治理的同时，不应为了效率而"一刀切"，还应充分考虑网络内容健康发展和网民的言论自由。

5.7.3 推进区块链技术与内容治理的融合

一方面，加强区块链技术的理论研究。加快密码学算法、跨链技术等核心关键技术研发，推动区块链技术、区块链技术与网络内容治理融合的学术研究，增加区块链研究的科研经费支出，丰富区块链技术的理论与实践研究。同时，推进产学研合作，举办政府、企业、行业协会和网民座谈会，就各方在网络内容治理面临的困境和技术需求予以了解，从生产、传播和消费环节切入，结合区块链的不可篡改、去中心性优势，有针对性地提出切实可行的解决方案。另一方面，结合区块链的优势，充分利用"私有链-联盟链-公有链"打造政府、行业协会和企业的"账本"。为政府、企业、行业协会设置唯一的数字身份，对政府政务资源、平台信息资源和行业协会信息资源予以梳理与重组，将涉及政府、行业协会和企业机密和用户机密的信息上传至私有链，将用户黑名单、平台黑名单等有利于提升主体联动效率的信息上传至联盟链，将政策法规、学术研究材料、行业研究报告等公共信息上传至公有链，在保证信息流通的同时，保护政府、行业协会、企业和个人的隐私。同时，利用区块链的不可篡改性推进其在信用评级中的作用，在大型网络内容平台之间搭建联盟链，通过授予许可实现用户黑名单在平台之间的互联共通，可以更好地提升跨平台治理效能。此外，政府和网络内容平台可利用区块链技术的分布式记账方式，记录链上内容的任何变动，[1] 利

262

---

① 周春慧. 区块链技术在内容产业的传播价值研究 [J]. 科技与出版，2019（2）：72-77.

用区块链技术的不可篡改性，对网络内容的生产、传播和消费行为予以实时记录，根据固化的信息流动快速追踪违法主体，保证追责的准确性。值得注意的是，智能合约是区块链模式下界定不同交易主体契约关系的有效方式，能借助技术强制作用设计激励机制影响主体行为。① 可通过权力赋予、经济激励、声誉激励等方式在网络内容治理体系中构建新型激励生态，以代码形式制定政府、平台、行业协会和网民在网络内容治理过程中的具体职责与规范，将治理主体整合进一定的结构安排，实现治理主体联动和资源的优化配置。

---

① 黄少安，刘阳荷. 区块链的制度属性和多重制度功能[J]. 天津社会科学，2020(3)：89-95.

6 结　　语

随着互联网技术的深入发展，互联网与内容融合步伐加快，形成网络内容这一新业态，推动内容产业的转型升级。互联网技术的发展突破了时间、空间和形式的限制，降低了内容生产的门槛；而网络内容生产者和发布者素质良莠不齐，导致网络内容质量参差错落。当前，以美国、英国、德国等为代表的主要发达国家纷纷加强了网络内容治理。由此，加强网络内容治理、净化网络内容生态成为网络治理的题中之义。明确我国网络内容治理体系的内涵及其特征，分析其现状及不足，探索适合我国国情需要的网络内容治理体系具有一定的意义。

6.1　研究结论

本书以现实背景和理论基础为分析起点，在文献分析法、比较分析法、社会网络分析法、内容分析法、问卷调查法的指导下，从治理目标、治理主体、治理客体、规则保障体系、技术支撑体系等角度切入对中国网络内容治理体系的基本框架展开分析，在此基础上对网络内容治理体系面临困境展开探究。在利益相关者理论、协同治理理论和整体性治理理论的指导下，探索中国网络内容治理体系完善对策。本书的主要结论如下：

①界定了网络内容治理体系的概念。本书通过对网络内容、网

络内容治理相关概念梳理，明确了网络内容治理体系的内涵、构成要素及特征。首先，网络内容治理体系是政府、企业、社会组织和公民为规范网络内容生产、传播、消费行为，营造清朗网络内容生态而在主体、制度、方式、功能、程序等方面所作出系列安排的总和。与网络内容治理不同，网络内容治理体系强调体系的系统性、综合性，以及各治理要素之间的协同。其次，网络内容治理体系主要由治理目标、治理主体、治理客体、规则保障体系和技术支撑体系构成，且依据"谁依照何种目标对什么展开治理"的逻辑思路运行。最后，网络内容治理体系具有治理主体多元、整体格局较为复杂、治理方式多样、治理目标具有复合性等特征。

②我国基本建立了以"政府—企业—行业协会—网民"并行的治理主体、"内容—行为"并重的治理客体、"政策法规—行业规范—平台规范"并行的治理规则保障体系和"大数据—人工智能—区块链"并举的技术支撑体系为构成要素的网络内容治理体系。政府、企业、行业协会和网民等治理主体，以加强和创新互联网内容建设、营造良好网络信息内容生态和健全完善网络综合治理体系为目标，以政策法规、行业规范和平台规范为行动指南，利用大数据技术、人工智能技术和区块链技术，通过政府治理、平台治理、行业协会自律和网民监督的形式对网络内容和网络行为展开治理。

③我国网络内容治理体系仍面临困境。基于问卷调查，笔者发现我国网络内容治理体系仍面临治理目标存在冲突、治理主体协同性较弱且效能不足、协同治理机制有待完善、治理规则保障体系尚待优化和治理技术支撑体系亟须升级等问题。其中，治理目标存在冲突集中表现在经济效益与社会效益相冲突、内容安全与内容发展需平衡、秩序维护与权益保护相对立三个方面；治理主体协同性较弱且效能不足则表现为治理主体间协同效果不足、政府治理碎片化消解内部协同效力、企业责任意识较弱且权责不对等、协会独立性较弱且治理效能欠佳、网民信息素养参差不齐且参与效果有限等方面；协同治理机制有待完善体现在利益协调机制较为滞后、监督约束机制较不完善和信息共享机制较为欠缺等方面；治理规则保障体

系尚待优化主要表现为政策法规、行业规范和平台规范的较不完备、较不完善和较不合理；技术支撑体系亟须升级则体现在大数据技术、人工智能技术和区块链技术未得到深入使用，无法形成精细化治理效果。

④我国网络内容治理体系的完善须遵循"主体整合—机制创新—平台搭建—流程再造—规则优化—技术升级"的路径。治理主体是网络内容治理体系的核心，主体整合则意味着整合治理主体各方力量，明确主体内部及主体之间的权力边界，合理定位主体角色，充分发挥各自优势；协同治理机制是保障治理主体协同的主要推力，机制创新要求明确责任分担机制、健全信息公开与共享机制、完善利益协调机制、优化监督约束机制；协同治理信息共享平台是治理体系的枢纽，平台搭建即在中观层面打造网络内容协同治理信息共享平台，为治理主体提供信息资源共享渠道；治理流程是网络内容治理体系的运行过程，流程再造要求推动全过程全要素的整合，充分调动各治理主体和治理要素，实现网络内容治理事前、事中和事后环节的联动；规则和技术是治理主体开展网络内容治理的依据和支撑，规则优化要求完善并优化网络内容政策法规、行业规范和平台规范，而技术升级则要求加快人工智能、大数据和区块链技术与网络内容治理的融合。

⑤合理界定政府、企业、行业协会和用户的角色定位能有效减少治理主体间的角色冲突。本书对我国网络内容多元治理主体展开演化博弈分析和仿真研究，发现政府、企业、行业协会和网民参与网络内容治理的策略相互影响。当其中一个或两个治理主体参与意愿较强时，剩下的治理主体策略收敛于1，更加趋向共同治理。政府、企业、行业协会和用户功能各异，具有异质性。在完善网络内容治理体系的过程中，应根据各治理主体的特征和功能，合理定位。例如，政府应履行引导者、服务者和规制者角色，行业协会应履行中介者、协调者和监督者的角色，网络内容企业应履行竞争者和守门人的角色，而网民应履行参与者和监督者的角色。

⑥网络内容治理体系的完善离不开网络内容协同治理信息共享平台作保障。网络内容协同治理信息共享平台是治理主体间交换数据资源、实现信息共享的重要渠道，可有效打破治理主体间信息壁垒，为主体的协同联动提供信息支持。网络内容协同治理信息共享平台的搭建应遵循整体性原则、协同性原则、信息共享与隐私保护相统一原则，应涵盖整合和统一信息资源、实现信息的统一管理与共享共用、为网络内容协同治理提供决策辅助、实现网络内容治理的协同联动等功能。同时，网络内容协同治理信息共享平台应由基础设施层、数据资源层、平台管理层、应用功能层和主体层构成。值得注意的是，数据资源层中的"违法不良内容数据库""违法失范行为数据库"和"用户信用数据库"为网络内容平台绘制"黑名单用户行为画像"提供了数据支撑，有利于快速监测黑名单用户异动，便利了网络内容平台和政府的事前防控，实现了网络内容治理事前、事中和事后环节的联动，推动了网络内容治理流程的全过程全要素整合。

📚 6.2 主要不足

在国内，网络内容治理体系研究是一个较新的领域。我国网络内容治理体系包含的领域较广，对网络内容治理体系的研究需要依赖多学科专业知识的支持。限于作者的知识范围，尚未对此进行系统性研究。总体而言，本书主要有以下不足：

首先，从本书的研究内容来看，网络内容形态各异，各细分领域的相关治理重点和治理需求各有侧重，本书对网络内容治理体系的研究重点着眼于宏观层面的分析与构建，较少涉及微观领域及分领域、分行业的治理体系研究，缺乏对不同形态网络内容治理策略的深入分析和验证。

其次，缺乏对绩效评估机制的展开分析。本书仅在"优化监督

267

约束机制"部分对"建立绩效评估机制"予以分析，并提出了构建网络内容治理评价指标体系的重要性，但并未就指标体系的制定目标、具体构成展开深入分析，仍有待完善。

6.3　研究展望

其一，将研究对象从宏观层面拓展到微观层面，对网络文学、网络视听、网络游戏、短视频等细分领域展开分析，并根据其特点有针对性地构建适合其发展的分行业综合治理体系。

其二，构建我国网络内容治理评价指标体系。学习借鉴学界有关社会治理、社区治理、生态治理的指标评价，结合网络内容和网络内容治理的特征，构建符合中国特色的网络内容治理评价指标体系，明确其制定目标和具体构成，并通过专家咨询法进行权重赋值，形成网络内容治理评价指标体系，实现我国网络内容治理体系评价机制在实践层面的落地。

参 考 文 献

一、中文文献

1. 图书

[1]埃莉诺·奥斯特罗姆.公共事物的治理之道——集体行动制度的演进[M].于逊达,陈旭东,译.上海:上海译文出版社,2012.

[2]陈鹏.中国互联网视听行业发展报告[M].北京:社会科学文献出版社,2018.

[3]北京市互联网信息办公室.国内外互联网立法研究[M].北京:中国社会科学出版社,2014.

[4]戴维·希尔曼.数字媒体技术与应用[M].熊澄宇,崔晶炜,李经,译.北京:清华大学出版社,2002.

[5]戴伟辉,孙云福.网络内容管理与情报分析[M].北京:商务印书馆,2009.

[6]郭薇.政府监管与行业自律——论行业协会在市场治理中的功能与实现条件[M].北京:中国社会科学出版社,2011.

[7]劳伦斯·莱斯格.代码2.0:网络空间中的法律[M].李旭,沈伟伟,译.北京:清华大学出版社,2009.

[8]乐国安.社会心理学[M].北京:中国人民大学出版社,2017.

[9]雷辉．多主体协同共建的行动者网络构建研究[M]．北京：人民出版社，2017.

[10]李一．网络社会治理[M]．北京：中国社会科学出版社，2014.

[11]李绯，杜婧，李斌，等．数字媒体技术与应用[M]．北京：清华大学出版社，2012.

[12]马费成，李纲，查先进．信息资源管理[M]．武汉：武汉大学出版社，2001.

[13]马志刚．中外互联网管理体制研究[M]．北京：北京大学出版社，2014.

[14]弥尔顿·穆勒．网络与国家[M]．周程，鲁锐，夏雪，等，译．上海：上海交通大学出版社，2015.

[15]欧阳友权．网络文学概论[M]．北京：北京大学出版社，2008.

[16]让-马克·夸克．合法性与政治[M]．佟心平，译．北京：中央编译出版社，2002.

[17]尚玉昌，蔡晓明．普通生态学[M]．北京：北京大学出版社，1995.

[18]田凌晖．公共教育改革——利益与博弈[M]．上海：复旦大学出版社，2011.

[19]吴红梅．包容性发展背景下我国基本养老保险整合研究：基于整体性治理的分析框架[M]．北京：知识产权出版社，2014.

[20]吴衡康，周黎明，任文．牛津当代百科大辞典[M]．北京：中国人民大学出版社，2004.

[21]夏征农，陈至立．辞海(第6版)普及本(第二卷)[M]．上海：上海辞书出版社，2010.

[22]夏征农，陈至立．大辞海·语词卷4[M]．上海：上海辞书出版社，2011.

[23]燕金武．网络信息政策研究[M]．北京：北京图书馆出版社，2006.

[24]严祥林，朱庆华．网络信息政策法规导论[M]．南京：南京大学出版社，2005.

[25]俞可平．治理与善治[M]．北京：社会科学文献出版社，2000.

[26]曾长秋,万雪飞,曹挹芬.网络内容建设的理论基础与基本规律[M].北京:人民出版社,2017.

[27]张影强.全球网络空间治理体系与中国方案[M].北京:中国经济出版社,2017.

[28]张玉磊.转型期中国公共危机治理模式研究——从碎片化到整体性[M].北京:中国社会科学出版社,2016.

[29]张志安.互联网与国家治理年度报告(2016)[M].北京:商务印书馆,2016.

[30]赵子忠.内容产业论——数字新媒体的核心[M].北京:中国传媒大学出版社,2005.

[31]周学峰,李平.网络平台治理与法律责任[M].北京:中国法制出版社,2018.

[32]周雪光.中国国家治理的制度逻辑——一个组织学研究[M].北京:生活·读书·新知三联书店,2017.

[33]支庭荣,罗昕,吴卫南.中国网络社会治理研究报告(2017)[M].北京:社会科学文献出版社,2017.

[34]朱烨东,姚前.中国区块链发展报告(2019)[M].北京:社会科学文献出版社,2019.

[35]詹姆斯·N.罗西瑙.没有政府的治理[M].张胜军,刘小林,等,译.南昌:江西人民出版社,2001.

[36]詹姆斯·M.布坎南.自由、市场和国家[M].吴良健,桑伍,曾获,译.北京:北京经济学院出版社,1989.

[37]R.爱德华·弗里曼.战略管理——利益相关者方法[M].王彦华,梁豪,译.上海:上海译文出版社,2006.

2. 期刊

[1]卜彦芳,董紫薇.框架、效果与优化路径:网络视听节目管理政策解读[J].中国广播电视学刊,2018(7):9-13.

[2]巢乃鹏,王胤琦.主流媒体对网络内容生态治理的价值和能力[J].中国编辑,2022(8):24-28.

[3]柴宝勇,陈若凡,陈浩龙.中国网络内容治理政策:变迁脉络

与工具选择——基于政策文本的内容分析[J]. 中南大学学报（社会科学版），2023（5）：148-161.

[4] 常纪文. 国家治理体系：国际概念与中国内涵[J]. 决策与信息，2014（9）：36-38.

[5] 陈党. 我国网络游戏内容监管政策的发展[J]. 岭南师范学院学报，2016（2）：38-45.

[6] 陈东冬. 网络谣言的治理困境与应对策略[J]. 云南行政学院学报，2012（3）：122-124.

[7] 陈金芳，万作芳. 教育治理体系与治理能力现代化的几点思考[J]. 教育研究，2016（10）：25-31.

[8] 陈良雨. 高等教育治理主体权责结构的历史嬗变及其评价——基于生态位的分析视角[J]. 河南师范大学学报（哲学社会科学版），2017（2）：146-152.

[9] 陈璐颖. 互联网内容治理中的平台责任研究[J]. 出版发行研究，2020（6）：12-18.

[10] 陈明辉，李明. 我国自媒体网络治理体系面临的问题及其完善[J]. 中共杭州市委党校学报，2018（4）：82-88.

[11] 陈少威，俞晗之，贾开. 互联网全球治理体系的演进及重构研究[J]. 中国行政管理，2018（06）：68-74.

[12] 陈堂发. 突发危机事件中谣言追责的理性问题——基于区块链技术支撑的讨论[J]. 人民论坛·学术前沿，2020（5）：15-21.

[13] 陈绚. 数字化媒体传播内容管理限制式微[J]. 国际新闻界，2007（11）：25-30.

[14] 陈妍如. 新新媒介环境下网络短视频的内容生产模式与思考[J]. 编辑之友，2018（6）：55-58.

[15] 陈雅赛. 突发公共卫生事件网络谣言传播与治理研究——基于新冠疫情的网络谣言文本分析[J]. 电子政务，2020（6）：2-11.

[16] 陈玉梅，曾月欣. 我国应急协作中的信息共享问题及对策建议[J]. 科技管理研究，2017（9）：191-195.

272

［17］陈志斌，朱迪，潘好强．行业协会治理对平台企业网络信息内容安全责任履行的影响［J］．江苏社会科学，2023（2）：147-156.

［18］陈宗章．网络空间中主流意识形态安全面临的五大失衡［J］．思想政治教育研究，2019（4）：71-78.

［19］戴丽娜．2019 年全球网络空间内容治理动向分析［J］．信息安全与通信保密，2020（1）：22-26.

［20］丁福金，何明升．网络内容治理的主体结构理论研究［J］．重庆社会科学，2024（4）：38-54.

［21］丁岭杰．国家治理体系的制度弹性研究［J］．安徽行政学院学报，2014（2）：5-10.

［22］杜治平，刘倩．网络直播平台也要守住道德底线［J］．人民论坛，2017（21）：80-81.

［23］范灵俊，周文清，洪学海．我国网络空间治理的挑战及对策［J］．电子政务，2017（3）：26-31.

［24］范红霞，邱君怡．"数字守门人"在社交平台上的角色分配与权力流动［J］．新闻爱好者，2019（6）：8-13.

［25］范以锦，郑昌茂．信度·丰度·力度：数字内容生产的新维度建构［J］．新闻与写作，2023（12）：88-100.

［26］方堃，李帆，金铭．基于整体性治理的数字乡村公共服务体系研究［J］．电子政务，2019（11）：72-81.

［27］方兴东，严峰．网络平台"超级权力"的形成与治理［J］．人民论坛·学术前沿，2019（14）：90-101，111.

［28］傅昌波，简燕平．行业协会商会与行政脱钩改革的难点与对策［J］．行政管理改革，2016（10）：36-40.

［29］傅立海．数字技术对文化产业内容生产的挑战及其应对策略［J］．湖南大学学报(社会科学版)，2022（6）：92-97.

［30］付立宏．论国家网络信息政策［J］．中国图书馆学报，2001（2）：32-36，81.

［31］付士成，郭婧滢．社交媒体治理视角下的互联网法律监管与行业自治［J］．天津法学，2017（3）：57-64.

[32] 甘慧娟. 人工智能时代网络剧内容生产的变革与反思[J]. 中国编辑，2019(12)：84-89，96.

[33] 高健. 我国网络空间内容传播治理研究[J]. 人民论坛·学术前沿，2022(Z1)：125-127.

[34] 高建华，陆昌兴. 参与式社会管理与社会自我管理：理论逻辑与实践指向——兼论社会主体视域下社会管理体制的构建[J]. 上海行政学院学报，2016(2)：13-22.

[35] 高庆昆，朱垚颖，宋琢. 网络内容治理中的行业协会：中介地位与协作治理[J]. 黑龙江社会科学，2022(5)：52-59.

[36] 葛明驷，李小军. 网络内容生态治理的理论向度、当下挑战与未来进路[J]. 中州学刊，2023(9)：170-176.

[37] 龚家琦，周逵. 网络微短剧的产业生态和转型治理研究——基于"小程序"类网络微短剧的田野调查[J]. 中国电视，2023(8)：85-91.

[38] 郭全中，李黎. 网络综合治理体系：概念沿革、生成逻辑与实践路径[J]. 传媒观察，2023(7)：104-111.

[39] 郭全中. 协同共生：健全网络综合治理体系研究[J]. 中州学刊，2023(9)：164-169.

[40] 郭少青，陈家喜. 中国互联网立法发展二十年：回顾、成就与反思[J]. 社会科学战线，2017(6)：215-223.

[41] 郝叶力. 共生 共和 共治 共赢——全球互联网治理体系变革的四块基石[J]. 新闻与写作，2016(8)：8-10.

[42] 何波. 英国互联网内容监管研究及对我国的启示[J]. 世界电信，2016(4)：47-54.

[43] 何林翀. 网络平台内容审查的制度逻辑与路径优化[J]. 理论月刊，2024(1)：131-141.

[44] 何明升. 网络内容治理：基于负面清单的信息质量监管[J]. 新视野，2018(4)：108-114.

[45] 何其生，李欣. 国际互联网治理体系：中外差异与应对策略[J]. 重庆邮电大学学报(社会科学版)，2016(4)：30-36.

[46] 侯韵佳，邓香辉. 网络直播火爆原因、存在问题分析及对策

建议[J]. 电视研究, 2017(3)：30-32.

[47] 胡泳, 张月朦. 互联网内容走向何方？——从 UGC、PGC 到业余的专业化[J]. 新闻记者, 2016(8)：21-25.

[48] 黄建. 分离与重构：放管服改革视域下的社会组织——以行业协会为例[J]. 中共天津市委党校学报, 2019(4)：73-81.

[49] 黄少安, 刘阳荷. 区块链的制度属性和多重制度功能[J]. 天津社会科学, 2020(3)：89-95.

[50] 黄先蓉, 程梦瑶. 澳大利亚网络内容监管及对我国的启示[J]. 出版科学, 2019(3)：104-109.

[51] 黄先蓉, 储鹏. 新加坡网络内容治理及对我国的启示[J]. 数字图书馆论坛, 2019(4)：2-8.

[52] 黄先蓉, 贺敏. 政策工具视角下我国网络文学治理政策文本分析[J]. 出版发行研究, 2021(5)：43-49.

[53] 黄志雄, 刘碧琦. 德国互联网监管：立法、机构设置及启示[J]. 德国研究, 2015(3)：54-71, 127.

[54] 黄志雄, 刘碧琦. 英国互联网监管：模式、经验与启示[J]. 广西社会科学, 2016(3)：101-108.

[55] 金元浦. 开启原创之门：互联网内容产业的新形态[J]. 中华文化论坛, 2016(10)：7-9.

[56] 金雪涛, 周也馨. 从 ChatGPT 火爆看智能生成内容的风险及治理[J]. 编辑之友, 2023(11)：29-35.

[57] 江凌. 网络视听产业的多元主体治理功能及治理结构优化探析——以上海市网络视频产业为例[J]. 江南大学学报(人文社会科学版), 2015(4)：86-95.

[58] 江凌. 网络视听产业治理主体结构优化路径探析[J]. 中州学刊, 2015(4)：173-176.

[59] 江凌, 盛佳怡. 上海市网络视听产业治理结构优化分析[J]. 江汉学术, 2015(1)：113-122.

[60] 蒋力啸. 试析互联网治理的概念、机制与困境[J]. 江南社会学院学报, 2011(3)：34-38.

[61] 揭其涛, 王奕诺. 玫瑰荆棘：生成式 AI 赋能数字出版内容生

产的逻辑、机遇与隐忧[J].科技与出版,2024(4):64-70.

[62]景小勇.国家文化治理体系的构成、特征及研究视角[J].治理现代化,2015(12):51-56.

[63]寇大伟.协同治理视域下京津冀雾霾治理联动机制研究[J].治理现代化研究,2019(3):91-96.

[64]孔祥稳.网络平台信息内容规制结构的公法反思[J].环球法律评论,2020(2):133-148.

[65]匡文波.5G:颠覆新闻内容生产形态的革命[J].新闻与写作,2019(9):63-66.

[66]匡文波,方圆.网络空间命运共同体理念下的全球互联网治理体系变革[J].武汉大学学报(哲学社会科学版),2023(5):38-46.

[67]赖青,刘璇.5G智媒时代内容生产与内容运营的新趋势[J].中国编辑,2020(Z1):21-26.

[68]雷琼芳.加强我国网络广告监管的立法思考——以美国网络广告法律规制为借鉴[J].湖北社会科学,2010(10):142-144.

[69]李宝善,贾立政,陈阳波,等.互联网内容建设的未来方向[J].人民论坛,2016(19):10-11.

[70]李步云.法的内容与形式[J].法律科学,1997(6):3-11.

[71]李超民.建设网络文化安全综合治理体系[J].晋阳学刊,2019(1):100-109.

[72]李昊青.面向政治安全的网络谣言生态治理研究[J].现代情报,2018(10):43-50.

[73]李汉卿.协同治理理论探析[J].理论月刊,2014(1):138-142.

[74]李季刚.论中国食品安全治理中行业协会自律机制的优化[J].北京交通大学学报(社会科学版),2020(1):131-143.

[75]李鲤.平台"自我治理":算法内容审核的技术逻辑及其伦理规约[J].当代传播,2022(3):80-84.

[76]李鲤,吴贵.主流媒体平台嵌入网络内容治理的价值效能与

实践进路[J].中国编辑,2022(10):9-14.

[77]李龙,任颖."治理"一词的严格考略——以语义分析与语用分析为方法[J].法制与社会发展,2014(4):5-27.

[78]李伦.网络传播伦理:困境、悖论和问题[J].青年记者,2017(12):17-19.

[79]李梦琳.论网络直播平台的监管机制——以看门人理论的新发展为视角[J].行政法学研究,2019(4):123-132.

[80]李敏.网络信息治理的国外考察及启示[J].特区经济,2012(10):281-283.

[81]李森,崔友兴.论教师教育治理体系现代化[J].西南大学学报(社会科学版),2014(5):65-72.

[82]李善民,毛雅娟,赵晶晶.利益相关者理论的新进展[J].经济理论与经济管理,2008(12):32-36.

[83]李泰安.新时代网络综合治理体系建设探析[J].中国出版,2018(7):26-28.

[84]李文冰,强月新.传播社会学视角下的网络传播伦理失范治理[J].湖北大学学报(哲学社会科学版),2015(2):13-18,148.

[85]李晓壮.城市治理体系初探——基于北京S区城市管理模式的考察[J].城市规划,2018(5):24-30.

[86]李洋,王辉.利益相关者理论的动态发展与启示[J].现代财经,2004(7):32-35.

[87]李一.网络社会治理的目标取向和行动原则[J].浙江社会科学,2014(12):87-93,157-158.

[88]李邑兰."微内容时代"对"全景世界"的建构[J].青年记者,2007(16):25-26.

[89]李玉洁.网络平台信息内容监管的边界[J].学习与实践,2022(2):47-53.

[90]梁怀新,宋诚.AIGC时代的网络信息内容生态安全风险及其治理——兼以ChatGPT为对象的实验访谈案例分析[J].图书情报工作,2023(20):58-69.

[91]林仲轩.中国特色互联网治理体系:主张、路径、实践与启示[J].广州大学学报(社会科学版),2018(6):32-37.

[92]刘兵,唐守廉.互联网管制模式的分析和研究[J].电信科学,2007(5):72-76.

[93]刘波,王力立.关于构建新时代网络综合治理体系的几点思考[J].国家治理,2018(38):3-7.

[94]刘建银,周轶.我国青少年网络游戏监管政策的十年回顾与分析[J].重庆邮电大学学报(社会科学版),2013(1):26-32,117.

[95]刘兰,徐树维.微内容及微内容环境下未来图书馆发展[J].图书情报工作,2009(3):34-37.

[96]刘琼,黄世威.网络视频直播平台管理规章的取向——基于8个移动直播平台用户协议的文本分析[J].当代传播,2019(2):81-85.

[97]刘珊黄,黄升民.再论内容产业:趋势与突破[J].现代传播,2017(5):1-5.

[98]刘学周.探究网络文学产业化发展中的内容生产[J].出版广角,2018(8):57-59.

[99]刘贞晔,杨天宇.中国与互联网全球治理体系的变革[J].人民论坛·学术前沿,2016(4):6-14.

[100]罗戎,周庆山.我国数字内容产品消费模式的实证研究[J].情报理论与实践,2015(10):67-72.

[101]罗文恩,王利君.从内嵌到共生:后脱钩时代政府与行业协会关系新框架[J].治理研究,2020(1):24-32.

[102]罗昕.网络微短剧的兴起与规范化发展[J].人民论坛,2024(5):102-105.

[103]罗昕,张瑾杰.主流媒体参与网络内容治理的行动路径——以南都大数据研究院为例[J].中国编辑,2022(7):41-45.

[104]吕鹏,王明漩.短视频平台的互联网治理:问题及对策[J].新闻记者,2018(3):74-78.

[105]马海群.网络信息资源建设的政策调控与实施机制[J].情报

理论与实践，2004（1）：25-29.

[106]宁红丽.平台格式条款的强制披露规制完善研究[J].暨南学报（哲学社会科学版），2020（2）：1-14.

[107]牛华，朱晓俊.全球互联网治理体系变革下的中国作为[J].实践（思想理论版），2016（9）：27-29.

[108]欧阳果华.治理网络谣言：政府与网络社团的合作模式探析[J].中国行政管理，2018（4）：84-90.

[109]冉连，张曦.网络信息内容生态治理：内涵、挑战与路径创新[J].湖北社会科学，2020（11）：32-38.

[110]任维德，乔德中.城市群内府际关系协调的治理逻辑：基于整体性治理[J].内蒙古师范大学学报（哲学社会科学版），2011（2）：50-55.

[111]邵国松.国家安全视野下的网络治理体系构[J].南京社会科学，2018（4）：100-107.

[112]沈殿忠.论环境治理体系和治理能力的现代化[J].鄱阳湖学刊，2015（4）：5-18.

[113]沈浩，任天知.智能重构传播生态：内容生成的范式演进与智能交互的未来构想[J].现代出版，2024（7）：55-63.

[114]盛学军，唐军.经济法视域下：权力与权利的博弈均衡——以 Uber 等互联网打车平台为展开[J].社会科学研究，2016（2）：97-103.

[115]史献芝.论新时代网络安全治理体系建设[J].行政论坛，2019（1）：46-50.

[116]史云贵，周荃.整体性治理：梳理、反思与趋势[J].天津行政学院学报，2014（5）：3-8.

[117]宋川.网络内容管制与我国政治文化发展[J].北京电子科技学院学报，2007（1）：31-34.

[118]宋小红.网络道德失范及其治理路径探析[J].中国特色社会主义研究，2019（1）：71-76.

[119]孙嘉咛，梅红.网络文学色情化的表现及其对青少年的危害[J].西南交通大学学报（社会科学版），2011（6）：68-73.

[120] 孙萍, 闫亭豫. 我国协同治理理论研究述评[J]. 理论月刊, 2013(3): 107-112.

[121] 孙少晶, 陈昌凤, 李世刚, 等. "算法推荐与人工智能"的发展与挑战[J]. 新闻大学, 2019(6): 1-8, 120.

[122] 孙逸啸. 网络信息内容政府治理: 转型轨迹、实践困境及优化路径[J]. 电子政务, 2023(6): 100-112.

[123] 孙禹. 论网络服务提供者的合规规则——以德国《网络执行法》为借鉴[J]. 政治与法律, 2018(11): 45-60.

[124] 谭钧豪. 文学网站用户服务协议的僭越行为及其规范[J]. 出版发行研究, 2018(7): 69-71, 80.

[125] 唐绪军. 互联网内容建设的"四梁八柱"[J]. 新闻与写作, 2018(1): 36-38.

[126] 唐要家, 唐春晖. 网络信息内容治理的平台责任配置研究[J]. 财经问题研究, 2023(6): 59-72.

[127] 唐子才, 梁雄健. 互联网国际治理体系分析及理论模型设计与应用[J]. 现代电信科技, 2006(9): 47-52.

[128] 汤雪梅. 微内容对互联网的价值重构[J]. 国际新闻界, 2006(10): 55-58.

[129] 陶希冬. 国家治理体系应包括五大基本内容[J]. 理论参考, 2014(2): 19-20.

[130] 田丽. 网络内容和文化建设[J]. 青年记者, 2018(16): 9-11.

[131] 田旭明. 自媒体时代网络舆论失范的挑战与政府应对[J]. 湖湘论坛, 2015(5): 83-87.

[132] 涂龙科. 网络内容管理义务与网络服务提供者的刑事责任[J]. 法学评论, 2016(3): 66-73.

[133] 王春晖. 互联网内容建设与治理初见成效[J]. 中国电信业, 2018(10): 62-65.

[134] 王凤仙. 中国互联网信息治理若干基本问题的反思[J]. 中州学刊, 2014(9): 169-173.

[135] 王建新. 综合治理: 网络内容治理体系的现代化[J]. 电子政务, 2021(9): 13-22.

[136]王建亚，马榕培，周毅．网络信息内容安全风险：特征、演变及场景要素解构[J]．图书情报工作，2022(5)：13-23.

[137]王立峰，韩建力．构建网络综合治理体系：应对网络舆情治理风险的有效路径[J]．理论月刊，2018(8)：182-188.

[138]王玫黎，曾磊．中国网络安全立法的模式构建——以《网络安全法》为视角[J]．电子政务，2017(9)：128-133.

[139]王锰，郑建明．整体性治理视角下的数字文化治理体系[J]．图书馆论坛，2015(10)：20-24.

[140]王明国．全球互联网治理的模式变迁、制度逻辑与重构路径[J]．世界经济与政治，2015(3)：47-73，157-158.

[141]王清，陈潇婷．区块链技术在数字著作权保护中的运用与法律规制[J]．湖北大学学报(哲学社会科学版)，2019(3)：150-157.

[142]王晓君．我国互联网立法的基本精神和主要实践[J]．毛泽东邓小平理论研究，2017(3)：22-28.

[143]王湘军，刘莉．从边缘走向中坚：互联网行业协会参与网络治理论析[J]．北京行政学院学报，2019(1)：61-70.

[144]王益民．网络强国背景下互联网治理策略研究[J]．电子政务，2018(7)：39-46.

[145]汪勤．国内移动网络电台内容生产模式研究——以荔枝FM、蜻蜓FM、喜马拉雅FM为例[J]．视听，2018(7)：34-35.

[146]魏露露．互联网创新视角下社交平台内容规则责任[J]．东方法学，2020(1)：27-33.

[147]魏娜，范梓腾，孟庆国．中国互联网信息服务治理机构网络关系演化与变迁——基于政策文献的量化考察[J]．公共管理学报，2019(2)：91-104，172-173.

[148]吴春梅，庄永琪．协同治理：关键变量、影响因素及实现途径[J]．理论探索，2013(3)：73-77.

[149]吴方程．网络平台参与内容治理的局限性及其优化[J]．法治研究，2021(6)：93-99.

[150]吴尤可，瞿辉．基于社交网络的谣言追溯技术及对策研

281

究[J].情报科学,2017(6):125-129.

[151]夏志强,谭毅.城市治理体系和治理能力建设的基本逻辑[J].上海行政学院学报,2017(5):11-20.

[152]肖红军,李平.平台型企业社会责任的生态化治理[J].管理世界,2019(4):120-144,196.

[153]谢金林.生态系统视角下的网络社会管理体制研究[J].大连理工大学学报(社会科学版),2012(3):97-102.

[154]谢新洲.秩序与平衡:网络综合治理体系的制度逻辑[J].新闻与写作,2020(3):82-88.

[155]谢新洲,韩天棋.基于数字技术的网络内容生产方式变迁研究[J].新闻爱好者,2023(8):14-20.

[156]谢新洲,黄杨.组织化连接:用户生产内容的机理研究[J].新闻与写作,2020(6):74-83.

[157]谢新洲,李佳伦.中国互联网内容管理宏观政策与基本制度发展简史[J].信息资源管理学报,2019(3):41-53.

[158]谢新洲,宋琢.构建网络内容治理主体协同机制的作用与优化路径[J].新闻与写作,2021(1):71-81.

[159]谢新洲,张静怡.全球化背景下的网络内容安全风险升级与治理[J].编辑之友,2024(7):60-66.

[160]谢新洲,朱垚颖.短视频火爆背后的问题分析[J].出版科学,2019(1):86-91.

[161]谢新洲,朱垚颖.网络内容治理发展态势与应对策略研究[J].新闻与写作,2020(4):76-82.

[162]谢新洲,朱垚颖.网络综合治理体系中的内容治理研究:地位、理念与趋势[J].新闻与写作,2021(8):68-74.

[163]谢永江.论我国互联网治理体制的完善[J].江西社会科学,2011(1):178-182.

[164]许加彪,付可欣.智媒体时代网络内容生态治理——用户算法素养的视角[J].中国编辑,2022(5):23-27.

[165]解学芳.网络文化产业公共治理全球化语境下的我国网络文化安全研究[J].毛泽东邓小平理论研究,2013(7):50-55,

92-93.

[166]解振华.构建中国特色社会主义的生态文明治理体系[J].中国机构改革与管理,2017(10):10-14.

[167]熊光清.如何推进全球互联网治理体系变革[J].人民论坛,2018(13):39-41.

[168]熊光清.中国网络社会多中心协同治理模式探索[J].哈尔滨工业大学学报(社会科学版),2017(6):30-35.

[169]熊光清,王瑞.全球互联网治理中的网络主权:历史演进、国际争议和中国立场[J].学习与探索,2024(4):24-33,176.

[170]徐邦友.国家治理体系:概念、结构、方式与现代化[J].当代社科视野,2014(1):32-35.

[171]徐强.网络意识形态是网络文化软实力的灵魂[J].中国高等教育,2015(1):58-60.

[172]徐勇.治理转型与竞争——合作主义[J].开放时代,2001(7):25-33.

[173]许耀桐,刘祺.当代中国国家治理体系分析[J].理论探索,2014(1):10-14,19.

[174]薛澜,张帆,武沐瑶.国家治理体系与治理能力研究:回顾与前瞻[J].公共管理学报,2015(3):1-12.

[175]薛永龙,汝倩倩.遮蔽与解蔽:算法推荐场域中的意识形态危局[J].自然辩证法研究,2020(1):50-55.

[176]杨礼.关于视频内容消费升级的思考[J].中国广播电视学刊,2017(6):73-75.

[177]杨君佐.发达国家网络信息内容治理模式[J].法学家,2009(4):130-137,160.

[178]杨清.区域教育治理体系现代化:内涵、原则与路径[J].教育学术月刊,2015(10):15-20.

[179]杨扬.基于超媒介叙事模式的网络文学内容生产与开发策略研究[J].中国出版,2023(19):40-45.

[180]杨桦.中国体育治理体系和治理能力现代化的概念体系[J].

北京体育大学学报，2015(8)：1-6.

[181]杨桦．深化体育改革推进体育治理体系和治理能力现代化[J]．北京体育大学学报，2015(1)：1-7.

[182]杨铮，刘麟霄．人工智能环境下的出版流程重塑与内容生产革新[J]．编辑之友，2019(11)：13-17.

[183]杨志锋．网络出版的形式、特征及管理分析[J]．中国出版，2000(1)：60-62.

[184]阳镇．平台型企业社会责任：边界、治理与评价[J]．经济学家，2018(5)：79-88.

[185]姚建华，刘君怡，胡骞．数字出版平台内容生产的流量逻辑：批判与反思[J]．中国编辑，2023(7)：51-55.

[186]叶敏．中国互联网治理：目标、方式与特征[J]．新视野，2011(1)：45-47.

[187]易前良，唐芳云．平台化背景下我国网络在线内容治理的新模式[J]．传媒观察，2021(1)：13-20.

[188]殷毅波，赵黎，张华，等．一种网络电视内容监管方法[J]．小型微型计算机系统，2007(7)：1200-1204.

[189]尹建国．我国网络有害信息的范围判定[J]．政治与法律，2015(1)：102-113.

[190]尹建国．我国网络信息的政府治理机制研究[J]．中国法学，2015(1)：134-151.

[191]尤海波，郑晓亚．中国互联网内容规制研究[J]．云南大学学报法学版，2012(1)：143-144.

[192]尤丽娜，周诗涵，周荣庭．"AIGC+"：虚拟现实媒介内容生产机制研究[J]．出版科学，2024(3)：32-41.

[193]俞可平．治理和善治引论[J]．马克思主义与现实，1999(5)：37-41.

[194]俞可平．国家治理体系的内涵本质[J]．理论导报，2014(4)：15-16.

[195]郁建兴．改革开放40年中国行业协会商会发展[J]．行政论坛，2018(6)：11-18.

［196］郁建兴，吕明再．治理：国家与市民社会关系理论的再出发［J］．求是学刊，2003（4）：34-39.

［197］于素秋．日本内容产业的市场结构变化与波动［J］．现代日本经济，2009（3）：27-33.

［198］昝小娜．ChatGPT内容生成逻辑及其对宏观传播效果的影响［J］．现代传播，2024（2）：148-153.

［199］曾军．互联网是文化的容器：互联网时代的内容产业发展之道［J］．中华文化论坛，2016（10）：10-12.

［200］曾一昕，何帆．我国网络直播行业的特点分析与规范治理［J］．图书馆学研究，2017（6）：57-60.

［201］詹骞．健康类虚假信息的人工神经网络识别与治理［J］．现代传播，2022（8）：155-161.

［202］张春华，温卢．网络游戏消费行为及其影响因素的实证研究——基于高校学生性别、学历的差异化分析［J］．江苏社会科学，2018（6）：50-58.

［203］张东．互联网微内容对我国社会转型的作用与影响研究［J］．出版发行研究，2010（1）：19-24.

［204］张峰．论西方网络文化的特征［J］．北京理工大学学报（社会科学版），2008（1）：30-33.

［205］张建．教育治理体系的现代化：标准、困境及路径［J］．教育发展研究，2014（9）：27-33.

［206］张家栋．如何构建更高级形态的全球网络治理体系［J］．人民论坛·学术前沿，2016（4）：24-32.

［207］张强．新闻资讯类短视频内容生产的问题与前景探析［J］．传媒，2019（14）：46-48.

［208］张钦坤，张正．从优化环境入手加快发展网络内容产业［J］．中国国情国力，2017（5）：19-21.

［209］张涛甫．当前网络内容泡沫化隐忧［J］．人民论坛，2016（19）：16-17.

［210］张旺．智能化与生态化：网络综合治理体系发展方向与建构路径［J］．情报理论与实践，2019（1）：53-57，64.

[211] 张文德, 叶娜芬. 网络信息资源著作权侵权风险分析——以微信公众号平台自媒体"洗稿"事件为例[J]. 数字图书馆论坛, 2017(2): 48-51.

[212] 张文祥, 杨林, 陈力双. 网络信息内容规制的平台权责边界[J]. 新闻记者, 2023(6): 57-69.

[213] 张卫良, 何秋娟. 应对西方"网络自由"必须维护我国的意识形态安全[J]. 红旗文稿, 2016(9): 9-11.

[214] 张晓明, 王克明. 我国互联网内容生态圈的足与不足. 人民论坛, 2016(19): 13.

[215] 张显龙. 中国互联网治理: 原则与模式[J]. 新经济导刊, 2013(3): 82-87.

[216] 张元, 孙巨传, 洪晓楠. 新时代网络社会的发展困境与治理机制探析[J]. 电子政务, 2019(8): 40-49.

[217] 张毅, 杨奕, 邓雯. 政策与部门视角下中国网络空间治理——基于 LDA 和 SNA 的大数据分析[J]. 北京理工大学学报(社会科学版), 2019(2): 127-136.

[218] 张志安, 束开荣. 网络谣言的监管困境与治理逻辑[J]. 新闻与写作, 2016(5): 54-57.

[219] 张志安, 聂鑫. 互联网平台社会语境下网络内容治理机制研究[J]. 中国编辑, 2022(5): 4-10.

[220] 张志勋, 叶萍. 论我国食品安全的整体性治理[J]. 江西社会科学, 2013(10): 157-161.

[221] 赵雪芹, 李天娥, 董乐颖. 网络生态治理政策分析与对策研究——基于政策工具的视角[J]. 情报理论与实践, 2021(4): 23-29, 39.

[222] 赵玉林. 协同整合: 互联治理碎片化问题的解决路径分析: 整体性治理视角下的国际经验和本土实践[J]. 电子政务, 2017(5): 52-60.

[223] 郑巧, 肖文涛. 协同治理: 服务型政府的治道逻辑[J]. 中国行政管理, 2008(7): 48-53.

[224] 支振峰, 刘佳琨. 互联网信息内容治理的中国方案[J]. 江西

社会科学，2023（11）：176-187.

［225］周百义．我国网络文学发展现状探析［J］.中国编辑，2018（10）：4-8，27.

［226］周春慧．区块链技术在内容产业的传播机制研究［J］.科技与出版，2019（2）：72-77.

［227］周文泓，张玉洁，陈怡．我国个人网络信息管理的问题与对策研究——基于商业性网络平台政策的文本分析［J］.图书馆学研究，2018（16）：48-62，47.

［228］周建青，高士其．我国互联网治理中政策协同的演进研究［J］.新闻与传播研究，2023（8）：5-28，126.

［229］周建青，龙吟．"平台上链"：创新网络平台内容监管的有效路径［J］.学习论坛，2023（5）：51-59.

［230］周建青，张世政．网络空间内容治理中政策工具的选择与运用逻辑［J］.学术研究，2021（9）：56-63.

［231］周建青，张世政．网络空间内容治理政策评价及其优化——基于PMC指数模型的分析［J］.东北大学学报（社会科学版），2023（4）：70-80.

［232］周建青，张世政．信息供需视域下网络空间内容风险及其治理［J］.福建师范大学学报（哲学社会科学版），2023（3）：81-90，169.

［233］周毅．第三方主体参与网络信息内容治理及其基本策略研究［J］.情报理论与实践，2023（7）：25-32.

［234］周毅．试论网络信息内容治理主体构成及其行动转型［J］.电子政务，2020（12）：41-51.

［235］周毅，刘裕．网络服务平台内容生态安全自我规制理论模型建构研究［J］.情报杂志，2022（10）：112-120.

［246］周毅，张雪．网络信息内容生态安全风险整体智治的理论框架与实现策略研究［J］.图书情报工作，2022（5）：44-52.

［237］朱思东．网络直播政策规约下电视媒体的机遇与应对［J］.南方电视学刊，2016（6）：112-114.

［238］邹军，柳力文．平台型媒体内容生态的失衡、无序及治

理[J].传媒观察，2022(1)：22-27.

[239]《2023 中国网络文学发展报告》课题组.《2023 年度中国网络文学发展报告》解读——内容生态日趋完善，业态模式持续创新[J].中国数字出版，2024(4)：36-42.

3. 学位论文

[1]陈宏辉.企业的利益相关者理论与实证研究[D].杭州：浙江大学，2003.

[2]曹海涛.从监管到治理——中国互联网内容治理研究[D].武汉：武汉大学，2013.

[3]曹源.网络服务提供者著作权间接侵权责任研究[D].长春：吉林大学，2009.

[4]董洁.网络伦理失范与价值建构——基于网络主体行为失范的思考[D].西安：陕西师范大学，2014.

[5]郭薇.政府监管与行业自律——论行业协会在市场治理中的功能与实现条件[D].天津：南开大学，2010.

[6]韩建力.政治沟通视域下中国网络舆情治理研究[D].长春：吉林大学，2019.

[7]李科.中国网络媒体政策研究[D].上海：华东师范大学，2019.

[8]李小宇.中国互联网内容监管机制研究[D].武汉：武汉大学，2014.

[9]刘兵.关于中国互联网内容管制理论研究[D].北京：北京邮电大学，2007.

[10]刘玉拴.网络文化安全治理体系研究[D].北京：中央党校（国家行政学院），2019.

[11]王雷鸣.网络文化治理研究[D].武汉：武汉大学，2013.

[12]王赟芝.自媒体用户信息内容消费意愿影响因素研究[D].合肥：安徽大学，2017.

[13]王亚男.基于微博内容的恶意用户识别技术研究[D].北京：北京邮电大学，2017.

[14]巫思滨．互联网不良信息综合治理研究[D]．北京：北京邮电大学，2011.

[15]谢微．整体性治理的核心思想与应用机制研究[D]．长春：吉林大学，2018.

[16]杨馥萌．网络信息内容生态治理中的政府责任研究[D]．长春：东北师范大学，2022.

[17]袁媛．网络淫秽、色情信息治理法律问题研究[D]．北京：北京邮电大学，2011.

[18]张东．中国互联网信息治理模式研究[D]．北京：中国人民大学，2010.

[19]张玉龙．整体性治理理论视角下中国政府数据开放研究[D]．苏州：苏州大学，2018.

[20]赵静．乡村旅游核心利益相关者利益协调机制研究[D]．西安：西北大学，2019.

4. 报纸

[1]本报评论员．全球互联网治理体系变革的中国方案[N]．浙江日报，2015-12-21(001).

[2]革新国际互联网治理体系[N]．21世纪经济报道，2014-07-18(002).

[3]马庆钰．如何认识从"管理"到"治理"的转变[N]．人民日报，2014-03-24(007).

[4]田丽．推动建立新型互联网治理体系[N]．人民日报，2016-01-06(007).

5. 网页

[1]陈名杰．科技催生文化产业新业态 推动文化与科技深度融合发展[EB/OL]．[2020-02-10]．http://theory.people.com.cn/n1/2017/0126/c40531-29049797.html.

[2]大力提高网络综合治理能力[EB/OL]．[2018-10-11]．https://www.cac.gov.cn/2018-04-22/c_1122722885.htm.

［3］关于进一步完善网络剧、微电影等网络视听节目管理的补充通知［EB/OL］.［2019-11-30］. http：//www. sarft. gov. cn/art/2014/3/21/art_113_4860. html.

［4］抖音用户服务协议［EB/OL］.［2024-09-10］. https：//www. douyin. com/draft/douyin_agreement/douyin_agreement_user. html？id=6773906068725565448.

［5］抖音电商内容创作规范［EB/OL］.［2024-09-10］. https：//school. jinritemai. com/doudian/web/article/aHHpV15T8p6J？btm_ppre = a4977. b5856. c0. d0&btm_pre = a4977. b31122. c0. d0&btm_show_id=b4fb1934-7399-42f8-b481-a30edf860b30.

［6］抖音资讯类账号信息管理规范［EB/OL］.［2024-09-10］. https：//www. douyin. com/rule/billboard？id=1242800000055.

［7］斗鱼用户阳光行为规范［EB/OL］.［2024-09-10］. https：//www. douyu. com/cms/detail/ptgz/16118. shtml.

［8］斗鱼用户注册协议［EB/OL］.［2024-09-10］. https：//www. douyu. com/cms/detail/ptgz/16102. shtml.

［9］斗鱼隐私政策［EB/OL］.［2024-09-10］https：//www. douyu. com/cms/ptgz/202008/06/16154. shtml#yinsi.

［10］冯由玲,康鑫,周金娉,等. 基于 Bert-BiLSTM 混合模型的社交媒体虚假信息识别研究［J/OL］.［2024-08-29］. https：//link. cnki. net/urlid/22. 1264. G2. 20240126. 1809. 008.

［11］关于开展移动互联网应用程序备案工作的通知［EB/OL］.［2024-06-20］. https：//www. gov. cn/zhengce/zhengceku/2023 08/content_6897341. htm.

［12］关于全面推开行业协会商会与行政机关脱钩改革的实施意见［EB/OL］.［2019-07-18］. http：//www. gov. cn/xinwen/2019-06/17/content_5400947. htm.

［13］公安部联合微博推出"全国辟谣平台"接受全网范围谣言举报［EB/OL］.［2020-02-03］. http：//www. cac. gov. cn/2016-05/12/c_1118856181. htm.

［14］恒大研究院. 互联网内容产业报告［EB/OL］.［2020-02-03］.

https：//mp. weixin. qq. com/s/iST_XzO2IgzEIblt9C0ihg.

［15］胡锦涛在中国共产党第十八次全国代表大会上的报告［EB/
OL］． ［2018-10-11］． https：//www. gov. cn/ldhd/2012-11/17/
content_2268826.htm.

［16］互联网电子邮件服务管理办法［EB/OL］． ［2019-12-01］.
http：//www. miit. gov. cn/n1146295/n1146557/n1146624/c355
4669/content. html.

［17］互联网平台企业社会责任研究报告（2022）.［R/OL］.［2023-09-
22］.https：//down. bootwiki. com/upload/smart/20221122/ca3595
d5af11c0ccc64da63b 2850d868.pdf.

［18］互联网危险物品信息发布管理规定［EB/OL］． ［2019-12-01］.
http：//www. cac. gov. cn/2015-02/16/c1114390709.htm.

［19］互联网新闻信息服务管理规定［EB/OL］． ［2019-11-20］.
http：//www. pkulaw. cn/fulltext _ form. aspx？ Db ＝ chl&Gid ＝
8d18a3f4334a2686bdfb&keyword＝互联网新闻信息服务管理规
定 &EncodingName＝&Search_Mode＝accurate&Search_IsTitle＝0.

［20］互联网新闻信息服务许可管理实施细则［EB/OL］． ［2019-11-
30］. http：//www. cac. gov. cn/2017-05/22/c_1121015789.htm.

［21］互联网信息服务管理办法［EB/OL］． ［2019-12-01］. https：//
flk. npc. gov. cn/detail2. html？ ZmY4MDgwODE2ZjNjYmIzYzAxN
mY0MTE4ZTQ3NjE2ZjE.

［22］互联网信息服务算法推荐管理规定［EB/OL］． ［2024-06-20］.
https：//www. cac. gov. cn/2022-01/04/c _ 1642894606364259.
htm.

［23］互联网直播服务管理规定［EB/OL］． ［2019-11-20］. https：//
www. cac. gov. cn/2016-11/04/c_1119847629.htm.

［24］互联网宗教信息服务管理办法［EB/OL］． ［2019-11-30］.
https：//www. gov. cn/gongbao/content/2022/content _ 5678093.
htm.

［25］虎牙用户服务协议［EB/OL］． ［2024-09-10］. https：//hd. huya.
com/huyaDIYzt/6811/pc/index. html#diySetTab＝5.

[26] 黄楚新．加强网络内容建设，提升网络传播质量［EB/OL］．［2019-10-15］．http://media. people. com. cn/n1/2017/1025/c40606-29608322. html.

[27] 今日头条用户协议［EB/OL］．［2024-09-10］．https://www. toutiao. com/user_agreement/.

[28] 李斌．行业协会，"脱钩"才能正名［EB/OL］．［2015-11-30］．http://opinion. people. com. cn/n/2015/1130/c1003-27869061. html.

[29] 柳斌杰:中国文化产业八大政策取向［EB/OL］．［2020-03-02］．http://www. tsinghua. edu. cn/publish/jc/247/2017/20170407111502878422457/2017040711111502878422457_. html

[30] "人民版权""人民云链"问世［EB/OL］．［2020-02-03］．http://yuqing. people. com. cn/n1/2019/0712/c209043-31231654. html.

[31] 腾讯隐私政策［EB/OL］．［2024-09-10］．https://privacy. qq. com/policy/tencent-privacypolicy.

[32] 腾讯游戏隐私保护指引［EB/OL］．［2024-09-10］．http://game. qq. com/privacy_guide. shtml.

[33] 网络出版服务管理规定［EB/OL］．［2019-11-30］．http://www. miit. gov. cn/n1146290/n4388791/c4638978/content. html.

[34] 网络信息内容生态治理规定［EB/OL］．［2020-01-05］．https://www. cac. gov. cn/2019-12/20/c_1578375159509309.htm.

[35] 网络游戏管理暂行办法［EB/OL］．［2019-11-20］．https://www. gov. cn/gongbao/content/2010/content_1730704.htm.

[36] 王成志．加强网络内容建设 推进十九大精神进网络［EB/OL］．［2019-11-02］．http://theory. people. com. cn/n1/2017/1117/c40531-29652035. html.

[37] 文化部关于推动数字文化产业创新发展的指导意见［EB/OL］．［2018-10-19］．http://www. gov. cn/gongbao/content/2017/content_5230291.htm.

[38] 微博社区娱乐信息管理规定［EB/OL］．［2024-09-10］．https://service. account. weibo. com/roles/amusement.

［39］习近平巴西谈互联网治理［EB/OL］.［2018-09-10］. https://
www. cac. gov. cn/2014-07/18/c_1111676355.htm.

［40］习近平对网络安全和信息化工作作出重要指示强调深入贯彻
党中央关于网络强国的重要思想 大力推动网信事业高质量发
展 ［EB/OL］. ［2024-08-20］. https://www. gov. cn/yaowen/
liebiao/202307/content_6892161.htm.

［41］习近平:高举中国特色社会主义伟大旗帜 为全面建设社会主义
现代化国家而团结奋斗——在中国共产党第二十次全国代表
大会上的报告［EB/OL］.［2022-10-31］. https://www. gov. cn/
xinwen/2022-10/25/content_5721685.htm.

［42］习近平:决胜全面建成小康社会 夺取新时代中国特色社会主
义伟大胜利——在中国共产党第十九次全国代表大会上的报
告［EB/OL］.［2018-10-11］. https://www. gov. cn/zhuanti/2017-
10/27/content_5234876.htm.

［43］习近平:切实把思想统一到党的十八届三中全会精神上来［EB/
OL］.［2018-10-20］. https://www. gov. cn/ldhd/2013-12/31/
content_2557965.htm.

［44］习近平主持召开中央全面深化改革委员会第九次会议［EB/
OL］.［2019-10-11］. https://www. gov. cn/xinwen/2019-07/24/
content_5414669.htm.

［45］习近平.中共中央关于坚持和完善中国特色社会主义制度
推进国家治理体系和治理能力现代化若干重大问题的决
定［EB/OL］.［2019-11-10］. http://www. chinanews. com/gn/
2019/11-05/8999232. shtml.

［46］西瓜视频用户服务协议［EB/OL］.［2024-09-10］. https://
www. ixigua. com/user_agreement/.

［47］喜马拉雅用户服务协议［EB/OL］.［2024-09-10］. https://
passport. ximalaya. com/page/register_rule.

［48］小红书社区规范 ［EB/OL］. ［2024-09-10］. https://agree.
xiaohongshu. com/h5/terms/ZXXY20221213003/-1.

293

［49］小红书用户服务协议［EB/OL］．［2024-09-10］．https：//agree. xiaohongshu. com/h5/terms/ZXXY20220331001/-1.

［50］谢新洲．打造普惠共享的国际网络空间——深入学习贯彻习近平同志关于构建全球互联网治理体系的重要论述［EB/OL］．［2018-11-20］．https：//news. 12371. cn/2016/03/17/ ARTI1458170440984618. shtml.

［51］谢新洲．加强网络内容建设 营造风清气正的网络空间［EB/OL］．［2019-03-20］．https：//news. gmw. cn/2019-02/26/content_3 2561971.htm.

［52］谢新洲．以创新理念提高网络综合治理能力［EB/OL］．［2020-03-20］．http：//www. cssn. cn/dzyx/dzyx_llsj/202003/t20200311_5 099841. shtml

［53］徐晓全．从"管理"到"治理"：治国方略重大转型［EB/OL］．［2018-11-22］．http：//theory. people. com. cn/n/2013/ 1118/c40531-23575489. html.

［54］一点资讯用户协议［EB/OL］．［2024-09-10］．https：//www. yidianzixun. com/landing_agreement.

［55］优酷用户协议［EB/OL］．［2024-09-10］．https：//terms. alicdn. com/legal-agreement/terms/suit _ bu1 _ unification/suit _ bu1 _ unification202005142208_ 14749. html？ spm = a2hja. 14919748 _ WEBHOME_NEW. footer-container. 5~5~5~5！2~DL~5~A.

［56］直播安全解决方案［EB/OL］．［2020-01-25］．https：//cloud. tencent. com/solution/live-security

［57］中华人民共和国国务院新闻办公室．中国互联网状况［EB/OL］．［2018-10-11］．https：//www. gov. cn/zhengce/2010-06/08/ content_2615774.htm.

［58］中共中央办公厅 国务院办公厅印发《关于构建现代环境治理体系的指导意见》［EB/OL］．［2020-03-05］．https：//www. gov. cn/gongbao/content/2020/content_5492489.htm.

［59］中共中央关于加强党的执政能力建设的决定［EB/OL］．［2018-

10-11］. https：//www. gov. cn/test/2008-08/20/content_1075279. htm.

［60］中共中央关于进一步全面深化改革 推进中国式现代化的决定［EB/OL］.［2024-08-21］. https：//www. gov. cn/zhengce/202407/content_6963770. htm？sid_for_share＝80113_2.

［61］中共中央关于全面深化改革若干重大问题的决定［EB/OL］.［2019-03-02］. https：//www. gov. cn/zhengce/2013-11/15/content_5407874.htm.

［62］中共中央关于深化党和国家机构改革的决定［EB/OL］.［2020-04-02］. https：//www. gov. cn/zhengce/2018-03/04/content＿5270704.htm.

［63］中国互联网络信息中心. 第54次中国互联网络发展状况统计报告［R/OL］.［2024-09-22］. https：//www. cnnic. net. cn/NMediaFile/2024/0911/MAIN1726017626560DHICKVFSM6. pdf.

［64］《中国互联网企业综合实力指数（2023）》报告正式发布［EB/OL］.［2023-11-10］ https：//www. isc. org. cn/article/18458024914186240. html.

［65］中国新闻出版广电报. 我国数字出版产业整体规模已达16179. 68 亿元［EB/OL］.［2024-09-22］. https：//mp. weixin. qq. com/s/--DQPU8vi29ywt9bMiwIKw.

［66］综合［EB/OL］.［2020-02-01］. http：//www. dacihai. com. cn/search_index. html？＿st＝1&keyWord＝综合 &p＝1&itemId＝524318.

［67］综合［EB/OL］.［2020-02-01］. http：//www. dacihai. com. cn/search_index. html？＿st＝1&keyWord＝综合 &p＝1&itemId＝1646186.

［68］周言. 以西方为中心的"全球治理论"［EB/OL］.［2019-11-20］. https：//www. gmw. cn/01gmrb/2001-02/27/GB/02^18705^0^GMC4-224.htm.

二、外文文献

1. 图书

[1] Ansell C. Pragmatist democracy: Evolutionary learning as public philosophy[M]. New York: Oxford University Press, 2011.

[2] Johnson G, Scholes K. Exploring corporate strategy [M]. 6th ed. London: Pearson Education Ltd, 2002.

[3] Mueller M. Networks and states: The global politics of internet Governance[M]. Cambridge, MA: MIT Press, 2010.

[4] Lessig L. Code: And other laws of cyberspace [M]. 2nd ed. New York, NY: Basic Books, 1999.

[5] Perri 6, Leat D, Seltzer K, et al. Towards holistic governance: The new reform agenda[M]. New York: Palgrave, 2002.

[6] Rhodes R A W. Understanding governance [M]. Buckingham and Philadelphia: Open University Press, 1997.

[7] Whitman M E, Mattord H J. Management of information security [M]. Stamford: CENGAGE Learning, 2013.

2. 期刊

[1] Akdeniz Y. Internet content regulation: Government and the control of internet content[J]. Computer Law & Security Report, 2001, 17 (5): 303-317.

[2] Alston R. The government's regulatory framework for internet content[J]. UNSW Law Journal, 2000, 23(1): 192-197.

[3] Ansell C, Gash A. Collaborative governance in theory and practice[J]. Journal of Public Administration Research and Theory, 2008, 18(4): 543-571.

[4] Avoyan E, Tatenhove J V, Toonen H. The performance of the Black

Sea commission as a collaborative governance regime[J]. Marine Policy, 2017(81):285-292.

[5]Bang M S, Kim Y Y. Collaborative governance difficulty and policy implication: Case study of the Sewol disaster in South Korea[J]. Disaster Prevention and Management, 2016,25(2): 212-226.

[6]Baumer D L, Earp J B, Poindexter J C. Internet privacy law: A comparison between the United States and the European Union[J]. Computers & Security, 2004, 23(5):400-412.

[7]Börzel T A, Risse T. Governance without a state: Can it work[J]. Regulation & Governance, 2010, 4(4):113-134.

[8]Buysse K, Verbeke A. Proactive environmental strategies: A stakeholder management perspective[J]. Strategic Management Journal, 2003, 24(5):453-470.

[9]Carayannopoulos G. Whole of government: The solution to managing crises[J]. Australian Journal of Public Administration, 2017, 76 (2):251-265.

[10]Carroll A B. A Three-dimensional conceptual model of corporate performance[J]. The Academy of Management Review, 1979, 4 (4):497-505.

[11]Çini M A, Güleş H K, Aricioğlu M A. Effect of the stakeholder salience theory on family businesses performance [J]. Gaziantep University Journal of Social Science, 2018, 17(4):1491-1506.

[12]Christensen T, Fimreite A L, Per Lægreid. Joined-up government for welfare administration reform in Norway[J]. Public Organization Review, 2014, 14(4):439-456.

[13]Christensen T, Lægreid P. The whole-of-government approach to public sector reform[J]. Publication Administration Review, 2007, 67(6):1059-1066.

[14]Clarkson M B E. A stakeholder framework for analyzing and evaluating corporate social performance[J]. The Academy of Mana-

297

gement Review, 1995, 20(1):92-117.

[15] Collins R. Internet governance in the UK[J]. Media Culture & Society, 2006, 28(3):351-352.

[16] Corker J, Nugent S, Porter J. Regulating internet content: A co-regulatory approach [J]. University of New South Wales Law Journal, 2000, 23(1):198-204.

[17] Donaldson T, Preston L E. The stakeholder theory of the corporation: Concepts, evidence, and implications[J]. The Academy of Management Review, 1995, 20(1):65-91.

[18] Dou W Y. Will internet users pay for online content[J]. Journal of Advertising Research, 2004, 44(4):349-359.

[19] Dunleavy P, Margetts H, Bastow S, et al. New public management is dead-long live digital-era governance[J]. Journal of Public Administration Research and Theory: J-PART, 2006, 16 (3): 467-494.

[20] Elias A A, Cavana R Y, Jackson L S. Stakeholder analysis for R&D project management[J]. R&D Management, 2002, 32(4): 301-310.

[21] Emerson K, Nabatchi T, Balogh S. An integrative framework for collaborative governance[J]. Journal of Public Administration Research and Theory, 2012, 22(1):1-29.

[22] Emerson K, Gerlak A K. Adaptation in collaborative governance Regimes[J]. Environmental Management, 2014, 54(4):769-770.

[23] Fasona M, Adeonipekun P A, Agboola O, et al. Incentives for collaborative governance of natural resources: A case study of forest management in southwest Nigeria[J]. Environmental Development, 2019(30):76-88.

[24] Freeman R E, Reed D L. Stockholders and stakeholders: A new perspective on corporate governance[J]. California Management Review, 1983(3):88-106.

[25] Freeman R E, Phillips R A. Stakeholder theory: A libertarian defense[J]. Business Ethics Quarterly, 2002, 12(3): 331-349.

[26] Goggin G, Griff C. Regulating for content on the internet: meeting cultural and social objectives for broadband[J]. Media International Australia Incorporating Culture and Policy, 2001(101): 19-31.

[27] Filervoet J M, Geerling G W, Mostert E, et al. Analyzing collaborative governance through social network analysis: A case study of river management along the waal river in the Netherlands [J]. Environmental Management, 2016, 57(2): 355-367.

[28] Hayes D L. Internet copyright: Advanced copyright issues on the internet — part Viii[J]. Computer Law & Security Review, 2002, 16(6): 363-377.

[29] Hamilton M, Lubell M. Collaborative governance of climate change adaptation across spatial and institutional scales[J]. Policy Studies Journal, 2018, 46(2): 222-247.

[30] Hofmann J, Katzenbach C, Gollatz K. Between coordination and regulation: Finding the governance in internet governance[J]. New Media & Society, 2017, 19(9): 1406-1423.

[31] Hood C. A Public management for all seasons[J]. Public Administration, 1991, 69(1): 3-19.

[32] Jessop B. The rise of governance and the risks of failure: The case of economic development[J]. International Social Science Journal, 1998, 50(155): 29-46.

[33] Johnston E W, Hicks D, Nan N, et al. Managing the inclusion process in collaborative governance[J]. Journal of Public Administration Reserch and Theory, 2011, 21(4): 699-721.

[34] Kaler J. Morality and strategy in stakeholder identification [J]. Journal of Business Ethics, 2002(39): 91-99.

[35] Kalesnikaite V. Keeping cities afloat: Climate change adaptation and collaborative governance at the local level [J]. Public

299

Performance & Management Review, 2019, 42(4):864-888.

[36] Kallis G, Kiparsky M, Norgaard R. Collaborative governance and adaptive management: Lessons from California's CALFED Water Program[J]. Environmental Science & Policy, 2009, 12 (6): 631-643.

[37] Kim S. The workings of collaborative governance: Evaluating collaborative community-building initiatives in Korea[J]. Urban Studies, 2016, 53(16):3547-3565.

[38] Kirk E A. The ecosystem approach and the search for an objective and content for the concept of holistic ocean governance[J]. Ocean Development and International Law, 2015,46(1):33-49.

[39] Kumar V, Rahman Z, Kazmi A A. Stakeholder identification and classification: a sustainability marketing perspective[J]. Management Research Review, 2016,39(1): 35-61.

[40] Laplume A O, Sonpar K, Litz R A. Stakeholder theory: Reviewing a theory that moves us[J]. Journal of Management, 2008, 34(6): 1152-1189.

[41] Li S, Shang Z, Marcus W F. Social management of gender imbalance in China: A holistic governance framework [J]. Economic and Political Weekly, 2013, 48(35):79-86.

[42] Ling T. Delivering joined-up government in the UK: Dimensions, issues and problems[J]. Public Administration, 2010, 80 (4): 615-642.

[43] Liu L, Xu Z. Collaborative governance: A potential approach to preventing violent demolition in China[J]. Cities, 2018(8):26-36.

[44] Lucchi N. Internet content governance & human rights[J]. Social Science Electronic Publishing, 2014, 47(4):809-856.

[45] Mainardes E W, Alves H, Raposo M. A model for stakeholder classification and stakeholder relationships[J]. Management Decision, 2012,50(10):1861-1879.

[46] Margetts H, Dunleavy P. The second wave of digital-era governance: A quasi-paradigm for government on the web [J]. Philosophical Transactions: Mathematical, Physical and Engineering Sciences, 2013, 371(1987):1-17.

[47] Margoni T. Eccezioni e limitazioni al diritto d'autore in internet: Exceptions and limitations to copyright law in the internet [J]. Hearing research, 2012, 76(1-2):16-30.

[48] McGuire J F. When speech is heard around the world: Internet content regulation in the United States and Germany[J]. New York University Law Review,1999(74):750-792.

[49] Meghan A. Wharton. Pornography and the international internet: Internet content regulation in Australia and the United States [J]. Hastings Communications and Entertainment Law Journal, 2000, 23(1):121-156.

[50] Miles S. Stakeholder theory classification: A theoretical and empirical evaluation of definitions[J]. Journal of Business Ethics, 2017, 142(3):437-459.

[51] Mitchell R K, Agle B R, Wood D J. Toward a theory of stakeholder identification and salience: Defining the principle of who and what really counts[J]. The Academy of Management Review, 1997, 22 (4): 853-886.

[52] Mueller M. Is cybersecurity eating internet governance? Causes and consequences of alternative framings[J]. Digital Policy, Regulation and Governance, 2017, 19(6):415-416.

[53] Mueller M, Mathiason J, Klein H. The internet and global governance: Principles and norms for a new regime [J]. Global Governance, 2007, 13(2):237-254.

[54] Nair A. Internet Content Regulation: Is a global community standard a fallacy or the only way [J]. International Review of Law, Computer & Technology, 2007, 21(1):15-25.

[55] Pahl-Wostl C. The role of governance modes and meta-governance in the transformation towards sustainable water governance [J]. Environmental Science & Policy, 2019(91):6-16.

[56] Phillips R, Freeman R E, Wicks A C. What stakeholder theory is not[J]. Business Ethics Quarterly, 2003,13(4):479-502.

[57] Pollitt C. Joined-up government: A Survey[J]. Political Studies Review, 2003(1):34-49.

[58] Ran B, Qi H. Contingencies of power sharing in collaborative governance[J]. American Review of Public Administration, 2018, 48(8):836-851.

[59] Rhodes R A W. The new governance: Governing without government [J]. Political Studies. 1996,44(4):652-667.

[60] Rhodes R A W. Understanding governance: Ten years on [J]. Organization Studies, 2007, 28(8):1246-1247.

[61] Richter U H, Dow K E. Stakeholder theory: A deliberative perspective [J]. Business Ethics: A European Review, 2017, 26 (4):428-442.

[62] Rivera-Camino J. Re-evaluating green marketing strategy: A stakeholder perspective[J]. European Journal of Marketing, 2007, 41(11/12):1328-1358.

[63] Rodriguez J C. A comparative study of internet content regulations in the United States and Singapore: The invincibility of cyberporn [J]. Asian-Pacific Law & Policy Journal, 2000(9):1-46.

[64] Rose J, Flak L S, Sæbø Ø. Stakeholder theory for the e-government context: Framing a value-oriented normative core [J]. Government Information Quarterly, 2018(35):362-374.

[65] Ross S, Frere M, Healey L, Humphreys C. A whole of government strategy for family violence reform[J]. Australian Journal of Public Administration, 2011, 70(2):131-142.

[66] Roy K, Tripathy K, Weng T, et al. Securing social platform from

misinformation using deep learning[J]. Computer Standards & Interfaces, 2022, 84:103674.

[67] Savage G T, Nix T W, Whitehead C J, Blair J D. Strategies for assessing and managing organizational stakeholders[J]. Academy of Management Executive, 1991, 5(2):61-75.

[68] Sedereviciute K, Valentini C. Towards a more holistic stakeholder analysis approach. Mapping known and undiscovered stakeholders from social media [J]. International Journal of Strategic Communication, 2011, 5(4):221-239.

[69] Stoker G. Governance as theory: Five propositions[J]. International Social Science Journal, 1998, 50(155):17-28.

[70] Thomson A M, Perry J L. Collaboration processes:Inside the black box[J]. Public Administration Review, 2006, 66(s1):20-32.

[71] Van Eeten M J G, Mueller M. Where is the governance in internet governance[J]. New Media & Society, 2012, 15(5):720-736.

[72] Wachhaus A. Governance beyond government[J]. Administration & Society,2014,46(5):573-593.

[73] Weckert J. What is bad about Internet content regulation [J]. Ethics and Information Technology,2000(2):105-111.

[74] Weiser P J. The internet, innovation, and intellectual property policy[J]. Columbia Law Review, 2003(103): 534-613.

[75] Wharton M A. Pornography and the international internet: Internet content regulation in Australia and the United States[J]. Hastings Communications and Entertainment Law Journal, 2000, 23 (1): 121-156.

[76] Wilson III E J. What is internet governance and where does it come from[J]. Journal of Public Policy,2005,25(1):29-50.

[77] Xie X Z, Shi L, Zhu Y Y. Why netizens report harmful content online:A moderated mediation model[J]. International Journal of Communication,2023:5830-5851.

[78]Zadek S. Global collaborative governance: There is no alternative [J]. Corporate Governance: The International Journal of Business in Society, 2008, 8(4): 374-388.

3. 网页

[1]Broadcasting Services Act 1992[EB/OL]. [2018-10-20]. https://www. legislation. gov. au/Details/C2018C00375.

[2]Code of Practice. [EB/OL]. [2019-12-30]. http://web. mit. edu/activities/safe/labeling/uk/codenew. html.

[3] Content. [EB/OL]. [2018-10-29]. https://academic. eb. com/levels/collegiate/search/dictionary? query=content.

[4] Content. [EB/OL]. [2018-10-29]. https://en. wikipedia. org/wiki/Content.

[5] Coroneos P. Internet Content Policy and Regulation in Australia [EB/OL]. [2019-11-27]. https://www. researchgate. net/profile/Peter-Coroneos/publication/265566406 _ INTERNET _ CONTENT _ POLICY _ AND _ REGULATION _ IN _ AUSTRALIA/links/578d 943108ae5c86c9a65b6f/INTERNET-CONTENT-POLICY-AND-RE GULATION-IN-AUSTRALIA. pdf.

[6]DeNardis L. The Emerging Field of Internet Governance. Yale Information Society Project Working Paper Series[EB/OL]. [2018-11-29]. https://dx. doi. org/10. 2139/ssrn. 1678343.

[7] Digital Millennium Copyright Act. § 512. Limitations on Liability Relating to Material Online. [EB/OL]. [2020-02-04]. https://1. next. westlaw. com/Link/Document/FullText? findType = L&pub Num = 1000546&cite = 17USCAS512&originatingDoc = I8B7844 90CFC711DE89F0CC6BC455EA95&refType = LQ&originationCon text = document&transitionType = DocumentItem&contextData = (sc. Search).

[8]Facebook Users In The World. [EB/OL]. [2022-08-31]. https://www. internetworldstats. com/facebook.htm.

［9］Hillman R A, Rachlinski J J. Standard-Form Contracting in the Electronic Age［J/OL］.［2020-02-05］. https://poseidon01. ssrn. com/delivery. php? ID = 527000067124026066080117064067107108 007003024042071075093073113070116101029061096034126124017 103013093122116105016019090076000106000121124065082028068 125126088028066121028093092025071067118122085087118081 00807001306612102711612108701006402300 7&EXT = pdf.

［10］Infocomm Media Development Authority. Internet Code of Practice ［EB/OL］.［2019-02-01］. https://www. imda. gov. sg/-/media/ imda/files/regulation-licensing-and-consultations/content-and-stan dards-classification/policiesandcontentguidelines_internet_interneco deofpractice.pdf? la = en.

［11］Info-Communications Media Development Authority. IMDA's approach to regulating content on the Internet.［EB/OL］.［2018-10-20］. https://www. imda. gov. sg/regulations-licensing-and-consultations/ content-standards-and-classification/standards-and-classification/ internet.

［12］Internet Industry Code of Practice. Content Services Code［EB/ OL］.［2019-09-24］. https://www. commsalliance. com. au/_ _ data/assets/pdf _ file/0020/44606/content _ services _ code _ regis- tration_version_1_0. pdf.

［13］Internet Industry Code of Practice. Codes for Industry Co- Regulation in Areas of Internet and Mobile Content［EB/OL］. ［2019-09-24］. https://www. commsalliance. com. au/_ _ data/ assets/pdf _ file/0003/44607/Internet-Industrys-Code-of-Practice-Inter net-and-mobile-content-ContentCodes10_4. pdf.

［14］Kiškis M. Internet Content Regulation-Implications for E-Government ［J/OL］.［2018-11-30］. https://warwick. ac. uk/fac/soc/law/ elj/jilt/2005_2-3/kiskis-petrauskas/.

［15］OECD. Governance in the 21st Century［EB/OL］.［2018-11-26］. https://read. oecd-ilibrary. org/governance/governance-in-the-21st-

305

century_9789264189362-en#page5.

[16] Our Global Neighborhood-Report of the Commission on Global Governance[EB/OL]. [2018-11-06]. http://www. gdrc. org/u-gov/global-neighbourhood/chap1.htm.

[17] Perri 6. Holistic government. London: Demos. [EB/OL]. [2019-06-29]. http:www. demos. co. uk/files/holisticgovernment. pdf.

[18] Stakeholder[EB/OL]. [2019-05-26]. https://academic. eb. com/levels/collegiate/article/stakeholder/601041.

[19] The Internet Watch Foundation. Annual Report 2018 [R/OL]. [2019-09-24]. https://www. iwf. org. uk/report/2018-annual-report.

[20] The World Bank. Managing Development-The Governance Dimension [EB/OL]. [2018-11-26]. http://documents. worldbank. org/curated/en/884111468134710535/pdf/34899. pdf.

[21] The World Bank. A Decade of Measuring the Quality of Governance. [EB/OL]. [2018-11-06]. http:// siteresources. worldbank. org/NEWS/Resources/wbi2007-report. pdf.

[22] WGIG. Report of the Working Group on Internet Governance[EB/OL]. [2018-11-26]. http://www. wgig. org/docs/WGIGREPORT. pdf.

[23] World Internet Users and Population Statistics 2022 Year Estimates. [EB/OL]. [2022-08-30]. https://https://www. internetworldstats. com/stats.htm.

[24] Ye C, Chen R, Chen M, et al. A New Framework of Regional Collaborative Governance for PM 2. 5[EB/OL]. [2019-06-15]. https://doi. org/10. 1007/s00477-019-01688-w.

[25] コンテンツの創造、保護及び活用の促進に関する法律(平成16年6月4日法律第81号)[EB/OL]. [2018-10-29]. http://www. wipo. int/wipolex/zh/text. jsp? file_id=186620.

附录1 我国网络内容治理调查问卷
（网民问卷）

尊敬的先生/女士：

　　您好！万分感谢您在百忙之中抽空填写此问卷。随着人工智能、大数据等互联网技术向纵深拓展，网络内容成为人民精神文化生活中不可或缺的一部分。网民作为网络内容的主要受众，成为网络内容治理的中坚力量。本问卷旨在从网民角度切入，了解网民对我国网络内容治理的评价及自身参与网络内容治理的行为，以期为完善我国网络内容治理体系提供指导。请您根据切身体会真实作答，答案无对错之分。我向您保证此次调查仅用于学术研究，绝对保密，不会泄露您的个人信息，请放心填写。再次感谢您的支持，祝一切顺利！

一、基本信息
1. 您的性别是：
　　A. 男　　B. 女

2. 您的年龄是：
　　A. 19 岁及以下　　　B. 20~29 岁　　　C. 30~39 岁
　　D. 40~49 岁　　　　E. 50~59 岁　　　F. 60 岁及以上
3. 您的学历是：
　　A. 小学及以下　　　B. 初中　　　　　C. 高中/中专/技校
　　D. 大学专科　　　　E. 大学本科　　　F. 研究生及以上

4. 您的职业身份是:

  A. 机关、事业单位工作人员   B. 企业工作人员

  C. 自由职业者 D. 农民   E. 离退休人员

  F. 学生   G. 无业/失业人员

  H. 若您不确定您的职业归属于哪一类,您可在此处填写职业名
   称:_____

5. 您的月收入是:

  A. 1000 元以下 B. 1000~2999 元 C. 3000~4999 元

  D. 5000~6999 元 E. 7000~8999 元 F. 9000 元及以上

6. 您一般在哪些平台上发布、浏览或传播网络内容(多选题):

  A. 社交平台(新浪微博、微信、QQ、豆瓣、知乎等)

  B. 网络直播平台(斗鱼、YY、虎牙等)

  C. 综合性资讯平台(百度、今日头条、一点资讯等)

  D. 短视频平台(抖音、西瓜、快手等)

  E. 网络视频平台(爱奇艺、优酷、腾讯视频等)

  F. 网络漫画平台(看漫画、快看、腾讯动漫等)

  G. 网络文学平台(起点中文网、晋江文学、17K 小说网等)

  H. 有声书(懒人、荔枝、喜马拉雅等)

  I. 网络游戏平台(盛趣游戏、腾讯游戏、网易游戏等)

  J. 网络新闻平台(凤凰网、澎湃新闻等)

  K. 其他平台

7. 您平均每天用于发布、浏览或传播网络内容的时间是:

  A. 1 小时以内 B. 1~2 小时 C. 3~4 小时

  D. 5~6 小时 E. 7 小时以上

二、网络内容发展现状

8. 您在浏览网络内容时遇到过违法、不良网络内容的频率:

  A. 总是遇到 B. 经常遇到 C. 偶尔遇到

  D. 极少遇到 E. 从未遇到过

9. 您认为以下哪些网络内容对您造成了困扰(多选题):

  A. 损害国家利益、危害国家安全的内容

  B. 不利于民族团结的网络内容

C. 淫秽色情及色情擦边球内容

D. 暴力、血腥内容

E. 虚假内容(网络谣言、虚假新闻、虚假广告)

F. 侵犯版权的内容   G. 侵犯隐私权的内容

H. 封建迷信内容   I. 欺诈类内容

J. 网络赌博内容   K. 侮辱诽谤内容

L. 违禁物品信息   M. 垃圾邮件等骚扰内容

N. 同质化、缺乏原创性的内容   O. 腐文化、丧文化内容

P. 恶搞内容   Q. 明星八卦内容

R. 其他＿＿＿＿＿＿＿＿＿＿＿＿＿＿＿

三、网络内容治理评价

网络内容治理即政府、企业、社会组织、公民为维护网络空间生态,引导网络内容建设方向,采取系列措施抑制违法、不良内容的生产、传播和使用,并推动网络内容朝着积极、健康方向发展的行为。

10. 您认为网络内容治理重要吗:

A. 非常重要   B. 比较重要   C. 一般

D. 不重要   E. 非常不重要

11. 您认为行业协会(如中国互联网协会、中国网络视听节目服务协会等)的网络内容治理举措(如制定行业规范、发布行业报告、开展专项活动等)是否有效:

A. 非常有效(跳转至 13 题)

B. 比较有效(跳转至 13 题)

C. 一般(跳转至 12 题)

D. 效果不大(跳转至 12 题)

E. 基本无效(跳转至 12 题)

12. 您认为行业协会治理措施效果不显著的原因在于(多选题):

A. 行业协会独立性较弱,影响力不够

B. 行业规范不够完善

C. 行业自律意识较弱

D. 行业协会未明确自身职责

E. 其他 _____

F. 不清楚

13. 您认为网络内容平台的网络内容治理举措(如对用户实名准入、制定平台规范、进行内容审查等)是否有效:

A. 非常有效(跳转至 15 题)

B. 比较有效(跳转至 15 题)

C. 一般(跳转至 14 题)

D. 效果不大(跳转至 14 题)

E. 基本无效(跳转至 14 题)

14. 您认为网络内容平台的治理措施效果不显著的原因在于(多选题):

A. 商业网络平台逐利意识强烈、社会责任意识淡薄

B. 平台规范不完善

C. 不了解自身具体权责

D. 需要承担的治理责任超过企业能力

E. 其他

F. 不清楚

15. 您认为目前网民在网络内容治理中的参与情况如何(网民可通过自律、举报、参与网络内容决策等方式参与网络内容治理):

A. 非常积极　　　　B. 比较积极　　　　C. 一般

D. 不积极　　　　　E. 非常不积极

16. 您认为哪些措施有利于网络内容治理的完善(多选题):

A. 完善网络内容政策法规

B. 增强网络执法效能

C. 完善网络实名制

D. 实行网络内容分级制

E. 加强网络版权保护

F. 加强个人信息保护

G. 优化举报机制

H. 展开网络素养教育

I. 优化网络内容平台规范

J. 明确网络内容平台权责

K. 充分发挥网民和社会组织的力量

L. 利用技术工具创新网络内容治理工具

M. 推动政府、企业、行业协会和网民的协同治理

N. 建立网络内容治理绩效评价指标

O. 其他 _____

四、网民参与网络内容治理的行为

17. 您是否愿意参与到网络内容治理中来：

 A. 非常愿意 B. 比较愿意 C. 一般

 D. 不愿意   E. 非常不愿意

18. 当您在网络内容平台中浏览网络内容时，您是否能识别违法、不良内容：

 A. 能识别出所有的违法、不良内容

 B. 能识别出绝大多数的违法、不良内容

 C. 能识别出部分违法、不良内容

 D. 能识别出少量的违法、不良内容

 E. 无法识别

19. 当您发布网络内容时，是否会求证内容真实性和合法性：

 A. 总是求证 B. 经常求证 C. 偶尔求证

 D. 很少求证 E. 不求证

20. 您曾经发布或转发过以下哪些网络内容（多选题）：

 A. 损害国家利益、危害国家安全的内容

 B. 不利于民族团结的网络内容

 C. 淫秽色情及色情擦边球内容

 D. 暴力、血腥内容

 E. 虚假内容（网络谣言、虚假新闻、虚假广告）

 F. 侵犯版权的内容

 G. 侵犯隐私权的内容

 H. 封建迷信内容

 I. 欺诈类内容

 J. 网络赌博内容

311

    K. 侮辱诽谤内容

    L. 违禁物品信息

    M. 垃圾邮件等骚扰内容

    N. 同质化、缺乏原创性的内容

    O. 腐文化、丧文化内容

    P. 恶搞内容

    Q. 明星八卦内容

    R. 以上皆未发布或转发过

21. 当您在网络内容平台遇到违法、不良内容时，您会如何(多选题)：

    A. 通过政府、行业协会或网络内容平台设立的举报通道予以举报

    B. 对该网络内容发布者取消关注

    C. 给予该网络内容差评

    D. 给予该网络内容平台差评

    E. 卸载该网络内容平台

    F. 无所谓，什么也不做

22. 您知道以下哪些举报通道(多选题)：

    A. 12321 网络不良与垃圾信息举报受理中心

    B. 中国互联网违法和不良信息举报中心

    C. 各网络内容平台自设举报通道

    D. 全国各省市自设举报网站

    E. 全国各地举报电话

    F. 网络违法犯罪举报网站

    G. 以上皆不知道

23. 您主要通过哪些渠道参与过网络内容治理(多选题)：

    A. 对网络内容相关法规的征求意见稿提供建议

    B. 担任相关网络内容平台的监督员或志愿者(例如新浪微博监督员、虎牙直播志愿者团队)

    C. 成为各省市举报网站的网络举报志愿者

    D. 在举报通道举报违法、不良内容

E. 对泄露个人隐私、监督不力的网络内容平台予以卸载

F. 对发布淫秽、色情、庸俗、暴力等违法不良内容的发布者取消关注

G. 对优质的网络内容发布者予以关注，并对优质内容予以点赞、评高分

H. 以上皆未做过

24. 您认为影响您是否参与网络内容治理的因素有哪些(多选题)：

A. 监督程序是否简易

B. 诉求表达通道是否畅通

C. 反馈是否快速

D. 是否给予一定经济或精神奖励

E. 是否侵犯自身权益

F. 其他 _____

附录 2 我国主要网络内容治理政策 法规一览表(1994—2024)①

序号	颁布时间	政策法规名称	颁布部门
1	1994 年 2 月	中华人民共和国计算机信息系统安全保护条例	国务院
2	1996 年 2 月	中华人民共和国计算机信息网络国际联网管理暂行规定	国务院
3	1996 年 10 月	关于加强计算机信息网络系统保密工作的通知	中共中央纪委、监察部
4	1997 年 5 月	中华人民共和国计算机信息网络国际联网管理暂行规定(1997 年修正)	国务院
5	1997 年 12 月	计算机信息网络国际联网安全保护管理办法	公安部
6	1999 年 10 月	关于加强通过信息网络向公众传播广播电影电视类节目管理的通告	国家广播电影电视总局

---

① 统计时间为 1994 年 2 月 18 日至 2024 年 6 月 30 日。为体现我国网络内容治理政策法规的发展轨迹,这里对已失效的政策法规予以保留。

续表

序号	颁布时间	政策法规名称	颁布部门
7	2000 年 2 月	关于开展网络广告经营登记试点的通知	国家工商行政管理局
8	2000 年 4 月	信息网络传播广播电影电视类节目监督管理暂行办法	国家广播电影电视总局
9	2000 年 9 月	互联网信息服务管理办法	国务院
10	2000 年 9 月	中华人民共和国电信条例	国务院
11	2000 年 11 月	互联网电子公告服务管理规定	信息产业部
12	2000 年 11 月	互联网站从事登载新闻业务管理暂行规定	国务院新闻办公室、信息产业部
13	2000 年 12 月	关于审理涉及计算机网络著作权纠纷案件适用法律若干问题的解释	最高人民法院
14	2000 年 12 月	关于维护互联网安全的决定	全国人大常委会
15	2001 年 1 月	互联网药品信息服务管理暂行规定	国家药品监督管理局
16	2001 年 1 月	互联网医疗卫生信息服务管理办法	卫生部
17	2001 年 3 月	关于互联网药品信息服务管理有关情况说明的通知	国家药品监督管理局
18	2001 年 3 月	关于计算机信息网络经营服务场所和电子游戏厅管理职责分工的通知	中央机构编制委员会办公室、信息产业部、公安部、文化部、国家工商行政管理局
19	2001 年 3 月	关于进一步做好互联网信息服务电子公告服务审批管理工作的通知	信息产业部
20	2001 年 4 月	互联网上网服务营业场所管理办法	信息产业部、公安部、文化部、国家工商行政管理总局

续表

序号	颁布时间	政策法规名称	颁布部门
21	2001 年 4 月	关于进一步加强互联网上网服务营业场所管理的通知	国务院办公厅
22	2001 年 9 月	关于加强互联网药品信息服务管理工作的通知	国家药品监督管理局
23	2001 年 11 月	高等学校计算机网络电子公告服务管理规定	教育部
24	2002 年 4 月	关于进一步加强互联网新闻宣传和信息内容安全管理工作的意见	中共中央办公厅、国务院办公厅
25	2002 年 5 月	关于加强网络文化市场管理的通知	文化部
26	2002 年 6 月	互联网出版管理暂行规定	新闻出版总署、信息产业部
27	2002 年 6 月	关于开展"网吧"等互联网上网服务营业场所专项治理的通知	文化部、公安部、信息产业部、国家工商行政管理总局
28	2002 年 9 月	互联网上网服务营业场所管理条例	国务院
29	2003 年 1 月	互联网等信息网络传播视听节目管理办法	国家广播电影电视总局
30	2003 年 5 月	互联网文化管理暂行规定	文化部
31	2003 年 7 月	关于实施《互联网文化管理暂行规定》有关问题的通知	文化部
32	2003 年 8 月	关于加强信息安全保障工作的意见	国家信息化领导小组
33	2003 年 10 月	关于联合开展信息网络传播视听节目治理工作的通知	国家广播电影电视总局
34	2004 年 1 月	关于审理涉及计算机网络著作权纠纷案件适用法律若干问题的解释(2004 年修订)	最高人民法院

序号	颁布时间	政策法规名称	颁布部门
35	2004 年 2 月	关于开展网吧等互联网上网服务营业场所专项整治意见的通知	文化部、国家工商行政管理总局、公安部、信息产业部、教育部、财政部、国务院法制办公室、中央文明办、共青团中央
36	2004 年 5 月	关于加强影视播放机构和互联网等信息网络播放 DV 片管理的通知	国家广播电影电视总局
37	2004 年 5 月	关于加强网络游戏产品内容审查工作的通知	文化部
38	2004 年 7 月	关于落实国务院归口审批电子和互联网游戏出版物决定的通知	新闻出版总署、国家版权局
39	2004 年 7 月	互联网药品信息服务管理办法	国家食品药品监督管理局
40	2004 年 7 月	关于贯彻执行《互联网药品信息服务管理办法》有关问题的通知	国家食品药品监督管理局
41	2004 年 7 月	关于依法开展打击淫秽色情网站专项行动有关工作的通知	最高人民法院、最高人民检察院、公安部
42	2004 年 7 月	互联网等信息网络传播视听节目管理办法（2004 年修订）	国家广播电影电视总局
43	2004 年 8 月	关于贯彻落实全国打击淫秽色情网站专项行动电视电话会议精神加强互联网传播视听节目管理的通知	国家广播电影电视总局
44	2004 年 9 月	关于办理利用互联网、移动通讯终端、声讯台制作、复制、出版、贩卖、传播淫秽电子信息刑事事案件具体应用法律若干问题的解释（一）	最高人民法院、最高人民检察院

317

序号	颁布时间	政策法规名称	颁布部门
45	2004 年 11 月	关于进一步加强互联网管理工作的意见	中共中央办公厅、国务院办公厅
46	2005 年 1 月	关于禁止利用网络游戏从事赌博活动的通知	新闻出版总署
47	2005 年 2 月	非经营性互联网信息服务备案管理办法	信息产业部
48	2005 年 3 月	关于进一步深化网吧管理工作的通知	文化部、国家工商行政管理总局、公安部、信息产业部、教育部、财政部、国务院法制办公室、中央文明办、共青团中央
49	2005 年 4 月	互联网著作权行政保护办法	国家版权局、信息产业部
50	2005 年 5 月	关于开展打击利用网络从事不正当竞争行为执法活动的通知	国家工商行政管理总局
51	2005 年 5 月	印发落实中办国办《关于进一步加强互联网管理工作的意见》实施细则的通知	国家广播电影电视总局
52	2005 年 6 月	关于净化网络游戏工作的通知	文化部、中央文明办、信息产业部、公安部、国家工商行政管理总局
53	2005 年 7 月	关于网络游戏发展和管理的若干意见	文化部、信息产业部
54	2005 年 9 月	互联网新闻信息服务管理规定	国务院新闻办公室、信息产业部
55	2005 年 9 月	关于进一步加强移动通信网络不良信息传播治理的通知	信息产业部
56	2005 年 10 月	互联网站管理工作细则	信息产业部
57	2005 年 12 月	互联网安全保护技术措施规定	公安部

序号	颁布时间	政策法规名称	颁布部门
58	2006 年 2 月	互联网站管理协调工作方案	中宣部、信息产业部、国务院新闻办公室、教育部、文化部、卫生部、公安部、国家安全部、商务部、国家广播电影电视总局、新闻出版总署、国家保密局、国家工商行政管理总局、国家食品药品监督管理局、中国科学院、总参谋部通信部
59	2006 年 2 月	互联网电子邮件服务管理办法	信息产业部
60	2006 年 5 月	信息网络传播权保护条例	国务院
61	2006 年 8 月	关于加强互联网药品信息服务和互联网药品交易服务监督管理工作的通知	国家食品药品监督管理局
62	2006 年 10 月	关于加强互联网法制宣传教育工作的意见	司法部、国务院新闻办公室、全国普法办
63	2006 年 11 月	关于网络音乐发展和管理的若干意见	文化部
64	2006 年 11 月	关于审理涉及计算机网络著作权纠纷案件适用法律若干问题的解释（2006 年修订）	最高人民法院
65	2007 年 1 月	关于规范网络游戏经营秩序查禁利用网络游戏赌博的通知	公安部、信息产业部、文化部、新闻出版总署
66	2007 年 2 月	关于进一步加强网吧及网络游戏管理工作的通知	文化部、国家工商行政管理总局、公安部、信息产业部、教育部、财政部、监察部、卫生部、中国人民银行、国务院法制办公室、新闻出版总署、中央文明办、中央综治办、共青团中央

序号	颁布时间	政策法规名称	颁布部门
67	2007 年 2 月	关于加强音像制品、电子出版物和网络出版物审读工作的通知	新闻出版总署
68	2007 年 4 月	关于保护未成年人身心健康实施网络游戏防沉迷系统的通知	新闻出版总署、中央文明办、教育部、公安部、信息产业部、共青团中央、全国妇联、中国关心下一代工作委员会
69	2007 年 5 月	关于依法打击网络淫秽色情专项行动工作方案的通知	信息产业部
70	2007 年 6 月	信息安全等级保护管理办法	公安部、国家保密局、国家密码管理局、国务院信息工作办公室
71	2007 年 8 月	关于规范利用互联网从事印刷经营活动的通知	新闻出版总署、公安部、国家工商行政管理总局、信息产业部
72	2007 年 12 月	互联网视听节目服务管理规定	国家广播电影电视总局、信息产业部
73	2007 年 12 月	关于加强互联网传播影视剧管理的通知	国家广播电影电视总局
74	2008 年 2 月	关于加强互联网地图和地理信息服务网站监管的意见	国家测绘局、外交部、公安部、信息产业部、国家工商行政管理总局、新闻出版总署、国务院新闻办公室、国家保密局
75	2008 年 4 月	转发《关于加强互联网地图和地理信息服务网站监管的意见》的通知	新闻出版总署
76	2008 年 4 月	关于做好《信息网络传播视听节目许可证》申报审核工作有关问题的通知	国家新闻出版广电总局

序号	颁布时间	政策法规名称	颁布部门
77	2008 年 5 月	关于对互联网地图和地理信息服务违法违规行为进行专项治理的通知	全国国家版图意识宣传教育和地图市场监管协调指导小组
78	2008 年 6 月	关于严禁通过互联网非法转播奥运赛事及相关活动的通知	国家版权局、工业和信息化部、国家广播电影电视总局
79	2009 年 3 月	关于进一步净化网吧市场有关工作的通知	文化部
80	2009 年 3 月	关于加强互联网视听节目内容管理的通知	国家广播电影电视总局
81	2009 年 4 月	关于做好中小学校园网络绿色上网过滤软件安装使用工作的通知	教育部、财政部、工业和信息化部、国务院新闻办公室
82	2009 年 4 月	关于规范进口网络游戏产品内容审查申报工作的公告	文化部
83	2009 年 5 月	关于计算机预装绿色上网过滤软件的通知	工业和信息化部
84	2009 年 5 月	互联网医疗保健信息服务管理办法	卫生部
85	2009 年 6 月	关于加强网络游戏虚拟货币管理工作的通知	文化部、商务部
86	2009 年 6 月	关于严厉打击利用互联网等信息网络非法经营烟草专卖品的通告	国家烟草专卖局、工业和信息化部、公安部、国家工商行政管理总局
87	2009 年 7 月	"网络游戏虚拟货币发行企业""网络游戏虚拟货币交易企业"申报指南	文化部

序号	颁布时间	政策法规名称	颁布部门
88	2009 年 7 月	关于开展全国互联网医疗保健和药品信息服务专项整治行动的通知	卫生部、国务院新闻办公室、工业和信息化部、公安部、国家工商行政管理总局、国家食品药品监督管理局、国家中医药管理局
89	2009 年 7 月	网吧内网络文化内容产品经营资质申报及产品备案指南	文化部
90	2009 年 7 月	关于立即查处"黑帮"主题非法网络游戏的通知	文化部
91	2009 年 7 月	关于加强对进口网络游戏审批管理的通知	新闻出版总署
92	2009 年 8 月	关于维护互联网安全的决定（2009 年修正）	全国人大常委会
93	2009 年 8 月	关于做好换发《互联网药品信息服务资格证书》工作的通知	国家食品药品监督管理局
94	2009 年 8 月	关于加强和改进网络音乐内容审查工作的通知	文化部
95	2009 年 9 月	关于互联网视听节目服务许可证管理有关问题的通知	国家广播电影电视总局
96	2009 年 9 月	关于印发《中央编办对文化部、广电总局、新闻出版总署〈"三定"规定〉中有关动漫、网络游戏和文化市场综合执法的部分条文的解释》的通知	中央机构编制委员会办公室
97	2009 年 9 月	关于加强互联网证券期货讯息、广告宣传等专业性视听节目服务管理的通知	国家广播电影电视总局

续表

序号	颁布时间	政策法规名称	颁布部门
98	2009 年 9 月	关于开展打击利用互联网等媒体发布虚假广告及通过寄递等渠道销售假药的专项整治行动的通知	卫生部、工业和信息化部、公安部、监察部、财政部、商务部、海关总署、国家工商行政管理总局、国家广播电影电视总局、国务院法制办公室、中国银行业监督管理委员会、国家邮政局、国家食品药品监督管理局
99	2009 年 9 月	关于贯彻落实国务院《"三定"规定》和中央编办有关解释,进一步加强网络游戏前置审批和进口网络游戏审批管理的通知	新闻出版总署、国家版权局、全国"扫黄打非"工作小组办公室
100	2009 年 11 月	关于改进和加强网络游戏内容管理工作的通知	文化部
101	2009 年 12 月	关于加强互联网地图管理工作的通知	国家测绘局
102	2010 年 1 月	关于加强中小学网络道德教育抵制网络不良信息的通知	教育部
103	2010 年 2 月	关于办理利用互联网、移动通讯终端、声讯台制作、复制、出版、贩卖、传播淫秽电子信息刑事案件具体应用法律若干问题的解释(二)	最高人民法院、最高人民检察院
104	2010 年 3 月	互联网视听节目服务业务分类目录(试行)	国家广播电影电视总局
105	2010 年 4 月	关于规范网络音乐市场秩序整治网络音乐网站违规行为的通告	文化部

续表

序号	颁布时间	政策法规名称	颁布部门
106	2010年5月	关于印发互联网地图服务专业标准的通知	国家测绘局
107	2010年6月	网络游戏管理暂行办法	文化部
108	2010年7月	关于贯彻实施《网络游戏管理暂行办法》的通知	文化部
109	2010年7月	关于下放经营性互联网文化单位行政许可审批工作的通知	文化部
110	2010年8月	关于加快我国数字出版产业发展的若干意见	新闻出版总署
111	2010年9月	关于加强互联网易制毒化学品销售信息管理的公告	公安部、工业和信息化部、国家工商行政管理总局、国家安全生产监督管理总局、国家食品药品监督管理局
112	2010年10月	关于发展电子书产业的意见	新闻出版总署
113	2011年1月	互联网信息服务管理办法(2011年修订)	国务院
114	2011年1月	中华人民共和国计算机信息系统安全保护条例(2011年修订)	国务院
115	2011年1月	计算机信息网络国际联网安全保护管理办法(2011年修订)	公安部
116	2011年1月	互联网上网服务营业场所管理条例(2011年修订)	国务院
117	2011年1月	关于清理违规网络音乐产品的通告	文化部
118	2011年1月	关于印发《"网络游戏未成年人家长监护工程"实施方案》的通知	文化部、中央文明办、教育部、工业和信息化部、公安部、卫生部、共青团中央、全国妇联

续表

序号	颁布时间	政策法规名称	颁布部门
119	2011 年 2 月	互联网文化管理暂行规定（2011 年修订）	文化部
120	2011 年 5 月	关于进一步严厉打击利用互联网发布虚假药品信息非法销售药品的通知	国家食品药品监督管理局、工业和信息化部、公安部、国家工商行政管理总局
121	2011 年 7 月	关于启动网络游戏防沉迷实名验证工作的通知	新闻出版总署、中央文明办、教育部、公安部、工业和信息化部、共青团中央、全国妇联、中国关心下一代工作委员会
122	2011 年 12 月	规范互联网信息服务市场秩序若干规定	工业和信息化部
123	2011 年 12 月	关于进一步加强互联网地图服务资质管理工作的通知	国家测绘地理信息局
124	2012 年 2 月	文化产品和服务出口指导目录	商务部、中宣部、外交部、财政部、文化部、海关总署、税务总局、国家广播电影电视总局、新闻出版总署、国务院新闻办公室
125	2012 年 6 月	关于大力推进信息化发展和切实保障信息安全的若干意见	国务院
126	2012 年 7 月	关于进一步加强网络剧、微电影等网络视听节目管理的通知	国家广播电影电视总局
127	2012 年 7 月	关于印发《2012 年打击网络侵权盗版专项治理"剑网行动"实施方案》的通知	国家版权局、公安部、工业和信息化部、国家互联网信息办公室

续表

序号	颁布时间	政策法规名称	颁布部门
128	2012年9月	关于进一步加强网络地图服务监管工作的通知	全国国家版图意识宣传教育和地图市场监管协调指导小组
129	2012年9月	网络文化市场执法工作指引(试行)	文化部
130	2012年12月	关于审理侵害信息网络传播权民事纠纷案件适用法律若干问题的规定	最高人民法院
131	2012年12月	关于加强网络信息保护的决定	全国人大常委会
132	2013年1月	信息网络传播权保护条例(2013年修订)	国务院
133	2013年2月	关于印发《未成年人网络游戏成瘾综合防治工程工作方案》的通知	文化部、国家互联网信息办公室、国家工商行政管理总局、公安部、工业和信息化部、教育部、财政部、监察部、卫生部、中国人民银行、国务院法制办公室、新闻出版总署、中央文明办、中央综治办、共青团中央
134	2013年6月	关于印发《2013年打击网络侵权盗版专项治理"剑网行动"实施方案》的通知	国家版权局、国家互联网信息办公室、工业和信息化部、公安部
135	2013年7月	电信和互联网用户个人信息保护规定	工业和信息化部
136	2013年8月	网络文化经营单位内容自审管理办法	文化部
137	2013年9月	关于办理利用信息网络实施诽谤等刑事案件适用法律若干问题的解释	最高人民法院、最高人民检察院

续表

序号	颁布时间	政策法规名称	颁布部门
138	2013年12月	关于开展网络文化经营单位上线运行管理工作的通知	文化部
139	2014年1月	关于进一步完善网络剧、微电影等网络视听节目管理的补充通知	国家新闻出版广电总局
140	2014年2月	关于进一步加强互联网地图安全监管工作的通知	国家测绘地理信息局
141	2014年4月	关于开展打击网上淫秽色情信息专项行动的公告	全国"扫黄打非"工作小组办公室、国家互联网信息办公室、工业和信息化部、公安部
142	2014年4月	安全生产网络舆情应对预案	国家安全生产监督管理总局
143	2014年4月	关于进一步规范出版境外著作权人授权互联网游戏作品和电子游戏出版物申报材料的通知	国家新闻出版广电总局
144	2014年6月	关于开展打击网络侵权盗版"剑网2014"专项行动的通知	国家版权局、国家互联网信息办公室、工业和信息化部、公安部
145	2014年7月	中华人民共和国电信条例(2014年修订)	国务院
146	2014年7月	关于深入开展网络游戏防沉迷实名验证工作的通知	国家新闻出版广电总局
147	2014年8月	关于授权国家互联网信息办公室负责互联网信息内容管理工作的通知	国务院
148	2014年8月	即时通信工具公众信息服务发展管理暂行规定	国家互联网信息办公室

续表

序号	颁布时间	政策法规名称	颁布部门
149	2014年8月	关于加强电信和互联网行业网络安全工作的指导意见	工业和信息化部
150	2014年8月	关于审理利用信息网络侵害人身权益民事纠纷案件适用法律若干问题的规定	最高人民法院
151	2014年12月	关于印发《关于推动网络文学健康发展的指导意见》的通知	国家新闻出版广电总局
152	2015年2月	互联网危险物品信息发布管理规定	公安部、国家互联网信息办公室、工业和信息化部、环境保护部、国家工商行政管理总局、国家安全生产监督管理总局
153	2015年3月	互联网用户账号名称管理规定	国家互联网信息办公室
154	2015年3月	关于加强网络游戏宣传推广活动监管的通知	文化部
155	2015年4月	关于规范网络转载版权秩序的通知	国家版权局
156	2015年4月	关于变更互联网新闻信息服务单位审批备案和外国机构在中国境内提供金融信息服务业务审批实施机关的通知	国家互联网信息办公室
157	2015年4月	互联网新闻信息服务单位约谈工作规定	国家互联网信息办公室
158	2015年6月	关于开展打击网络侵权盗版"剑网2015"专项行动的通知	国家版权局、国家互联网信息办公室、工业和信息化部、公安部
159	2015年6月	关于进一步加强对网上未成年人犯罪和欺凌事件报道管理的通知	国家互联网信息办公室

续表

序号	颁布时间	政策法规名称	颁布部门
160	2015 年 7 月	关于责令网络音乐服务商停止未经授权传播音乐作品的通知	国家版权局
161	2015 年 8 月	互联网视听节目服务管理规定(2015 年修订)	国家新闻出版广电总局
162	2015 年 8 月	互联网等信息网络传播视听节目管理办法(2015 年修订)	国家新闻出版广电总局
163	2015 年 9 月	关于进一步加强互联网地图监管工作的意见	国家测绘地理信息局
164	2015 年 10 月	关于加强互联网领域侵权假冒行为治理的意见	国务院办公厅
165	2015 年 10 月	关于进一步加强和改进网络音乐内容管理工作的通知	文化部
166	2016 年 2 月	中华人民共和国电信条例(2016 年修订)	国务院
167	2016 年 2 月	互联网上网服务营业场所管理条例(2016 年修订)	国务院
168	2016 年 3 月	关于印发《国家网络安全宣传周活动方案》的通知	中央网络安全和信息化领导小组办公室、教育部、工业和信息化部、公安部、国家新闻出版广电总局、共青团中央
169	2016 年 3 月	网络出版服务管理规定	国家新闻出版广电总局、工业和信息化部
170	2016 年 5 月	2016 网络市场监管专项行动方案	国家工商行政管理总局
171	2016 年 5 月	关于做好移动互联网视听节目服务增项审核工作有关问题的通知	国家新闻出版广电总局

续表

序号	颁布时间	政策法规名称	颁布部门
172	2016 年 5 月	专网及定向传播视听节目服务管理规定	国家新闻出版广电总局
173	2016 年 5 月	关于移动游戏出版服务管理的通知	国家新闻出版广电总局
174	2016 年 6 月	关于加强网络安全学科建设和人才培养的意见	中央网络安全和信息化领导小组办公室、国家发展改革委、教育部、科技部、工业和信息化部、人力资源社会保障部
175	2016 年 6 月	移动互联网应用程序信息服务管理规定	国家互联网信息办公室
176	2016 年 6 月	互联网信息搜索服务管理规定	国家互联网信息办公室
177	2016 年 7 月	关于加强网络表演管理工作的通知	文化部
178	2016 年 7 月	关于规范互联网服务单位使用地图的通知	国家测绘地理信息局、中央网络安全和信息化领导小组办公室
179	2016 年 7 月	互联网广告管理暂行办法	国家工商行政管理总局
180	2016 年 9 月	关于加强网络视听节目直播服务管理有关问题的通知	国家新闻出版广电总局
181	2016 年 9 月	关于防范和打击电信网络诈骗犯罪的通告	最高人民法院、最高人民检察院、公安部、工业和信息化部、中国人民银行、中国银行业监督管理委员会
182	2016 年 11 月	互联网直播服务管理规定	国家互联网信息办公室
183	2016 年 11 月	关于加强网络文学作品版权管理的通知	国家版权局
184	2016 年 11 月	关于进一步加强网络原创视听节目规划建设和管理的通知	国家新闻出版广电总局

序号	颁布时间	政策法规名称	颁布部门
185	2016年11月	中华人民共和国网络安全法	全国人大常委会
186	2016年12月	关于印发《公安民警使用网络社交媒体"九不准"》的通知	公安部
187	2016年12月	国家网络空间安全战略	国家互联网信息办公室
188	2016年12月	关于规范网络游戏运营加强事中事后监管工作的通知	文化部
189	2016年12月	网络表演经营活动管理办法	文化部
190	2016年12月	关于办理电信网络诈骗等刑事案件适用法律若干问题的意见	最高人民法院、最高人民检察院、公安部
191	2017年1月	关于开展加强老年人防范电信网络诈骗宣传教育活动的通知	全国老龄工作委员会
192	2017年1月	关于促进移动互联网健康有序发展的意见	中共中央办公厅、国务院办公厅
193	2017年3月	关于深化新闻出版业数字化转型升级工作的通知	国家新闻出版广电总局、财政部
194	2017年3月	关于调整《互联网视听节目服务业务分类目录（试行）》的通告	国家新闻出版广电总局
195	2017年3月	网络空间国际合作战略	外交部、国家互联网信息办公室
196	2017年4月	关于推动数字文化产业创新发展的指导意见	文化部
197	2017年5月	2017网络市场监管专项行动方案	国家工商行政管理总局、国家发展改革委、工业和信息化部、公安部、商务部、海关总署、国家质检总局、国家食品药品监督管理总局、国家互联网信息办公室、国家邮政局

续表

序号	颁布时间	政策法规名称	颁布部门
198	2017 年 5 月	关于规范党员干部网络行为的意见	中宣部、中央组织部、中央网络安全和信息化领导小组办公室
199	2017 年 5 月	互联网新闻信息服务管理规定（2017 年修订）	国家互联网信息办公室
200	2017 年 5 月	互联网新闻信息服务许可管理实施细则	国家互联网信息办公室
201	2017 年 5 月	互联网信息内容管理行政执法程序规定	国家互联网信息办公室
202	2017 年 5 月	网络产品和服务安全审查办法（试行）	国家互联网信息办公室
203	2017 年 5 月	进一步加强网络视听节目创作播出管理的通知	国家新闻出版广电总局
204	2017 年 6 月	网络文学出版服务单位社会效益评估试行办法	国家新闻出版广电总局
205	2017 年 7 月	关于加强网络视听节目领域涉医药广告管理的通知	国家新闻出版广电总局
206	2017 年 8 月	互联网跟帖评论服务管理规定	国家互联网信息办公室
207	2017 年 8 月	互联网论坛社区服务管理规定	国家互联网信息办公室
208	2017 年 8 月	公共互联网网络安全威胁监测与处置办法	工业和信息化部
209	2017 年 8 月	党委（党组）网络安全工作责任制实施办法	中共中央办公厅
210	2017 年 9 月	互联网群组信息服务管理规定	国家互联网信息办公室
211	2017 年 9 月	互联网用户公众账号信息服务管理规定	国家互联网信息办公室
212	2017 年 10 月	互联网新闻信息服务单位内容管理从业人员管理办法	国家互联网信息办公室

续表

序号	颁布时间	政策法规名称	颁布部门
213	2017 年 10 月	互联网新闻信息服务新技术新应用安全评估管理规定	国家互联网信息办公室
214	2017 年 11 月	关于利用网络云盘制作、复制、贩卖、传播淫秽电子信息牟利行为定罪量刑问题的批复	最高人民法院、最高人民检察院
215	2017 年 11 月	互联网药品信息服务管理办法（2017 年修订）	国家食品药品监督管理总局
216	2017 年 12 月	互联网文化管理暂行规定（2017 年修订）	文化部
217	2017 年 12 月	网络游戏管理暂行办法（2017 年修订）	文化部
218	2018 年 2 月	关于开展互联网广告专项整治工作的通知	国家工商行政管理总局
219	2018 年 2 月	微博客信息服务管理规定	国家互联网信息办公室
220	2018 年 3 月	关于进一步规范网络视听节目传播秩序的通知	国家新闻出版广电总局
221	2018 年 4 月	关于做好预防中小学生沉迷网络教育引导工作的紧急通知	教育部
222	2018 年 6 月	2018 网络市场监管专项行动(网剑行动)方案	国家市场监督管理总局、国家发展改革委、工业和信息化部、公安部、商务部、海关总署、国家互联网信息办公室、国家邮政局
223	2018 年 7 月	"互联网+"知识产权保护工作方案	国家知识产权局
224	2018 年 7 月	关于做好暑期网络视听节目播出工作的通知	国家广播电视总局

333

序号	颁布时间	政策法规名称	颁布部门
225	2018年7月	关于开展打击网络侵权盗版"剑网2018"专项行动的通知	国家版权局、工业和信息化部、公安部、国家互联网信息办公室
226	2018年8月	关于加强网络直播服务管理工作的通知	全国"扫黄打非"工作小组办公室、工业和信息化部、公安部、文化和旅游部、国家广播电视总局、国家互联网信息办公室
227	2018年9月	公安机关互联网安全监督检查规定	公安部
228	2018年10月	关于进一步加强广播电视和网络视听文艺节目管理的通知	国家广播电视总局
229	2018年11月	具有舆论属性或社会动员能力的互联网信息服务安全评估规定	国家互联网信息办公室、公安部
230	2019年1月	关于开展App违法违规收集使用个人信息专项治理的公告	中央网络安全和信息化委员会办公室、工业和信息化部、公安部、国家市场监督管理总局
231	2019年1月	区块链信息服务管理规定	国家互联网信息办公室
232	2019年3月	互联网上网服务营业场所管理条例（2019年修订）	国务院
233	2019年3月	关于深入开展互联网广告整治工作的通知	国家市场监督管理总局
234	2019年4月	未成年人节目管理规定	国家广播电视总局
235	2019年4月	公共数字文化工程融合创新发展实施方案	文化和旅游部
236	2019年4月	互联网个人信息安全保护指南	公安部

续表

序号	颁布时间	政策法规名称	颁布部门
237	2019 年 6 月	电信和互联网行业提升网络数据安全保护能力专项行动方案	工业和信息化部
238	2019 年 6 月	关于建立广播电视和网络视听产业发展项目库的通知	国家广播电视总局
239	2019 年 6 月	2019 网络市场监管专项行动(网剑行动)方案	国家市场监督管理总局、国家发展改革委、工业和信息化部、公安部、商务部、海关总署、国家互联网信息办公室、国家邮政局
240	2019 年 7 月	关于办理利用信息网络实施黑恶势力犯罪刑事案件若干问题的意见	最高人民法院、最高人民检察院、公安部、司法部
241	2019 年 8 月	关于促进平台经济规范健康发展的指导意见	国务院办公厅
242	2019 年 8 月	关于推动广播电视和网络视听产业高质量发展的意见	国家广播电视总局
243	2019 年 8 月	关于促进文化和科技深度融合的指导意见	科技部、中宣部、中央网络安全和信息化委员会办公室、财政部、文化和旅游部、国家广播电视总局
244	2019 年 8 月	关于引导规范教育移动互联网应用有序健康发展的意见	教育部、工业和信息化部、中央网络安全和信息化委员会办公室、公安部、民政部、国家市场监督管理总局、国家新闻出版署、全国"扫黄打非"工作小组办公室

序号	颁布时间	政策法规名称	颁布部门
245	2019 年 8 月	儿童个人信息网络保护规定	国家互联网信息办公室
246	2019 年 10 月	关于加强"双 11"期间网络视听电子商务直播节目和广告节目管理的通知	国家广播电视总局
247	2019 年 10 月	关于防止未成年人沉迷网络游戏的通知	国家新闻出版署
248	2019 年 10 月	关于办理非法利用信息网络、帮助信息网络犯罪活动等刑事案件适用法律若干问题的解释	最高人民法院、最高人民检察院
249	2019 年 11 月	网络音视频信息服务管理规定	国家互联网信息办公室、文化和旅游部、国家广播电视总局
250	2019 年 11 月	App 违法违规收集使用个人信息行为认定方法	国家互联网信息办公室、工业和信息化部、公安部、国家市场监督管理总局
251	2019 年 11 月	教育移动互联网应用程序备案管理方法	教育部
252	2019 年 12 月	网络信息内容生态治理规定	国家互联网信息办公室
253	2020 年 2 月	关于做好个人信息保护利用大数据支撑联防联控工作的通知	中央网络安全和信息化委员会办公室
254	2020 年 4 月	网络安全审查办法	国家互联网信息办公室、国家发展改革委、工业和信息化部、公安部、国家安全部、财政部、商务部、中国人民银行、国家市场监督管理总局、国家广播电视总局、国家保密局、国家密码管理局

序号	颁布时间	政策法规名称	颁布部门
255	2020 年 4 月	广播电视和网络视听统计调查制度	国家广播电视总局
256	2020 年 6 月	进一步加强网络文学出版管理的通知	国家新闻出版署
257	2020 年 6 月	关于开展打击网络侵权盗版"剑网 2020"专项行动的通知	国家版权局、工业和信息化部、公安部、国家互联网信息办公室
258	2020 年 7 月	关于开展 2020"清朗"未成年人暑期网络环境专项整治的通知	国家互联网信息办公室
259	2020 年 8 月	关于联合开展未成年人网络环境专项治理行动的通知	教育部、国家新闻出版署、中央网络安全和信息化委员会办公室、工业和信息化部、公安部、国家市场监督管理总局
260	2020 年 9 月	关于推进信息无障碍的指导意见	工业和信息化部、中国残疾人联合会
261	2020 年 10 月	2020 网络市场监管专项行动(网剑行动)方案	国家市场监督管理总局、中宣部、工业和信息化部、公安部、商务部、文化和旅游部、中国人民银行、海关总署、税务总局、国家互联网信息办公室、国家林业和草原局、国家邮政局、国家食品药品监督管理总局、国家知识产权局
262	2020 年 10 月	中华人民共和国未成年人保护法(2020 年修订)	全国人大常委会
263	2020 年 10 月	防范和惩治广播电视和网络视听统计造假、弄虚作假责任制规定	国家广播电视总局

续表

序号	颁布时间	政策法规名称	颁布部门
264	2020 年 11 月	关于加强网络直播营销活动监管的指导意见	国家市场监督管理总局
265	2020 年 11 月	关于加强网络秀场直播和电商直播管理的通知	国家广播电视总局
266	2020 年 12 月	互联网应用适老化及无障碍改造专项行动方案	工业和信息化部
267	2020 年 12 月	电信和互联网行业数据安全标准体系建设指南	工业和信息化部
268	2021 年 1 月	广播电视和网络视听标准化管理办法	国家广播电视总局
269	2021 年 1 月	互联网用户公众账号信息服务管理规定（2021 年修订）	国家互联网信息办公室
270	2021 年 2 月	关于加强网络直播规范管理工作的指导意见	国家互联网信息办公室、全国"扫黄打非"工作小组办公室、工业和信息化部、公安部、文化和旅游部、国家市场监督管理总局、国家广播电视总局
271	2021 年 2 月	关于平台经济领域的反垄断指南	国务院反垄断委员会
272	2021 年 2 月	关于做好广播电视和网络视听文化供给　服务人民群众就地过年的通知	国家广播电视总局
273	2021 年 3 月	网络交易监督管理办法	国家市场监督管理总局
274	2021 年 3 月	常见类型移动互联网应用程序必要个人信息范围规定	国家互联网信息办公室、工业和信息化部、公安部、国家市场监督管理总局

续表

序号	颁布时间	政策法规名称	颁布部门
275	2021 年 4 月	网络直播营销管理办法(试行)	国家互联网信息办公室、公安部、商务部、文化和旅游部、税务总局、国家市场监督管理总局、国家广播电视总局
276	2021 年 4 月	关于印发加强网络安全和数据保护工作指导意见的通知	国家医疗保障局
277	2021 年 4 月	广播电视和网络视听工程建设行业标准管理办法	国家广播电视总局
278	2021 年 5 月	关于调整娱乐场所和互联网上网服务营业场所审批有关事项的通知	文化和旅游部
279	2021 年 6 月	中华人民共和国数据安全法	全国人大常委会
280	2021 年 6 月	关于依法清理整治涉诈电话卡、物联网卡以及关联互联网账号的通告	工业和信息化部、公安部
281	2021 年 7 月	网络产品安全漏洞管理规定	工业和信息化部、国家互联网信息办公室、公安部
282	2021 年 8 月	网络表演经纪机构管理办法	文化和旅游部
283	2021 年 8 月	关于进一步严格管理切实防止未成年人沉迷网络游戏的通知	国家新闻出版署
284	2021 年 9 月	关于加强网络文明建设的意见	中共中央办公厅、国务院办公厅
285	2021 年 9 月	关于加强互联网信息服务算法综合治理的指导意见	国家互联网信息办公室、中宣部、教育部、科技部、工业和信息化部、公安部、文化和旅游部、国家市场监督管理总局、国家广播电视总局

续表

序号	颁布时间	政策法规名称	颁布部门
286	2021年9月	关于进一步压实网站平台信息内容管理主体责任的意见	国家互联网信息办公室
287	2021年10月	关于进一步加强预防中小学生沉迷网络游戏管理工作的通知	教育部、中宣部、中央网络安全和信息化委员会办公室、工业和信息化部、公安部、国家市场监督管理总局
288	2021年11月	关于加强网络文化市场未成年人保护工作的意见	文化和旅游部
289	2021年12月	互联网宗教信息服务管理办法	国家宗教事务局、国家互联网信息办公室、工业和信息化部、公安部、国家安全部
290	2021年12月	互联网信息服务算法推荐管理规定	国家互联网信息办公室、工业和信息化部、公安部、国家市场监督管理总局
291	2021年12月	网络安全审查办法（2021年修订）	国家互联网信息办公室、国家发展改革委、工业和信息化部、公安部、国家安全部、财政部、商务部、中国人民银行、国家市场监督管理总局、国家广播电视总局、中国证券监督管理委员会、国家保密局、国家密码管理局
292	2021年12月	关于推动平台经济规范健康持续发展的若干意见	国家发展改革委、国家市场监督管理总局、中央网络安全和信息化委员会办公室、工业和信息化部、人力资源社会保障部、农业农村部、商务部、中国人民银行、税务总局

续表

序号	颁布时间	政策法规名称	颁布部门
293	2022年1月	关于开展"清朗·2022年春节网络环境整治"专项行动的通知	中央网络安全和信息化委员会办公室
294	2022年3月	关于进一步规范网络直播营利行为促进行业健康发展的意见	国家互联网信息办公室、税务总局、国家市场监督管理总局
295	2022年3月	互联网上网服务营业场所管理条例(2022年修订)	国务院
296	2022年4月	关于开展"清朗·整治网络直播、短视频领域乱象"专项行动的通知	中央网络安全和信息化委员会办公室
297	2022年4月	关于加强网络视听节目平台游戏直播管理的通知	国家广播电视总局、中宣部
298	2022年4月	关于国产网络剧片发行许可服务管理有关事项的通知	国家广播电视总局
299	2022年5月	关于规范网络直播打赏 加强未成年人保护的意见	中央文明办、文化和旅游部、国家广播电视总局、国家互联网信息办公室
300	2022年5月	广播电视和网络视听领域经纪机构管理办法	国家广播电视总局
301	2022年6月	移动互联网应用程序信息服务管理规定(2022年修订)	国家互联网信息办公室
302	2022年6月	互联网用户账号信息管理规定	国家互联网信息办公室
303	2022年6月	网络主播行为规范	国家广播电视总局、文化和旅游部
304	2022年7月	数据出境安全评估办法	国家互联网信息办公室
305	2022年9月	互联网弹窗信息推送服务管理规定	国家互联网信息办公室、工业和信息化部、国家市场监督管理总局
306	2022年10月	关于延长《网络表演经纪机构管理办法》政策缓冲期的公告	文化和旅游部

341

序号	颁布时间	政策法规名称	颁布部门
307	2022 年 11 月	关于切实加强网络暴力治理的通知	中央网络安全和信息化委员会办公室
308	2022 年 11 月	互联网信息服务深度合成管理规定	国家互联网信息办公室、工业和信息化部、公安部
309	2022 年 11 月	关于实施个人信息保护认证的公告	国家市场监督管理总局、国家互联网信息办公室
310	2022 年 11 月	关于进一步加强网络微短剧管理 实施创作提升计划有关工作的通知	国家广播电视总局
311	2022 年 12 月	互联网跟帖评论服务管理规定（2022 年修订）	国家互联网信息办公室
312	2023 年 1 月	关于规范网络演出剧(节)目经营活动推动行业健康有序发展的通知	文化和旅游部
313	2023 年 2 月	关于进一步提升移动互联网应用服务能力的通知	工业和信息化部
314	2023 年 2 月	互联网广告管理办法	国家市场监督管理总局
315	2023 年 2 月	个人信息出境标准合同办法	国家互联网信息办公室
316	2023 年 3 月	关于加强网络演出剧(节)目产品管理的通知	文化和旅游部
317	2023 年 3 月	关于开展网络安全服务认证工作的实施意见	国家市场监督管理总局、中央网络安全和信息化委员会办公室、工业和信息化部、公安部
318	2023 年 3 月	网信部门行政执法程序规定	国家互联网信息办公室
319	2023 年 4 月	关于开展"清朗·优化营商网络环境 保护企业合法权益"专项行动的通知	中央网络安全和信息化委员会办公室
320	2023 年 5 月	个人信息出境标准合同备案指南(第一版)	国家互联网信息办公室

续表

序号	颁布时间	政策法规名称	颁布部门
321	2023 年 5 月	生成式人工智能服务管理暂行办法	国家互联网信息办公室、国家发展改革委、教育部、科技部、工业和信息化部、公安部、国家广播电视总局
322	2023 年 6 月	关于开展"清朗·2023 年暑期未成年人网络环境整治"专项行动的通知	中央网络安全和信息化委员会办公室
323	2023 年 7 月	关于开展"清朗·成都大运会网络环境整治"专项行动的通知	中央网络安全和信息化委员会办公室、成都大运会执委会
324	2023 年 7 月	关于开展移动互联网应用程序备案工作的通知	工业和信息化部
325	2023 年 8 月	网站平台受理处置涉企网络侵权信息举报工作规范	中央网络安全和信息化委员会办公室
326	2023 年 8 月	关于进一步加强网络侵权信息举报工作的指导意见	中央网络安全和信息化委员会办公室
327	2023 年 8 月	关于开展"清朗·杭州亚运会和亚残运会网络环境整治"专项行动的通知	中央网络安全和信息化委员会办公室、中宣部、杭州第 19 届亚运会组委会办公室
328	2023 年 9 月	广播电视和网络视听标准化管理办法(2023 年修订)	国家广播电视总局
329	2023 年 10 月	未成年人网络保护条例	国务院
330	2023 年 11 月	广播电视和网络视听统计调查制度(2023 年修订)	国家广播电视总局
331	2023 年 11 月	关于开展"清朗·网络戾气整治"专项行动的通知	中央网络安全和信息化委员会办公室
332	2024 年 1 月	广播电视和网络视听统计数据质量管理办法	国家广播电视总局

343

续表

序号	颁布时间	政策法规名称	颁布部门
333	2024 年 1 月	非经营性互联网信息服务备案管理办法（2024 年修订）	工业和信息化部
334	2024 年 3 月	促进和规范数据跨境流动规定	国家互联网信息办公室
335	2024 年 3 月	发布《数据出境安全评估申报指南（第二版）》和《个人信息出境标准合同备案指南（第二版）》	国家互联网信息办公室
336	2024 年 3 月	中华人民共和国计算机信息网络国际联网管理暂行规定（2024 年修订）	国务院
337	2024 年 4 月	中华人民共和国未成年人保护法（2024 年修正）	全国人大常委会
338	2024 年 4 月	关于规范移动互联网应用程序中登载使用地图行为的通知	自然资源部、工业和信息化部
339	2024 年 5 月	互联网政务应用安全管理规定	中央网络安全和信息化委员会办公室、中央机构编制委员会办公室、工业和信息化部、公安部
340	2024 年 5 月	网络反不正当竞争暂行规定	国家市场监督管理总局
341	2024 年 6 月	广播电视和网络视听节目收视大数据统计调查制度	国家广播电视总局
342	2024 年 6 月	网络暴力信息治理规定	国家互联网信息办公室、公安部、文化和旅游部、国家广播电视总局

附录3 我国主要网络内容平台
规范一览表

分类	平台名称	相关协议与规范
网络直播	斗鱼	《斗鱼用户注册协议》《斗鱼用户阳光行为规范》《斗鱼平台内容管理规范》《斗鱼弹幕礼仪规范》《斗鱼直播协议》《斗鱼隐私权政策》《斗鱼平台用户违规管理办法》《斗鱼未成年人个人信息保护规则及监护人须知》
	虎牙	《虎牙主播违规管理办法》《虎牙公会服务协议》《虎牙公会违规管理办法》《虎牙版权保护投诉指引》《虎牙用户服务协议》《虎牙隐私政策》《虎牙直播隐私政策》《虎牙儿童个人信息保护指引》《虎牙平台用户广告行为规范》《虎牙视频及社区管理规范》《虎牙互动规范》
	YY	《用户注册协议》《YY主播违规管理办法补充条例》《低俗内容管理条例》《YY官方人员(黑马甲)管理规定》《YY小视频违规管理办法》《YY游戏频道违规管理规则》《YY社区用户违规管理规则》《YY社区违规管理总则》《YY社区频道违规管理规则》《隐私权保护政策》《YY工会违规管理办法》《YY主播违规管理办法》《YY直播主播健康分阶梯管理办法》《YY主播直播违规申诉办法》《频道视频直播管理条例》《YY公约》《违规频道/人员管理规定》《频道号申请/收回管理规定》

分类	平台名称	相关协议与规范
短视频	抖音	《抖音用户服务协议》《抖音隐私政策》《抖音社区自律公约》《未成年人规范》《抖音社区医疗公约》《直播机构合作主播权益保护公约》《抖音基础数据处理规则》《抖音注销须知》《抖音侵权投诉指引》《抖音资讯类账号信息管理规范》《抖音电商创作者管理总则》《抖音电商创作者账号管理规范》《抖音电商内容创作规范》《抖音电商人工智能生成内容管理规则》《抖音电商直播间封面管理规范》《抖音电商政务媒体相关内容宣传规范》《抖音电商头部创作者管理规则》《抖音电商创作者违规与信用分管理规则》《抖音电商创作者内容分发号管理规则》
	西瓜	《西瓜视频隐私政策》《西瓜视频用户服务协议》
	快手	《快手软件许可及服务协议》《快手直播管理规范》《快手用户资料规范》《快手社区评论规范》《快手直播封面规范》《快手社区管理规范》《儿童个人信息保护规则及监护人须知》《快手隐私政策》
网络视频	爱奇艺	《爱奇艺服务协议》《爱奇艺隐私政策》《爱奇艺（基本功能）隐私政策》《爱奇艺应用权限申请及使用说明》《爱奇艺账号注销协议》《儿童个人信息保护规则》
	腾讯	《腾讯视频系列会员服务协议》《儿童隐私保护声明》《腾讯视频创作平台服务协议》《腾讯视频隐私保护指引》《腾讯视频用户服务协议》《腾讯视频账号注销协议》《腾讯隐私政策》《腾讯文犀·侵权投诉平台隐私保护指引》
	优酷	《优酷基本功能隐私政策》《关于反盗版和防盗链等技术措施声明》《优酷用户服务协议》《优酷知识产权声明》

续表

分类	平台名称	相关协议与规范
有声书	懒人	《懒人听书用户使用服务协议》《懒人听书版权政策与版权投诉指引》《用户个人信息保护及隐私政策协议》
	荔枝FM	《荔枝服务协议》《隐私政策》《版权投诉指引》
	喜马拉雅	《喜马拉雅版权声明》《喜马拉雅平台隐私信息保护政策》《喜马拉雅用户服务协议》《喜马拉雅平台儿童隐私保护指引》《喜马拉雅FM举报受理和处置管理办法》《喜马拉雅儿童隐私政策》
网络动漫	看漫画	《法律声明》《隐私政策》《用户协议》
	快看	《家长监护工程-未成年人健康参与网络游戏提示》《快看服务协议》《快看漫画内容上传协议》《实名注册和防沉迷系统》《快看漫画儿童隐私政策》《快看漫画隐私政策》
	腾讯动漫	《腾讯动漫平台服务协议》《腾讯动漫隐私保护指引》《腾讯动漫侵权投诉指引》
社交类	新浪微博	《微博服务使用协议》《平台公约》《人身权益投诉处理流程公示》《微博投诉操作细则》《微博商业行为规范办法》《微博社区公约》《微博社区娱乐信息管理规定》《微博视频上传注意事项》《微博直播服务协议》《微博直播服务使用协议》《应用运营管理规范》《微博个人信息保护政策》《财经类信息管理规定》《信用历史规则》《微博儿童个人信息保护政策》
	微信	《儿童隐私保护声明》《企业微信用户账号使用规范》《腾讯微信软件许可及服务协议》《微信个人账号使用规范》《微信公众平台服务协议》《微信公众平台认证服务协议》《微信公众平台运营规范》《微信朋友圈使用规范》《微信小程序平台服务条款》《微信小程序平台运营规范》《微信隐私保护指引》《微信视

分类	平台名称	相关协议与规范
社交类		频号运营规范》《微信视频号直播行为规范》《微信视频号视频/直播营销信息发布规范》《微信视频号直播功能使用协议》《微信视频号直播打赏功能使用协议》《微信外部链接内容管理规范》《微信公众号平台文章原创保护指引》《微信公众平台"洗稿"投诉合议规则》《微信视频号禁止发布的营销信息列表》《视频号常见违规内容概览》《微信视频号直播低俗着装认定细则》
	小红书	《小红书用户服务协议》《小红书儿童/青少年个人信息保护规则》《小红书用户隐私政策》《小红书社区公约》《小红书社区规范》《小红书直播服务协议》《小红书社区直播规范》《小红书侵权投诉指引》《热点榜单规则说明》
资讯类	今日头条	《今日头条用户协议》《今日头条社区规范》《今日头条涉未成年人内容管理规范》《今日头条信用分机制》《今日头条禁言机制》《今日头条侵权投诉指引》《今日头条标题创作规范》《今日头条违规与申诉》《今日头条隐私政策》
	一点资讯	《用户协议》《隐私保护协议》
网络游戏	腾讯游戏	《腾讯游戏儿童隐私保护指引》《腾讯游戏许可及服务协议》《腾讯游戏隐私保护指引》
	网易游戏	《网易隐私政策》《网易儿童个人信息保护规则及监护人须知》《网易游戏隐私政策》
	盛趣游戏	《盛趣游戏用户使用许可及服务协议》《盛趣游戏隐私政策》《盛趣游戏儿童隐私保护指引》
网络文学	起点中文网	《用户服务协议》《隐私政策》
	晋江文学城	《用户注册协议》《隐私政策》
	纵横中文网	《纵横小说用户服务协议》《纵横中文网隐私政策》